LES PROGRÈS

DE LA

PHYSIQUE MOLÉCULAIRE

PARIS. — IMPRIMERIE GAUTHIER-VILLARS ET Cie.

55169 Quai des Grands-Augustins, 55.

SOCIÉTÉ FRANÇAISE DE PHYSIQUE.

COLLECTION DE MÉMOIRES RELATIFS A LA PHYSIQUE.

DEUXIÈME SÉRIE.

LES PROGRÈS
DE LA
PHYSIQUE MOLÉCULAIRE

CONFÉRENCES FAITES EN 1913-1914

PAR

Mme P. CURIE, J. BECQUEREL, M. DE BROGLIE, A. COTTON,
Ch. FABRY, P. LANGEVIN, Ch. MAUGUIN, H. MOUTON.

PARIS,

GAUTHIER-VILLARS ET Cie, ÉDITEURS,

LIBRAIRES DU BUREAU DES LONGITUDES, DE L'ÉCOLE POLYTECHNIQUE,

55, Quai des Grands-Augustins.

1914

LES PROGRÈS

DE LA

PHYSIQUE MOLÉCULAIRE

LA PHYSIQUE DU DISCONTINU,

PAR M. P. LANGEVIN [1].

INTRODUCTION.

Le changement profond qui s'est produit récemment en Physique est caractérisé surtout par la pénétration, dans tous les domaines de notre science, de la notion fondamentale de discontinuité. Nous devons aujourd'hui fonder notre conception du monde et notre prévision des phénomènes sur l'existence des molécules, des atomes et des électrons. Il semble bien aussi nécessaire d'admettre que les moments magnétiques sont tous des multiples entiers d'un élément commun, le magnéton, et que la matière ne peut émettre de rayonnement électromagnétique que de manière discontinue, par quanta d'énergie de grandeur proportionnelle à la fréquence.

Nous ne connaissons encore que très imparfaitement les lois exactes, individuelles, qui régissent tous ces éléments ainsi que leurs relations les uns avec les autres. Il est probable même que la plupart de ces lois ne pourront pas s'exprimer dans le langage du calcul différentiel et intégral, créé pour traduire analytiquement la notion de continuité. Cet admirable instrument ne convient qu'à l'étude des systèmes acces-

---

[1] Conférence faite à la *Société française de Physique*, le 27 novembre 1913.

sibles à nos sens et qui sont en général composés d'un nombre énorme d'éléments. Les grandeurs qu'atteignent nos moyens de mesure intéressent d'ordinaire tant d'éléments à la fois par somme ou par moyenne des grandeurs individuelles, que nous pouvons, sans erreur sensible, les traiter comme continues.

Mais les propriétés de pareils ensembles sont nécessairement déterminées par les lois élémentaires sous-jacentes et nous ne pouvons espérer comprendre l'aspect superficiel des choses qu'à condition de le raccorder avec l'aspect profond que l'expérience vient de nous révéler. C'est la tâche qui s'impose actuellement à nous : établir la liaison entre le fond et la surface, entre les propriétés du grain et celles de l'agrégat, pour expliquer les faits d'ensemble quand les lois élémentaires sont connues ou plus souvent encore pour essayer d'atteindre ces dernières à partir des échos lointains qui seuls nous sont perceptibles. Nous ne pouvons éluder cette nécessité : l'existence des éléments est certaine, un monde nouveau nous est révélé dont les lois dominent toute la Physique. Nous devons tenter de remonter jusqu'à elles et pouvons espérer les trouver plus simples que leurs conséquences lointaines, que les résultats moyens ou statistiques auxquels nous sommes habitués.

Il arrive souvent aussi que la forme particulière des lois individuelles s'élimine, disparaît, quand on passe aux propriétés de l'ensemble dont certaines résultent uniquement du très grand nombre des éléments présents, ont le caractère de lois purement statistiques. Il semble bien, par exemple, que le principe de Carnot, la loi de destruction spontanée des substances radioactives, la loi d'action de masse et bien d'autres appartiennent à cette catégorie et soient uniquement des lois de grands nombres. Nul ne contestera que dans ce cas nous atteignons d'emblée l'explication complète de ces lois, la compréhension profonde de leur signification. Bien plus, nous prévoyons par là qu'elles doivent, comme toutes les lois de grands nombres, donner lieu à des écarts, à des fluctuations d'autant plus importantes qu'on les applique à des systèmes plus simples, comprenant un moindre nombre d'éléments. Vous savez tous que l'observation de ces écarts, dans des directions très variées, est venue apporter des arguments décisifs en faveur de l'existence des éléments discontinus, ainsi qu'une méthode générale et précise pour atteindre le nombre et la grandeur de ces éléments.

Pour constituer cette Physique du discontinu qui s'impose aujourd'hui, nous devons nécessairement faire usage de raisonnements statistiques, nous servir constamment du calcul des probabilités qui est le seul lien possible entre le monde des atomes et nous, entre les lois élémentaires et nos observations.

L'introduction du calcul des probabilités en Physique fut réalisée pour la première fois de manière explicite par Maxwell à propos de la théorie cinétique des gaz. Comme on l'imagine aisément, l'adaptation à un domaine nouveau d'un mode de raisonnement souvent fort délicat ne fut pas immédiate : il reste même encore beaucoup à faire dans ce sens. Les premiers raisonnements de Maxwell manquaient de rigueur et soulevèrent des objections qui, autant que la difficulté des calculs, empêchèrent la majorité des physiciens d'accorder à la théorie cinétique l'attention qu'elle méritait et de reconnaître la beauté des résultats obtenus. Ce fut Boltzmann qui compléta l'œuvre de Maxwell, et vit pleinement l'importance que devaient prendre en Physique moléculaire les considérations de probabilités. En même temps que Gibbs et avec plus de précision, je crois, il réussit à fonder une mécanique statistique en montrant comment il faut définir la probabilité, pour un système dynamique, de se trouver dans un état donné compatible avec les conditions qui lui sont imposées. Dans toutes ces questions, la difficulté principale est, comme nous le verrons, de donner une définition correcte et claire de la probabilité. Le reste est surtout affaire de calcul. Ce pas décisif franchi, Boltzmann put atteindre l'interprétation statistique du principe de Carnot et le sens caché de la notion fondamentale d'entropie. Grâce à l'impulsion donnée par Boltzmann et aux efforts de ses continuateurs les raisonnements statistiques ont pénétré maintenant dans tous les domaines de la Physique et y joueront bientôt, pour les raisons que j'ai dites, un rôle prépondérant.

Malgré l'extrême diversité de leurs applications, les raisonnements sont en général très simples et je voudrais essayer de montrer sur des exemples que la plupart d'entre eux se ramènent à deux types principaux bien connus des mathématiciens et qui se sont introduits tout naturellement dès la création du calcul des probabilités.

Dans un premier groupe de questions, il s'agit de chercher la distribution ou la configuration la plus probable que peut prendre un système de particules ou d'éléments soumis à des conditions données. C'est essentiellement le problème des états d'équilibre et des régimes permanents (équations des fluides, statique des gaz, théories du magnétisme et des phénomènes électro- et magnéto-optiques, théorie du rayonnement et des chaleurs spécifiques, interprétation statistique des lois de la Thermodynamique). Je montrerai que certaines questions comme celles de l'équation d'état des fluides ou de la pression osmotique n'attendent pour être complètement élucidées que la solution d'un problème bien défini de probabilités géométriques et de distribution probable.

Dans un second groupe de questions, on cherche à prévoir l'importance des fluctuations spontanées du système autour de cette distribution ou de cette configuration qui est la plus probable mais non la seule possible et ne s'observe qu'en moyenne. Ce frémissement universel autour des configurations rigides prévues par la Thermodynamique est intimement lié à la discontinuité de structure, au fait que nos systèmes sont composés d'un nombre fini, quoique très grand, d'éléments et son observation a pris une importance particulière parce qu'elle nous apporte une méthode générale pour atteindre ces éléments et les soumettre à la mesure.

Pour mieux faire comprendre comment les raisonnements, toujours les mêmes, du calcul des probabilités, peuvent s'appliquer à des problèmes de Physique si nombreux et si variés, je commencerai par examiner le mécanisme de ces raisonnements sur des cas particulièrement simples où leur emploi est familier à tous, sur des exemples tirés des jeux de hasard tels que celui de pile ou face ou de la roulette. Il paraîtra moins singulier qu'on puisse, pour ainsi dire, jouer à pile ou face la solution des questions de Physique, quand on aura bien vu que toute théorie de probabilité, si simple soit-elle, a en réalité la même structure que toutes nos théories et qu'on fait déjà de la Physique en étudiant les problèmes posés par les jeux de hasard.

On a dit, par boutade, que tout le monde croit aux lois du hasard, les mathématiciens parce qu'ils y voient un résultat de physique et les physiciens parce qu'ils les prennent pour des théorèmes de mathématiques. En réalité ces lois sont déduites, par des raisonnements parfaitement rigoureux, de postulats très simples introduits à priori dans la définition des probabilités et affirmant en général l'équivalence de diverses circonstances possibles, l'absence de cause qui favorise les unes à l'exception des autres, l'égale probabilité que la roulette s'arrête sur la rouge ou la noire et que la pièce lancée retombe pile ou face. Ces postulats jouent ici exactement le même rôle que nos hypothèses, placées à la base des théories physiques, et dont nous essayons, par une analyse aussi rigoureuse que possible, de déduire des conséquences dont la comparaison avec l'expérience nous permettra de savoir si ces hypothèses sont justifiées ou non, si nous pouvons continuer à nous en servir pour édifier notre représentation du monde. De même la comparaison avec les faits des lois de grands nombres liées rigoureusement à nos postulats nous permettra de savoir si ceux-ci sont exacts, si la roulette n'est pas truquée ou la pièce plombée d'un côté. Tout raisonnement de probabilités est destiné à permettre la confrontation des postulats avec les faits, comme nos théories physiques permettent la confrontation des hypothèses avec l'expérience. Dans un cas comme dans l'autre, la rigueur n'existe qu'entre les postulats ou hypothèses et les lois qui s'en déduisent. L'accord des lois prévues avec les faits ne se produit pas nécessairement et la comparaison seule nous permet de décider dans quelle mesure nos points de départ peuvent être conservés. On fait de la Physique en déduisant d' une expérience de pile ou face dans laquelle les coups pile prédominent de manière exagérée, que la pièce est dissymétrique et doit avoir été plombée du côté face. Il vaudra mieux même, comme en Physique, recommencer plusieurs fois l'expérience si l'on veut pouvoir remonter des faits aux causes avec quelque sécurité. Et tout se termine, en Physique comme au jeu, par une question de probabilité des causes du genre de celle que posait Henri Poincaré : je joue à l'écarté avec un monsieur que je ne connais pas, et il retourne trois fois de suite le roi ; quelle est la probabilité pour que ce soit un tricheur? Le désaccord entre l'expérience et les conséquences déduites par le calcul des probabilités du postulat que le jeu est honnête indiquera dans quelle mesure ce postulat est légitime, et la certitude viendra si l'expérience donne toujours le même résultat. Notre certitude en Physique est tout à fait de même nature : nous avons confiance dans nos représentations et dans nos hypothèses en raison de l'accord constant de leurs conséquences mathématiques avec l'expérience. Dans les raisonnements de probabilités, on fait des mathématiques entre les postulats et les lois du hasard et de la Physique quand on compare celles-ci aux faits pour en déduire des conclusions relatives aux postulats.

Outre la plus grande clarté tenant à ce que les postulats de définition des probabilités y sont intuitifs et simples, nous trouverons un autre avantage à étudier d'abord les questions posées par les jeux de hasard. Elles font intervenir des considérations de probabilités discontinues, où les divers cas possibles sont en nombre limité sans qu'on puisse passer de l'un à l'autre de manière continue. Par exemple, sur un nombre total donné de coups joués à la roulette, le nombre des fois qu'elle tombe dans une case noire ne peut varier que de manière discontinue puisqu'il est nécessairement entier. Il semble au contraire, au premier abord, que la Physique nous pose uniquement des problèmes de probabilités continues, où le nombre des cas possibles est infini et forme une série continue. Il en est ainsi, par exemple, de la position dans un intervalle de temps donné d'un événement tel que la destruction spontanée d'un atome radioactif : les instants où l'explosion peut se produire sont en nombre infini ou plutôt transfini puisque leur ensemble est continu. Il en est de même, au moins en apparence, pour l'ensemble des configurations que peut prendre un système dynamique. Les lois relatives aux probabilités continues se présenteront à nous comme les formes limites vers lesquelles tendent les résultats des problèmes discontinus quand on y suppose que le nombre des cas possibles augmente indéfiniment.

On pourrait obtenir de manière plus simple, et par des raisonnements directs, les formules applicables aux problèmes continus; mais il nous sera utile d'avoir à notre disposition les formes plus générales relatives au cas de la discontinuité entre les cas possibles. En effet, un des résultats les plus surprenants, et les plus énigmatiques d'ailleurs, que la comparaison avec l'expérience nous ait révélés, c'est que, dans un grand nombre de problèmes tels que ceux du rayonnement thermique d'équilibre ou des chaleurs spécifiques, les lois expérimentales s'accordent avec l'hypothèse de la probabilité discontinue et pas du tout avec les conséquences déduites en toute rigueur du postulat de continuité. C'est là un aspect nouveau et singulier de la Physique du discontinu, celui des quanta, d'après lequel non seulement nous devons pour comprendre les faits appliquer des raisonnements de probabilités aux éléments multiples et discrets dont la matière est composée, mais encore ces raisonnements eux-mêmes doivent tenir compte de discontinuités d'un autre ordre et procéder comme si les configurations que ces systèmes d'éléments peuvent prendre ne variaient elles aussi que de manière discontinue.

PREMIER PROBLÈME.

La probabilité d'une distribution. — Une des premières questions qui se posent à propos d'un jeu comme la roulette est celui de la distribution des coups où sort une certaine couleur, la noire par exemple, entre des intervalles successifs pendant chacun desquels un même nombre total de coups est joué. Nous prendrons le problème tout d'abord sous la forme suivante : étant donné que, dans l'ensemble de m intervalles de ce genre, la noire est sortie au total N fois, quelle est la probabilité pour que, dans un intervalle particulier, elle soit sortie un nombre donné de fois, n? Pour trouver cette probabilité, définie comme à l'ordinaire par le rapport du nombre des cas favorables au nombre total des cas possibles, il faut calculer chacun de ces deux nombres à partir des postulats. Nous remarquerons que chaque coup de roulette possède une individualité caractérisée par les circonstances, variables d'un coup à l'autre, qui l'ont accompagné et ont déterminé la couleur sortie. Nous désignerons par les symboles α, β, γ, ..., ζ, en nombre égal à N, les groupes de circonstances qui ont déterminé les N coups pour lesquels la noire est sortie. Nous ignorons le détail de ces circonstances sans quoi nous aurions pu dans chaque cas prévoir ce qui allait se passer, mais nous introduirons comme postulat fondamental que chacun de ces groupes de circonstances peut se produire indifféremment dans l'un quelconque des m intervalles. et nous admettons aussi, naturellement, comme second postulat, que ces groupes sont complètement indépendants les uns des autres, que les coups de roulette se succèdent sans exercer aucune influence mutuelle, que l'apparition d'un groupe particulier de circonstances dans un intervalle déterminé n'a aucune répercussion sur la position des autres groupes parmi les intervalles.. Chacun de ceux-ci, qui comporte toujours un même nombre total de coups, est considéré comme équivalent aux autres au point de vue de la possibilité de production à son intérieur d'un groupe déterminé de circonstances, α par exemple. En langage ordinaire, ces groupes sont supposés distribués au hasard entre les intervalles. Toutes les distributions possibles de ces N groupes entre les m intervalles sont considérées comme équivalentes, comme également probables par définition. Le nombre de ces distributions ou nombre des cas possibles est facile à évaluer. Si le groupe α se produit dans un intervalle déterminé, nous affecterons α d'un indice égal au rang de cet intervalle, cet indice pouvant être indifféremment 1, 2, 3, ... jusqu'à m.

Le nombre des manières différentes de distribuer les m indices entre les N groupes, ou les groupes entre les intervalles est évidemment m^N. C'est là le nombre des cas possibles.

Si nous voulons la probabilité pour que, sur les N, n coups se produisent dans le premier intervalle, nous devons chercher le nombre des distributions dans lesquelles n des symboles α, β, ... porteront l'indice 1, les autres indices étant différents de 1 et d'ailleurs quelconques. Ceci nous donnera le nombre des cas favorables.

Les n symboles portant l'indice 1 dans une distribution formeront une des combinaisons n à n des N symboles différents. A cette combinaison particulière peuvent être associées toutes les distributions des $m-1$ indices restants entre les $N-n$ autres symboles; elles sont en nombre $(m-1)^{N-n}$, et comme il y a $\frac{N!}{n!(N-n)!}$ combinaisons différentes, cela fait au total :

$$\frac{N!}{n!(N-n)!}(m-1)^{N-n}$$

pour le nombre des cas favorables; d'où pour la probabilité cherchée

$$P_n = \frac{N!}{n!(N-n)!}\left(\frac{1}{m}\right)^n\left(1-\frac{1}{m}\right)^{N-n}. \tag{1}$$

On vérifierait aisément que, comme cela doit être, la somme des probabilités obtenues pour les diverses valeurs possibles de n, depuis zéro jusqu'à N, est bien égale à 1, puisque la somme des P_n n'est autre chose que le développement suivant la formule du binome de

$$\left(\frac{1}{m}+1-\frac{1}{m}\right)^N,$$

c'est-à-dire identiquement l'unité.

On vérifierait aisément aussi que P_n est maximum pour une valeur de n égale au plus grand entier contenu dans $\frac{N+1}{m}$, c'est-à-dire précisément égale au nombre moyen $\nu = \frac{N}{m}$ de coups par intervalle si ce nombre est entier. Ce résultat pouvait être aisément prévu puisque la distribution la plus probable des N coups entre m intervalles équivalents par définition est évidemment la distribution uniforme à raison de ν par intervalle.

Ce qui intéresse le joueur, ce sont précisément les variations autour de cette moyenne, variations dont la formule (1) nous donne la probabilité. C'est de ces variations que dépend son bénéfice ou sa perte.

La formule peut se mettre sous une forme plus simple quand on suppose que la moyenne ν correspond à un nombre m très grand d'intervalles. On trouve aisément comme forme limite de (1) pour m très grand :

$$P_n = e^{-\nu}\frac{\nu^n}{n!}. \tag{2}$$

Les probabilités correspondantes aux diverses valeurs de n s'obtiennent en multipliant $e^{-\nu}$ par les termes successifs du développement en série de e^{ν}. La somme est bien encore égale à 1 et le maximum a lieu pour $n = \nu$ si ν est entier ou sinon pour le plus grand entier que contient ν. Au jeu de roulette, si la rouge et la noire sont également probables, ce qui est un postulat indépendant de ceux que nous avons faits, la moyenne ν des noires portant sur un grand nombre d'intervalles est évidemment égale à la moitié du nombre des coups joués dans chacun de ces intervalles.

La loi des écarts. — Si nous introduisons dans la formule, au lieu du nombre n, l'écart $\delta = n - \nu$ à partir de la moyenne, et si nous supposons n assez grand pour qu'on puisse remplacer $n!$ par la formule bien connue de Stirling, la probabilité d'un écart δ prend la forme

$$(3) \qquad P = \frac{1}{\sqrt{2\pi\nu}} e^{-\frac{\delta^2}{2\nu}},$$

qui rappelle exactement la loi des erreurs de Gauss. Si au lieu de l'écart absolu δ nous introduisons l'écart relatif $\varepsilon = \frac{\delta}{\nu}$, il vient :

$$(4) \qquad P = \frac{1}{\sqrt{2\pi\nu}} e^{-\frac{\nu\varepsilon^2}{2}}.$$

Cette dernière forme met en évidence un fait fondamental sur lequel je reviendrai tout à l'heure à propos de la théorie des fluctuations : c'est que la probabilité d'un écart relatif donné ε est d'autant plus faible que ν est plus grand, qu'il y a en moyenne un plus grand nombre de coups dans chaque intervalle. D'où la possibilité de déduire ce nombre de coups de l'observation des écarts.

Nous allons retrouver ce même fait sous une autre forme en calculant sur la formule générale (1) la valeur probable du carré moyen de l'écart relatif ε, en posant toujours :

$$\varepsilon = \frac{\delta}{\nu} = \frac{n - \nu}{\nu}.$$

La probabilité de l'écart ε étant P_n, il en résulte pour la valeur probable du carré moyen :

$$\overline{\varepsilon^2} = \sum_{n=1}^{n=\infty} P_n \varepsilon^2.$$

Un calcul simple donne, si l'on remplace P_n par la valeur (1) :

$$\overline{\varepsilon^2} = \frac{1}{\nu} - \frac{1}{N}. \tag{5}$$

Si l'on introduit, au lieu du carré moyen, la somme $\Sigma\varepsilon^2$ des carrés des écarts dans les m intervalles à partir de la moyenne, la valeur probable de cette somme est $m\overline{\varepsilon^2}$ et satisfait à la relation

$$\frac{\Sigma\varepsilon^2}{m-1} = \frac{1}{\nu}. \tag{6}$$

On voit que les écarts relatifs, les fluctuations de n autour de sa moyenne, doivent diminuer d'importance à mesure que cette valeur moyenne augmente.

Ainsi que je l'ai dit tout à l'heure, la véritable signification de ces résultats est la suivante : ils représentent l'aboutissement d'une théorie basée sur des hypothèses et nous permettront, par comparaison avec l'expérience, de savoir si ces hypothèses peuvent être conservées. Le joueur qui voudra s'assurer de la sincérité du jeu se servira d'eux comme nous nous servons de nos théories physiques pour contrôler, par comparaison de leurs résultats avec l'expérience, la légitimité de nos représentations. La constance de l'accord nous donnera la seule certitude que nous puissions atteindre, au jeu comme en Physique, relativement aux causes.

Autre méthode. - Nous pouvons retrouver les formules fondamentales (5) et (6) en nous plaçant à un autre point de vue et en cherchant, non plus la probabilité pour que, sur les N coups, il y ait un nombre déterminé n dans l'un des m intervalles équivalents, mais la probabilité pour que les N coups se distribuent d'une manière déterminée, n_1, $n_2, \ldots, n_m$ entre les intervalles, pour qu'il y ait en même temps n_1 coups dans le premier intervalle, n_2 dans le second, etc. Nous ne pouvons appliquer ici le théorème des probabilités composées et nous servir de la formule (1) en calculant $P_{n_1}, P_{n_2}, \ldots$ et multipliant ces probabilités. En effet, les $n_1, n_2, \ldots$ ne sont pas indépendants puisque leur somme doit être égale à N. Nous pouvons cependant utiliser la formule (1) en procédant de la manière suivante : la probabilité pour qu'il y ait n_1 coups dans le premier intervalle est bien :

$$\frac{N!}{n_1!(N-n_1)!}\left(\frac{1}{m}\right)^{n_1}\left(1-\frac{1}{m}\right)^{N-n_1}.$$

Les $m-1$ autres intervalles ne peuvent contenir que $N-n$ coups, et laprobabilité pour que le premier d'entre eux contienne n_2 est de la même manière :

$$\frac{(N-n_1)!}{n_2!(N-n_1-n_2)!}\left(\frac{1}{m-1}\right)^{n_2}\left(1-\frac{1}{m-1}\right)^{N-n_1-n_2}$$

et ainsi de suite. Si l'on fait maintenant, comme il est correct, le produit de toutes les probabilités composantes, on obtient pour la probabilité cherchée:

$$\frac{1}{m^N}\,\frac{N!}{(n_1)!(n_2)!\dots(n_m)!}.$$

Autrement dit, puisque le nombre total des distributions possibles est m^N, le nombre de manières dont on peut obtenir dans les différents intervalles les nombres de coups assignés est :

$$W=\frac{N!}{(n_1)!(n_2)!\dots(n_m)!}. \tag{7}$$

Nous aurions pu obtenir ce résultat plus directement en cherchant de combien de manières il est possible de distribuer entre les N symboles de groupes α, β, ..., ζ, des nombres déterminés d'indices de chaque sorte, n_1 indices 1, n_2 indices 2, ..., n_m indices égaux à m. Chaque distribution correspond à un des ordres dans lesquels on peut ranger ces N indices qui ne sont pas tous différents, à une des permutations de ces indices. Le nombre cherché est celui des permutations complètes de N objets dont n_1 d'une même espèce, n_2 d'une autre, etc. Il est bien donné par la formule (7). Ce nombre W de manières dont on peut réaliser une distribution donnée $(n_1, n_2, \dots, n_m)$ des N symboles entre m intervalles équivalents, au point de vue de la présence possible de chacun d'eux, est proportionnel avec le coefficient $\frac{1}{m^N}$ à la probabilité de cette distribution. Nous pourrons souvent prendre W comme mesure de cette probabilité.

On voit aisément que, pour une valeur donnée de N, W est maximum quand les n sont tous égaux. Nous voyons ainsi d'une autre manière que la distribution la plus probable est celle qui se fait également entre les divers intervalles, du moins lorsque aucune condition supplémentaire n'est imposée qui pourrait venir exclure certaines distributions. Nous allons traiter dans un instant un problème où s'introduiront de semblables exclusions.

La formule (7) donne également le moyen de calculer les écarts à partir de la distribution uniforme de probabilité maximum. Soit en effet ν la valeur moyenne $\frac{N}{m}$ du nombre des coups par intervalle, et soient $\varepsilon_1, \varepsilon_2, \ldots, \varepsilon_m$ les écarts relatifs à partir de cette valeur dans une distribution quelconque :

$$n_1 = \nu(1+\varepsilon_1), \qquad n_2 = \nu(1+\varepsilon_2), \qquad \ldots, \qquad n_m = \nu(1+\varepsilon_m).$$

Les ε sont nuls dans la distribution la plus probable et sont dans tous les cas, puisque le nombre total N est donné, soumis à la condition $\Sigma\varepsilon = 0$. En prenant le logarithme des deux membres de (7), remplaçant chaque factorielle par la formule asymptotique de Stirling,

$$n! = \sqrt{2\pi n}\left(\frac{n}{e}\right)^n,$$

et négligeant le logarithme de chaque grand nombre tel que n par rapport à celui-ci, on obtient, C étant une constante qui dépend seulement de N :

$$\log W = C - \sum_1^m n \log n. \tag{8}$$

Remplaçant n par $\nu(1+\varepsilon)$ et développant $\log(1+\varepsilon)$ suivant les puissances de ε, il vient, si l'on tient compte de la condition $\Sigma\varepsilon = 0$ et si on limite le développement aux termes du second ordre :

$$\log W = \log W_0 - \frac{\nu \Sigma \varepsilon^2}{2}$$

ou

$$W = W_0 e^{-\frac{\nu \Sigma \varepsilon^2}{2}},$$

W_0 étant la probabilité maximum, celle qui correspond à la distribution uniforme.

Ayant ainsi la probabilité qui correspond à chaque système de valeurs des ε, on calcule aisément la valeur moyenne d'une expression quelconque x telle que $\Sigma\varepsilon^2$ par :

$$\frac{\Sigma W x}{\Sigma W}.$$

En remplaçant chacune des deux sommes par une intégrale et en tenant compte de la condition $\Sigma\varepsilon = 0$, on retrouve aisément la formule (6) :

$$\frac{\sum \varepsilon^2}{m - 1} = \frac{1}{\nu},$$

en moyenne.

Bien que ce second mode de raisonnement soit moins direct que le premier et ne s'applique qu'au cas des grands nombres, il était important de le rappeler parce qu'il envisage les choses sous un nouvel aspect et prépare la voie pour la solution des autres problèmes dont nous aurons à nous occuper.

Applications. — On peut faire, au jeu comme en Physique, deux sortes d'applications de la relation (6). Tout d'abord, comme je l'ai déjà dit, on peut l'utiliser pour vérifier, par sa concordance avec les faits, si les postulats d'indépendance et d'indifférence placés à la base de nos raisonnements sont légitimes. Le joueur qui voudra se rendre compte de la sincérité du jeu observera les nombres de coups sortis dans m intervalles équivalents, calculera la moyenne ν et les écarts relatifs individuels ε, et verra dans quelle mesure la relation (6) est vérifiée. Cette vérification doit être d'autant plus exacte que le nombre m d'intervalles considérés est plus grand.

On peut également s'en servir pour déterminer le nombre moyen ν et par conséquent N quand on connaît seulement les écarts relatifs ε. Par exemple on se donne, pour chacun de m jours consécutifs équivalents, la somme totale gagnée par un joueur sans en retrancher les pertes. Quel est le nombre des coups joués chaque jour et quelle est la mise? La connaissance des gains quotidiens entraîne celle des écarts relatifs et celle-ci suffit à connaître le nombre des coups joués à l'aide de la formule (6). Celle-ci traduit quantitativement le fait que les écarts relatifs entre les gains quotidiens sont d'autant plus faibles que le nombre des coups joués chaque jour est plus grand.

Cette question est tout à fait comparable à celles qu'on se pose en Physique quand on cherche à déduire le nombre des molécules et les grandeurs moléculaires de l'observation des écarts relatifs sur les grandeurs mesurables, de la mesure des fluctuations ou de leurs conséquences.

Fluctuations radioactives et fluctuations de concentration. — Donnons d'abord quelques exemples de questions de Physique où les résultats qui précèdent trouvent une application immédiate.

Prenons une substance radioactive de vie assez longue pour que nous puissions considérer son activité comme constante pendant toute la durée de nos expériences et comptons, parmi les particules α qu'elle émet, celles qui tombent sur un écran ou traversent un appareil de numération pendant des intervalles de temps successifs égaux entre eux. Nos postulats fondamentaux, parallèles aux précédents, seront que les circonstances, tant intérieures qu'extérieures à l'atome radioactif, qui permettent l'arrivée d'une particule α, peuvent se produire indifféremment à un instant quelconque, dans l'un quelconque de nos intervalles de temps égaux, et de plus qu'il y a indépendance complète entre les groupes de circonstances qui correspondent à deux particules différentes, que les circonstances déterminant l'explosion d'un atome dans des conditions favorables à l'arrivée d'une particule n'influent en rien sur celles qui détermineront ou accompagneront l'explosion d'un autre atome. La légitimation de ces postulats, par vérification de leurs conséquences, a une très grosse importance pour la théorie des phénomènes radioactifs. Le premier, pour ce qui concerne les circonstances intérieures à l'atome qui déterminent son explosion, signifie que ces circonstances peuvent se produire indifféremment à un instant ou à un autre, que les chances pour l'atome de continuer à vivre sont indépendantes du temps pendant lequel il a déjà vécu; en d'autres termes qu'il ne vieillit pas, et qu'il meurt seulement par suite d'accidents dus à un hasard interne. Je dis interne parce qu'il semble bien qu'aucune circonstance externe, du moins parmi celles que nous pouvons modifier, n'influe sur la vitesse de transformation des substances radioactives.

Si nos postulats sont exacts et si nous recevons au total N particules α pendant m intervalles de temps égaux, la probabilité pour qu'il arrive, n particules pendant un de ces intervalles est donnée par la formule (1) les écarts à partir de la moyenne $\frac{N}{m} = \nu$ doivent satisfaire à la relation (6). Ce résultat a été vérifié de manière très exacte dans les expériences de M. Rutherford. Nous en rencontrerons plus loin un autre du même genre et de plus grande importance au point de vue de la numération des particules.

Il y a bientôt quinze ans que M. Smoluchowski a prévu de la même manière les fluctuations spontanées qui doivent se produire dans la distribution des molécules d'un gaz entre les diverses portions du volume qu'il occupe, les fluctuations de concentration. Pour que nous puissions appliquer à ce problème les résultats obtenus, il nous faut partir des postulats suivants : la présence d'une molécule particulière est également possible dans des portions égales du volume total; ceci est intuitif et nous conduit à remplacer nos m intervalles par m régions d'égal volume et contenant chacune en moyenne ν molécules. De plus nous devons admettre que la présence d'une molécule dans une de ces régions n'influe en rien sur la présence possible d'une autre, ce qui nous oblige à négliger les actions mutuelles entre ces molécules ou le volume de chacune d'elles par rapport au volume total. Le gaz doit donc être supposé suffisamment rare. Quand le fluide est dense, les fluctuations peuvent être très différentes de ce que nous allons prévoir, ou beaucoup moindres si les molécules sont serrées au point d'occuper la plus grande partie du volume total, de façon à exercer entre elles surtout des actions répulsives, ou beaucoup plus importantes si les actions attractives l'emportent, comme c'est le cas pour les fluides au voisinage d'un état critique.

Pour un gaz peu dense, tel que l'atmosphère, les formules (1), (2) et (3) s'appliquent à la probabilité pour qu'une portion du volume contienne n molécules si m portions égales en contiennent N au total. Ici encore les fluctuations spontanées seront d'autant plus importantes que le nombre moyen de molécules sera plus faible. Nous trouverons l'application de ces résultats dans la théorie du bleu céleste.

M. Svedberg a pensé pouvoir mettre en évidence les fluctuations spontanées de concentration qui doivent se produire de la même manière dans une solution étendue en observant les fluctuations du nombre des particules α émises par une solution radioactive quand on s'arrange de manière à ne recevoir sur un écran que les particules émises par une petite fraction du volume total de la solution. Il pensait que, les hasards de distribution des atomes radioactifs dans le volume s'ajoutant aux hasards internes qui déterminent l'explosion, on devrait observer des fluctuations plus importantes qu'avec une matière radioactive solide, et a effectivement obtenu, pour le même nombre moyen de particules reçues dans chaque intervalle de temps, un carré moyen des écarts relatifs double environ de celui que prévoit la formule (5).

Le raisonnement général par lequel nous avons obtenu cette formule montre que s'il y a bien, conformément au second postulat, indépendance entre *toutes* les circonstances qui déterminent les arrivées sur l'écran de deux particules α, le résultat de M. Svedberg ne peut pas être exact. En raisonnant sur les groupes de circonstances qui permettent l'arrivée d'une particule α sur l'écran comme nous l'avons fait pour les groupes de circonstances qui déterminent la sortie d'une noire à la roulette, on verra que la formule donnant l'écart relatif moyen en fonction du nombre moyen des coups reste applicable sous les deux postulats d'indifférence et d'indépendance. La superposition du hasard de distribution des atomes radioactifs dans le liquide au hasard interne qui détermine l'explosion augmente simplement la complexité des circonstances favorables, complexité dont la formule est indépendante.

Si de nouvelles expériences confirment les observations faites par M. Svedberg, cela prouvera, ou bien que l'explosion d'un atome peut influer sur celle d'un atome voisin, et ceci est en contradiction avec le fait que la radioactivité globale d'une substance s'est montrée jusqu'ici tout à fait indépendante de sa concentration, ou bien que la présence dans une région d'un atome radioactif entraîne aussi celle d'autres atomes radioactifs dans cette même région; autrement dit que les atomes dissous vont par groupes associés, que la solution de M. Svedberg était *colloïdale*. De toute manière son résultat, s'il est exact, n'a rien à voir avec les fluctuations spontanées de concentration dont nous avons parlé.

Grandeurs moléculaires. — Voyons maintenant quelques exemples d'application de la formule (6) à la détermination des grandeurs moléculaires par l'intermédiaire des fluctuations auxquelles cette formule s'applique, comme celles des émissions radioactives ou de concentration dans les milieux dilués, cas où les postulats d'indifférence et d'indépendance se trouvent vérifiés. Avant qu'on sût faire les numérations de particules α par la méthode des scintillations ou par l'élégant procédé de Rutherford, M. v. Schweidler avait observé que le courant d'ionisation produit par les rayons α était soumis à d'importantes fluctuations. Pendant des intervalles de temps égaux entre eux, les quantités d'électricité libérées dans une chambre d'ionisation par l'électromètre sont proportionnelles aux nombres de particules α émises pendant ces intervalles, de sorte que les écarts relatifs entre ces quantités et leur moyenne donnent les écarts relatifs entre les nombres de particules et leur moyenne; d'où la possibilité de calculer cette dernière moyenne à partir des écarts relatifs observés à l'électromètre en appliquant la relation (6).

De manière plus indirecte, on peut comprendre comment la diffusion de la lumière par l'atmosphère est due aux fluctuations spontanées de concentrations de l'air prévues par Smoluchowski et comment la mesure de l'éclat du ciel permet de remonter aux grandeurs moléculaires.

En raison de ces fluctuations, du frémissement continuel de l'atmosphère autour de la distribution uniforme de ses molécules en volume, l'air se comporte au point de vue optique comme un milieu trouble et diffuse la lumière solaire. De l'importance des fluctuations régie par les lois de probabilité, on peut déduire la proportion de lumière diffusée pour chaque longueur d'onde et par suite le rapport de l'éclat du ciel à celui du Soleil. On conçoit d'ailleurs que cette proportion augmente à mesure que la longueur d'onde diminue et que le ciel soit bleu; en effet, pour une lumière de longueur d'onde donnée, la proportion d'énergie diffusée est déterminée par le degré d'hétérogénéité du milieu à l'échelle de la longueur d'onde, c'est-à-dire par les fluctuations relatives de concentration dans un cube ayant pour côté la longueur d'onde, et comme le nombre moyen ν des molécules présentes dans ce cube est proportionnel au cube de cette longueur d'onde, on conçoit que le milieu se comporte comme d'autant plus trouble et plus diffusant que la longueur d'onde est plus courte. Inversement, la comparaison expérimentale de l'éclat du ciel à celui du Soleil pour une longueur d'onde quelconque détermine l'importance relative des fluctuations, dans un cube de côté égal à cette longueur d'onde, et, par application de la formule (6), permet de remonter au nombre des molécules présentes en moyenne dans un tel volume.

Quand le milieu est dense, les actions mutuelles interviennent et changent l'importance relative des fluctuations. Pour traiter le problème dans le cas général il va nous falloir aboutir à la mécanique statistique en analysant de nouveaux problèmes de probabilités au double point de vue de la distribution la plus probable et des fluctuations spontanées autour de celle-ci.

DEUXIÈME PROBLÈME.

Le problème des séries de coups. — Une des questions qui intéressent le plus les joueurs est celle de la distribution des coups d'une même couleur en séries. Nous allons voir que ce problème est étroitement lié à celui de la mécanique statistique, aux applications les plus importantes qui aient été faites du calcul des probabilités à la Physique.

Posons-nous la question suivante : Étant donné que, sur un nombre total $N + R$ de coups de roulette, la noire est sortie N fois et la rouge R fois, quelle est la probabilité pour que les coups rouges, par exemple, soient distribués d'une manière donnée en séries, qu'il y ait n_1 coups rouges isolés, n_2 séries de deux coups consécutifs, n_3 de trois coups, et ainsi de suite.

Le nombre total des rouges étant R on a évidemment :

$$n_1 + 2n_2 + 3n_3 + \ldots = R. \tag{8}$$

Chaque série de rouges est située dans un des intervalles entre deux noires consécutives ou à chacune des deux extrémités de l'ensemble des coups, de sorte que, si nous désignons par n_0 et appelons nombre des séries rouges d'ordre o, le nombre des intervalles entre les noires où ne se trouve aucune rouge, nous devons avoir $n_0 + n_1 + n_2 + \ldots$ égal à N + 1, d'où

$$n_0 + n_1 + n_2 + \ldots = N + 1. \tag{9}$$

Le postulat d'indépendance entre les coups nous permet d'affirmer que chaque intervalle entre deux noires peut indifféremment renfermer une série d'ordre o, 1, 2, 3, ..., puisque la couleur d'un coup n'est nullement conditionnée par la couleur du coup qui l'a précédé. Il y aura donc autant de manières de réaliser la distribution donnée des rouges en N + 1 séries qu'il y a de manières différentes de ranger ces séries, de distribuer entre elles n_0 indices o, n_1 indices 1, n_2 indices 2, etc., l'indice attribué à une série indiquant l'ordre auquel elle appartient. C'est, comme tout à l'heure, le nombre des permutations complètes des N + 1 séries données :

$$W = \frac{(N+1)!}{(n_0)!(n_1)!\ldots}. \tag{10}$$

La probabilité de la distribution donnée est proportionnelle à cette quantité, au nombre de cas favorables, c'est-à-dire au nombre de manières dont on peut la réaliser, mais contrairement à ce qui se passait dans le problème précédent, les nombres n ne sont pas seulement assujettis à la condition d'avoir une somme donnée égale ici à N + 1, mais doivent encore satisfaire à la relation (8). C'est elle qui limite maintenant le nombre des cas possibles comme, dans le problème précédent, ce nombre était limité par la condition, absente ici, qu'il y ait m indices différents.

Un raisonnement simple montre que ce nombre total des cas possibles est égal au nombre des permutations complètes qu'on peut former avec les N noires et les R rouges, c'est-à-dire à

$$\frac{(N+R)!}{N!\,R!}, \tag{11}$$

d'où l'on déduit aisément, en divisant (10) par (11), l'expression cherchée pour la probabilité.

La distribution la plus probable. — Dans le problème précédent, la probabilité maximum correspondait à la distribution uniforme; à cause de la liaison imposée par la relation (8), la distribution la plus probable des $N+1$ séries entre les divers ordres ne sera pas uniforme. Pour l'obtenir il nous faut chercher les valeurs de n_0, n_1, n_2, ... satisfaisant à la fois aux relations (8) et (9) et donnant la plus grande valeur possible à l'expression (10) de W.

Cette question peut être résolue de manière simple quand on suppose les nombres n assez grands pour que chaque factorielle puisse être remplacée par la formule de Stirling :

$$n! = \sqrt{2\pi n}\left(\frac{n}{e}\right)^n.$$

Prenant le logarithme de W et laissant de côté des termes négligeables dans l'hypothèse où les n sont grands, plus exactement en remarquant que le logarithme d'un grand nombre est négligeable devant celui-ci, on obtient :

$$\log W = C - (n_0 \log n_0 + n_1 \log n_1 + \ldots) = C - \Sigma n \log n, \tag{12}$$

C étant une constante qui a la même valeur pour toutes les distributions dont on veut comparer les probabilités. Puisque les n et par conséquent N sont très grands, nous pouvons négliger l'unité dans la condition (9) et chercher le maximum de (12) sous les conditions (8) et (9).

On trouve immédiatement que ce maximum correspond à la distribution représentée par la loi

$$n_i = \frac{N^2}{R+N}\left(\frac{R}{R+N}\right)^i, \tag{13}$$

i pouvant prendre les valeurs entières 0, 1, 2, ...

On voit que la distribution la plus probable des rouges en séries correspond à des nombres de séries qui varient suivant une progression géométrique décroissante de raison $\frac{R}{R+N}$ à mesure que l'ordre i de la série augmente. Quel que soit le nombre moyen $\frac{R}{N}$ des coups dans les séries, ce sont toujours les petites séries qui seront les plus fréquentes, mais la diminution de fréquence avec l'ordre i est d'autant plus lente que $\frac{R}{N}$, ordre moyen des séries, augmente, puisque la raison tend vers l'unité quand $\frac{R}{N}$ augmente.

Si le jeu de roulette est tel que sur un grand nombre de coups il y ait autant de rouges que de noires, la raison de la progression est égale à $\frac{1}{2}$ et l'on a, en faisant $R = N$,

$$n_0 = \frac{N}{2}, \qquad n_1 = \frac{N}{4}, \qquad n_2 = \frac{N}{8}, \qquad \ldots, \qquad n_i = \frac{N}{2^i}.$$

Il est donc probable que les coups rouges isolés seront deux fois plus fréquents que les séries de deux coups, celles-ci deux fois plus fréquentes que les séries de trois coups, et ainsi de suite. La vérification de ce résultat pourra servir à ceux qui jouent la série à s'assurer que le jeu est honnête et conforme aux postulats que nous avons admis. Si le jeu est combiné de manière que R soit différent de N, si par exemple le nombre des cases rouges est différent de celui des noires, la distribution la plus probable des séries se fera avec une raison $\frac{R}{R+N}$ différente de $\frac{1}{2}$.

Si nous avions eu uniquement en vue la recherche de la distribution la plus probable des séries entre les diverses valeurs possibles et non celle de la probabilité d'une distribution quelconque, nécessaire pour l'étude des fluctuations autour de la plus probable, nous aurions pu aboutir beaucoup plus rapidement en raisonnant de la manière suivante :

Chaque fois qu'un nouveau coup est joué, les chances de sortie de la rouge et de la noire sont entre elles comme R est à N. Une série étant commencée, elle se prolonge si la rouge sort et se termine si c'est la noire. Les chances qu'a une série quelconque de se prolonger sont donc à celles qu'elle a de se terminer comme R est à N. Ceci se traduit par l'équation, valable quel que soit i dans la distribution la plus probable des séries :

$$\frac{n_i}{n_{i+1} + n_{i+2} + \ldots} = \frac{N}{R}$$

ou

$$\frac{n_i}{n_i + n_{i+1} + \ldots} = \frac{N}{R + N}$$

et comme

$$\frac{n_{i-1}}{n_i + n_{i+1} + \ldots} = \frac{N}{R},$$

on obtient par division la relation de récurrence :

$$\frac{n_i}{n_{i-1}} = \frac{R}{R + N};$$

d'où la relation (13) si l'on tient compte de (9).

Probabilités continues et probabilités discontinues. — Nous pouvons mettre encore nos résultats sous une autre forme qui va nous permettre de passer au cas limite des probabilités continues.

Supposons que les coups de roulette soient joués uniformément dans le temps ; l'intervalle de temps entre deux coups consécutifs étant constant et égal à ε. La durée d'une série d'ordre i sera $t = i\varepsilon$ et la durée totale de nos séries est donnée égale à $R\varepsilon$, autrement dit la durée moyenne est donnée égale à

$$\bar{t} = \frac{R}{N}\varepsilon.$$

Chaque série ne pouvant contenir qu'un nombre entier i de coups, sa durée t ne peut être qu'un multiple entier de ε. Nous avons bien affaire à un problème de probabilités discontinues avec un *domaine élémentaire de probabilités* ε fini.

La relation (13) peut encore s'écrire

$$(14) \qquad n_i = \frac{N^2}{R + N} e^{-\frac{t}{\tau}} = C e^{-\frac{t}{\tau}},$$

en posant

$$(15) \qquad e^{-\frac{\varepsilon}{\tau}} = \frac{R}{R + N} = \frac{\bar{t}}{\bar{t} + \varepsilon}.$$

Ceci revient à remarquer que les points obtenus en portant en abscisses les valeurs de i et en ordonnées les valeurs correspondantes de n dans la distribution la plus probable se trouvent sur une courbe exponentielle dont l'équation est donnée par (14). La valeur du *module* τ est déterminée par la relation (15). Nous verrons que ce module joue dans la question actuelle le même rôle que joue la température dans les distributions les plus probables que prévoit la mécanique statistique et nous pourrions l'appeler la *température* de notre distribution probable des séries. Ceci va nous apparaître en examinant de plus près la relation entre ce module τ et la durée moyenne des séries. On peut en effet écrire la relation (15), en la résolvant par rapport à $\bar{t}$:

$$\bar{t} = \frac{\varepsilon}{e^{\frac{\varepsilon}{\tau}} - 1}. \tag{16}$$

Cette relation est représentée par la courbe I (*fig.* 1) qui part de

Fig. 1.

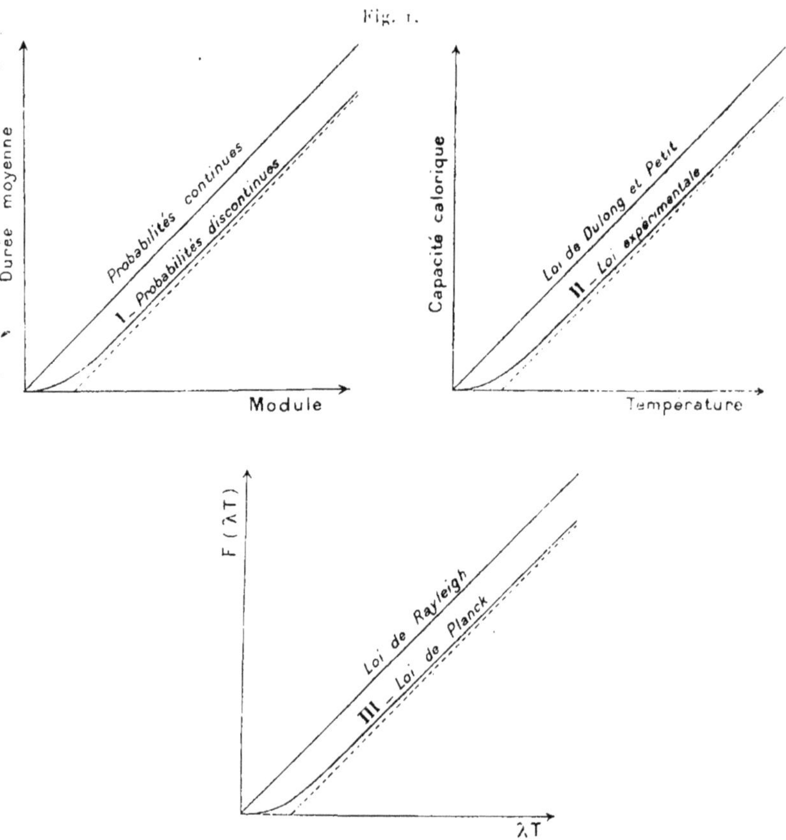

l'origine avec une tangente horizontale et monte ensuite en tendant vers l'asymptote $t = \tau - \frac{\varepsilon}{2}$.

Cette courbe présente une analogie frappante avec celle qui représente la variation en fonction de la température de l'énergie thermique nécessaire pour porter un corps solide du zéro absolu à la température T, telle qu'elle résulte des recherches expérimentales de M. Nernst et de ses collaborateurs; au lieu de l'énergie thermique totale on peut envisager aussi bien l'énergie moyenne $\bar{\varepsilon}$ d'une molécule en fonction de la température (courbe II, *fig.* 1).

Plus exacte encore quantitativement est l'identité de notre courbe avec celle qui représente la distribution de l'énergie du rayonnement noir en fonction de la longueur d'onde et de la température. On sait que l'énergie contenue dans l'unité de volume d'une cavité en équilibre thermique est représentée, d'après les lois de Boltzmann et de Wien, pour la partie comprise entre les longueurs d'onde λ et $\lambda + d\lambda$, par

$$\frac{1}{\lambda^5} F(\lambda T)\, d\lambda.$$

Les mesures les plus précises faites dans un intervalle considérable de longueurs d'onde ont conduit pour la fonction F à la forme :

$$F(\lambda T) = \frac{C}{e^{\frac{c}{\lambda T}} - 1},$$

C et c étant des constantes

Si nous portons en abscisses la variable λT et en ordonnées la fonction $F(\lambda T)$ telle que l'expérience la fournit, nous obtenons une courbe qui, pour un choix convenable d'échelle, coïncide exactement avec la nôtre (courbe III, *fig.* 1).

L'analogie devient encore plus frappante quand on passe au cas limite des probabilités continues.

Si nous supposons que les coups de roulette se précipitent de plus en plus, se succèdent à des intervalles ε de plus en plus petits, les séries de durée observable contiendront un très grand nombre de coups et n'existeront que si R est très grand par rapport à N, c'est-à-dire $\bar{t}$ et par conséquent τ par rapport à ε. Notre problème devient celui de la distribution la plus probable des intervalles de temps t entre N événements consécutifs (les coups noirs) qui se produisent au hasard, la valeur de l'intervalle moyen entre eux étant donnée.

Si dans la formule (16) nous faisons tendre ε vers o, nous obtenons

$$\bar{t} = \tau$$

et (14) devient

$$dn = \frac{N}{\tau} e^{-\frac{t}{\tau}} dt, \tag{17}$$

dn étant le nombre des intervalles dont la longueur est comprise entre t et $t + dt$.

La loi exponentielle subsiste ainsi dans le cas des probabilités continues; ce sont toujours les intervalles les plus courts qui sont les plus fréquents, mais nous avons ce caractère particulier que la durée moyenne devient égale au module et que la courbe I est remplacée par la droite $\bar{t} = \tau$ parallèle à l'asymptote précédente.

Or nous verrons que l'application des probabilités continues à la Thermodynamique conduit à prévoir, pour l'énergie moyenne d'une molécule dans un solide, une valeur proportionnelle à la température, conforme à la loi de Dulong et Petit, et représentée par une droite analogue à la précédente, parallèle à l'asymptote de la courbe expérimentale.

De même, l'application des probabilités continues à la théorie du rayonnement conduit à une loi, donnée par Lord Rayleigh, d'après laquelle la fonction $F(\lambda T)$ est proportionnelle à λT et l'expérience confirme cette loi pour les grandes valeurs de λT, c'est-à-dire que la droite passant par l'origine que prévoit la probabilité continue est encore parallèle à l'asymptote de la courbe expérimentale.

La conclusion qui s'impose, et dont M. Planck a eu la gloire de montrer la nécessité en créant sa théorie des quanta, c'est que nous ne pouvons espérer représenter les faits relatifs au rayonnement noir ou aux chaleurs spécifiques des solides qu'en introduisant la discontinuité jusque dans l'application des probabilités à la Physique, en tenant compte de l'étendue finie que doivent avoir les domaines élémentaires de probabilité. Bien d'autres faits sont venus depuis confirmer cette conclusion. Nous verrons tout à l'heure quelles doivent être la nature et la grandeur de ces domaines élémentaires.

La distribution des libres parcours. — Faisons de suite quelques applications à la Physique de la loi de distribution (17) relative aux probabilités continues. Nous aurions pu obtenir cette loi de manière plus directe et plus rapide si je n'avais eu le souci, pour les raisons qui précèdent, de la raccorder avec la loi plus générale des probabilités discontinues.

Si $N+1$ points sont distribués au hasard sur une droite, sous la condition que leur intervalle moyen soit égal à λ, le nombre d'intervalles entre deux points consécutifs dont la longueur est comprise entre l et $l+dl$ devra être, dans la distribution la plus probable donnée par (17) :

$$dn = \frac{N}{\lambda} e^{-\frac{l}{\lambda}} dl.$$

Le hasard correspond ici aux postulats que la position d'un point quelconque peut se trouver indifféremment dans l'un quelconque des intervalles égaux, si petits qu'ils soient, dans lesquels on peut décomposer la droite, et que les positions des divers points sont considérées comme absolument indépendantes les unes des autres. Des écarts pourront se produire autour de cette distribution la plus probable, mais, comme toujours, leur importance relative diminuera à mesure que le nombre des points considérés sera plus grand.

La même formule nous donnera la distribution des libres parcours d'une molécule gazeuse entre les diverses valeurs possibles l lorsque le libre parcours moyen est égal à λ. Les postulats qui la rendent applicable sont ici que chaque choc contre une molécule particulière peut se produire indifféremment en un point quelconque du parcours total et qu'un choc n'influe en rien sur le temps qui peut s'écouler avant qu'un autre se produise.

Les intervalles d'émission des particules α. — Une application importante de cette même formule est relative à la distribution des intervalles de temps entre les émissions radioactives lorsque l'intervalle moyen est égal à τ, c'est-à-dire lorsque $N + 1$ émissions se distribuent

Fig. 2.

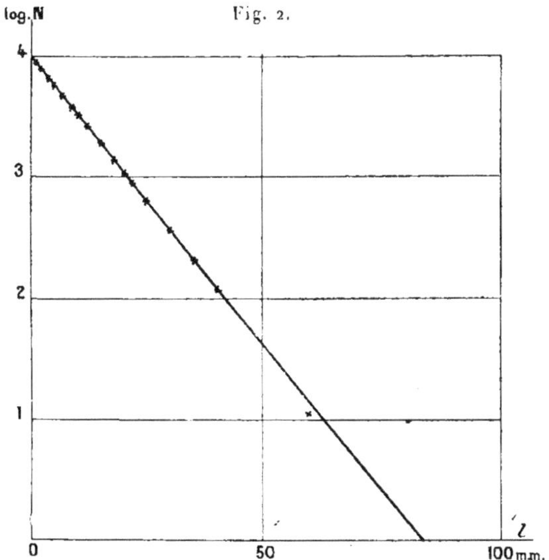

sur un temps total donné $N\tau$. Le moyen le plus simple pour vérifier l'exactitude de la loi est d'enregistrer au moyen d'un électromètre, comme l'a fait Mme Curie, les arrivées des particules individuelles sur une bande photographique déroulée à vitesse constante. On compte le nombre de ceux des intervalles d'une série dont la longueur est supérieure à l. Si la formule est exacte, c'est-à-dire si le hasard seul, interne ou externe, détermine l'explosion radioactive, on doit avoir pour ce nombre :

$$N_l = \frac{N}{\lambda}\int_l^\infty e^{-\frac{l}{\lambda}}\,dl = N e^{-\frac{l}{\lambda}},$$

dans la distribution la plus probable. L'expérience montre qu'il en est bien ainsi avec des écarts qui ne dépassent pas en moyenne ce que peut prévoir le calcul des probabilités. Si l'on porte l en abscisses et en ordonnées le logarithme de N_l, les points obtenus se rangent bien sur une droite dont l'inclinaison détermine λ et l'ordonnée à l'origine le logarithme de N (*fig.* 2). Seuls ceux qui sont relatifs aux très petites valeurs de l restent quelquefois au-dessous de la droite et ceci s'explique par le fait que, les émissions consécutives devenant indiscernables quand les intervalles sont trop petits, il a été en réalité émis un peu plus de particules qu'on n'en a comptées. On peut corriger cette erreur et déterminer exactement le nombre total des particules émises en se servant de la loi précédente puisque l'ordonnée à l'origine doit donner la valeur exacte de log N. On peut ainsi vérifier l'importante et remarquable loi du hasard interne qui régit les explosions radioactives et apporter plus de précision dans les numérations de particules α qui fournissent actuellement la meilleure méthode pour la détermination des grandeurs moléculaires.

La série représentée par la figure 2 comprenait 10 000 intervalles.

La loi des transformations radioactives. — En réalité, les substances radioactives que nous avons supposées constantes, dans les applications faites jusqu'ici, se détruisent par les explosions atomiques et leur activité diminue au cours du temps suivant une loi exponentielle qui est celle des réactions chimiques monomoléculaires. Si N atomes radioactifs sont présents à l'origine du temps, le nombre de ceux qui se détruisent entre les instants t et $t + dt$ est donné par :

$$dN = \frac{N}{\tau} e^{-\frac{t}{\tau}}\,dt.$$

τ étant la *période de la transformation ou* la *vie moyenne* d'un atome, ou, ce qui revient au même en raison de la forme particulière de la loi, sa durée moyenne comptée à partir d'un instant quelconque et non plus à partir de sa production par un atome générateur. Ce fait, qui semble paradoxal, tient précisément à l'intervention du hasard, au fait que la durée ultérieure probable d'un atome est indépendante du temps pendant lequel il a déjà vécu. La concordance de la loi expérimentale avec notre formule (17) montre que la destruction d'un nombre donné d'atomes radioactifs se fait suivant la loi *la plus probable qui soit compatible avec une vie moyenne donnée.*

La formule du nivellement barométrique. — Considérons une colonne cylindrique de gaz que nous supposerons à température uniforme T. Si aucune condition n'est imposée à la distribution du gaz dans le volume qui lui est offert, celle qui s'établira sera la plus probable au sens de notre premier problème : elle sera uniforme aux fluctuations près dont nous avons parlé et qui seront sensibles seulement dans de très petites portions du volume total en raison du nombre énorme des molécules. La densité du gaz sera la même partout et indépendante de l'altitude z au-dessus du fond.

Mais, si le gaz est pesant, nous savons que la densité variera avec l'altitude suivant une loi bien connue qu'on obtient de la manière suivante : Si p est la pression en un point où la concentration est c en molécules-gramme par unité de volume, on a :

$$p = \mathrm{RT}c,$$

R étant la constante des gaz parfaits. Si M est la masse moléculaire la densité au point considéré est Mc et la loi fondamentale de statique des fluides donne :

$$dp = -\mathrm{M}cg\,dz,$$

d'où :

$$c = c_0 e^{-\frac{\mathrm{M}gz}{\mathrm{RT}}}.$$

Si N est le nombre d'Avogadro, nombre de molécules dans une molécule-gramme, et m la masse d'une molécule, on peut écrire, en posant

$$k = \frac{\mathrm{R}}{\mathrm{N}},$$

la relation précédente :

$$c = c_0 e^{-\frac{mgz}{k\mathrm{T}}}, \tag{18}$$

c_0 étant la concentration pour l'altitude zéro. Le nombre dn de molécules comprises en moyenne entre les altitudes z et $z + dz$ sera de la forme

$$dn = \mathrm{C}e^{-\frac{mgz}{k\mathrm{T}}}\,dz.$$

L'analogie de cette loi avec notre formule (17) nous montre que la distribution qui s'établit dans un gaz sous l'action de la pesanteur est *la plus probable qui soit compatible avec une altitude moyenne donnée* $\bar{z} = \frac{k\mathrm{T}}{mg}$ (quand la colonne est supposée limitée en hauteur), c'est-à-dire avec une hauteur donnée du centre de gravité, si l'on introduit comme postulats de probabilité que la présence d'une molécule est indifféremment possible dans des couches d'égale épaisseur et que la présence d'une molécule à une certaine hauteur n'exerce aucune influence sur la possibilité de présence des autres, ce qui suppose le gaz assez rare, comme nous avons dû le faire d'ailleurs pour appliquer la loi des gaz parfaits.

Si nous remarquons que mgz représente l'énergie potentielle ψ de pesanteur d'une molécule située à l'altitude z, la formule devient :

$$(18)' \qquad dn = Ce^{-\frac{\psi}{kT}}\,dz.$$

L'expérience nous montre, sur le cas particulier de la distribution d'un gaz pesant en hauteur, que celui-ci se distribue spontanément de *la manière la plus probable qui soit compatible avec une énergie potentielle donnée.*

LA MÉCANIQUE STATISTIQUE.

La loi de Boltzmann. — C'est l'œuvre essentielle de Boltzmann que d'avoir généralisé de manière complète le résultat précédent et montré que la configuration d'équilibre prévue par la Thermodynamique pour un système matériel quelconque est *toujours la plus probable qui soit compatible avec son énergie totale, potentielle et cinétique.*

Pour donner un sens précis à cet énoncé, il faut indiquer nettement quels sont les postulats fondamentaux dans la définition des probabilités. On y parvient par la notion d'extension en phase qu'introduisirent Boltzmann et Gibbs et qui est à la base de la mécanique statistique. La configuration et la position d'un système matériel, qui peut d'ailleurs ne contenir qu'une seule molécule, sont déterminées par certaines coordonnées $q_1, q_2, \ldots, q_r$ en nombre égal à celui des degrés de liberté du système, et son état de mouvement par les moments ou quantités de mouvement correspondants, $p_1, p_2, \ldots, p_r$. En prenant les coordonnées et les moments comme déterminant la position d'un point dans un espace généralisé à $2r$ dimensions, ou *extension en phase*, on peut représenter chaque configuration dynamique d'un tel système par un point de cet espace et ses changements au cours du temps par une ligne ou trajectoire ; par chaque point passe d'ailleurs une trajectoire et une seule. Les diverses configurations possibles du système correspondent aux différents points de l'extension en phase comme les diverses positions possibles du centre d'une molécule dans un récipient correspondaient aux différents points du volume intérieur à ce récipient. Pour définir les probabilités dans le cas de la distribution en volume, nous avons considéré comme équivalentes des portions d'égale étendue du volume total.

Nous pouvons aussi partager notre espace généralisé en éléments d'égale extension $d\omega$ et un théorème fondamental dû à Liouville montre que, si notre système est régi par des équations analogues à celles de la Dynamique et réductibles à la forme Hamiltonienne, ces éléments d'égale extension, comme tout à l'heure nos éléments égaux de volume, doivent être considérés comme équivalents au point de vue de la probabilité, au point de vue de la présence possible à leur intérieur du point représentatif de la configuration de notre système.

En effet, le théorème de Liouville consiste en ceci que, si nous suivons au cours du temps des systèmes dont les points représentatifs sont situés initialement dans un élément donné de l'extension en phase, l'élément se déplace et se déforme dans l'espace généralisé, mais en *conservant une étendue constante*. Donc la présence initiale du point représentatif dans un élément est exactement aussi probable que sa présence ultérieure dans un élément d'*égale étendue;* deux éléments d'égale étendue doivent être considérés comme équivalents au point de vue de la présence possible du point représentatif, au même titre que deux éléments égaux du volume ordinaire au point de vue de la présence possible des molécules. Ce sera là notre postulat fondamental de définition des probabilités et, comme toujours, il trouvera sa justification complète dans l'accord de ses conséquences avec les faits.

Considérons un ensemble composé d'un grand nombre N de systèmes identiques au précédent, comme un gaz est composé d'un grand nombre de molécules semblables.

A tout état dynamique de l'ensemble, à toute distribution des N systèmes qui le composent entre les diverses configurations possibles, correspond une distribution donnée des N points représentatifs dans l'extension en phase. Pour calculer la probabilité de cette distribution, découpons l'extension en phase en éléments équivalents $\Delta\omega$ d'égale étendue que nous supposerons pouvoir diminuer indéfiniment dans l'hypothèse des probabilités continues. Si Δn_1, Δn_2, ... sont les nombres de points représentatifs présents dans ces éléments pour la distribution considérée, et si nous faisons de plus le postulat, analogue à celui de la rareté du gaz, de l'indépendance mutuelle des positions des divers points, nous obtenons pour le nombre W de manières dont la distribution considérée peut être réalisée, nombre proportionnel à sa probabilité :

$$W = \frac{N!}{(\Delta n_1)!(\Delta n_2)!\ldots}. \tag{19}$$

Si maintenant nous supposons donnée l'énergie totale U de l'ensemble, somme des énergies individuelles E dont la valeur est déterminée pour chaque système par le point représentatif de sa configuration, les distributions possibles sont assujetties à la condition, comparable à (8) :

$$E_1 \Delta n_1 + E_2 \Delta n_2 + \ldots = U, \tag{20}$$

E_1, E_2, ... étant les énergies qui correspondent à la position de points représentatifs dans les différents éléments équivalents d'extension.

La distribution de probabilité maximum sera représentée, comme il résulte d'un calcul comparable à celui qui nous a donné la relation (14), par

$$\Delta n = C e^{-\frac{E}{\Theta}} \Delta\omega.$$

La *densité en phase* $\rho = \frac{\Delta n}{\Delta\omega}$ qui correspond à la distribution la plus probable de nos N systèmes est donc donnée par la loi des *ensembles canoniques* de Gibbs

$$\rho = C e^{-\frac{E}{\Theta}}. \tag{21}$$

Le *module* Θ de la distribution et le coefficient C sont déterminés par les conditions équivalentes à (8) et (9) et que j'écris en notation différentielle pour passer au cas limite des probabilités continues

$$C \int E e^{-\frac{E}{\Theta}} d\omega = U \quad \text{et} \quad C \int e^{-\frac{E}{\Theta}} d\omega = N. \tag{22}$$

Nous allons montrer que cette distribution la plus probable compatible avec les conditions imposées à notre ensemble de N systèmes est précisément celle qui correspond à la configuration d'équilibre prévue par la Thermodynamique. En même temps se dégagera la signification profonde au point de vue statistique des diverses notions fondamentales de la Thermodynamique : de même que l'énergie totale U représente l'énergie interne de notre ensemble de N systèmes (de N molécules par exemple), nous allons être conduits à considérer la température absolue comme proportionnelle au module Θ de la distribution; l'entropie et l'énergie utilisable seront proportionnelles respectivement aux logarithmes de la probabilité W et de la constante C.

Cas d'un gaz pesant. — Appliquons tout d'abord notre loi générale de distribution la plus probable au cas d'un gaz pesant composé de molécules identiques les unes aux autres et de masse m. Chaque molécule représentera l'un de nos systèmes et le gaz tout entier représentera l'ensemble dont nous cherchons la distribution. Admettons de plus qu'il s'agisse d'un gaz monoatomique dans lequel nous n'aurons pas à introduire de rotations des molécules; chacune de celles-ci sera assimilable à un point matériel avec seulement trois degrés de liberté de translation auxquels correspondront les coordonnées x, y, z et les composantes u, v, w de la vitesse.

L'énergie E d'un système, somme de l'énergie cinétique et de l'énergie potentielle de pesanteur d'une molécule, a pour expression

$$E = \frac{1}{2} m(u^2 + v^2 + w^2) + mgz.$$

L'espace généralisé ou extension en phase est ici à six dimensions, trois pour les coordonnées x, y, z et trois pour les moments ou quantités de mouvement correspondants, mu, mv, mw, de sorte que chaque état possible d'une molécule, comme position et mouvement, est représenté par un point distinct dans cet espace généralisé dont l'élément $d\omega$ a pour valeur

$$d\omega = m^3\, dx\, dy\, dz\, du\, dv\, dw.$$

La distribution des points qui dans cet espace représentent à un moment donné l'état des molécules de l'ensemble nous donne à la fois la répartition de ces molécules entre les diverses positions et les diverses vitesses possibles. Dans la distribution la plus probable, compatible avec une énergie totale donnée, la densité de ces points est donnée par

$$(23) \qquad \rho = C e^{-\frac{m}{2\Theta}(u^2+v^2+w^2) - \frac{mgz}{\Theta}}.$$

On reconnaît, pour ce qui concerne les vitesses, la loi de distribution de Maxwell. On déduit immédiatement de cette formule que l'énergie cinétique correspondant à un degré de liberté, $\frac{1}{2} mu^2$ par exemple, a pour valeur moyenne $\frac{\Theta}{2}$, quel que soit le degré de liberté considéré. Il en serait encore de même si nous avions supposé la molécule susceptible de rotations ou de déformations : l'énergie cinétique d'une molécule étant mise sous forme d'une somme de carrés correspondant chacun à un degré de liberté, la valeur moyenne, dans la distribution la plus probable, est la même pour chacun de ces termes et a pour valeur $\frac{\Theta}{2}$. C'est le théorème bien connu d'équipartition, qu'on étendrait sans peine au cas d'un mélange de diverses espèces de molécules par des considérations de probabilités analogues aux précédentes.

Il est à remarquer que l'énergie cinétique moyenne pour un degré de liberté reste la même $\frac{\Theta}{2}$ quand, au lieu de la calculer pour l'ensemble de toutes les molécules, on considère seulement celles qui sont contenues dans un élément de volume de l'espace ordinaire dx, dy, dz, ou dans une tranche dz de la colonne cylindrique dans laquelle nous pouvons supposer notre gaz renfermé. La distribution des vitesses entre les molécules d'un gaz pesant, et par conséquent l'énergie cinétique moyenne, est la même à toutes les altitudes.

D'après la théorie cinétique, la pression d'un gaz est proportionnelle à l'énergie cinétique moyenne de ses molécules. Si c est la concentration du gaz à l'altitude z, en molécules-gramme par unité de volume, et N le nombre d'Avogadro, la valeur $\frac{\Theta}{2}$ pour l'énergie moyenne d'un degré de liberté conduit pour la pression à

$$p = \mathrm{N}c\Theta.$$

L'identification avec la loi des gaz $p = \mathrm{R}c\mathrm{T}$ donne la relation

$$\Theta = \frac{\mathrm{R}}{\mathrm{N}}\mathrm{T} = k\mathrm{T}. \tag{24}$$

Le module Θ de la distribution la plus probable est donc proportionnel à la température absolue et donne la signification statistique de la notion de température. La distribution la plus probable d'un gaz, comme d'un ensemble quelconque d'ailleurs, est la distribution isotherme.

Si nous cherchons maintenant la variation de densité du gaz avec l'altitude dans la distribution donnée par la formule (23), en tenant compte de la relation (24), après intégration de $\varphi\, d\omega$ par rapport à u, v, w, entre les limites $-\infty$ et $+\infty$, nous retrouvons précisément la loi représentée par la formule (18), c'est-à-dire la loi du nivellement barométrique. C'est là une justification, sur cet exemple particulier, de la manière dont nous avons défini la probabilité d'une configuration de notre ensemble de systèmes, à partir du postulat d'équivalence des éléments égaux d'extension en phase.

Entropie et probabilité. — Pour obtenir l'interprétation statistique du principe de Carnot, examinons tout d'abord le cas des transformations réversibles. Pour réaliser une semblable transformation, nous supposerons qu'on fait varier les conditions imposées à notre ensemble de systèmes (grandeur de l'énergie totale U, forces extérieures exercées sur chaque système) assez lentement pour qu'à chaque instant l'ensemble ait le temps de prendre la distribution la plus probable qui soit compatible avec les conditions actuelles. Nous aurons donc à chaque instant une distribution de la forme (21) avec des constantes C et Θ qui varieront d'un instant à l'autre. La quantité W, donnée par la formule (19) et que nous appellerons la *probabilité*, aura à chaque instant la plus grande valeur compatible avec les conditions imposées, et cette valeur variera au cours de la transformation. Cherchons de quelle manière. L'extension en phase étant partagée en éléments $\Delta\omega$ tous égaux entre eux, très petits mais cependant assez grands pour que chacun d'eux renferme un grand nombre $\Delta n = \rho\,\Delta\omega$ de points représentatifs, nous pouvons, en appliquant la formule de Stirling à chacune des factorielles qui entrent dans l'expression de W et en ne conservant que les termes importants, écrire

$$\log W = N(\log N - \log \Delta\omega) - \Sigma \rho \log \rho\, \Delta\omega.$$

Le premier terme est constant au cours de la transformation, le second varie avec la distribution. En remplaçant par une intégrale la somme qui figure dans ce terme et qui est étendue à tous les éléments d'extension en phase, nous obtenons, en représentant le premier terme par une constante A :

$$\log W = A - \int \rho \log \rho \, d\omega.$$

Si nous admettons qu'à chaque instant soit réalisée la distribution la plus probable, nous pouvons remplacer ρ par l'expression (21) et il vient, en tenant compte des conditions (22) :

$$(23) \qquad \log W = A + \frac{U}{\Theta} - N \log C.$$

Différentions cette dernière relation

$$d \log W = \frac{dU}{\Theta} - \frac{U}{\Theta^2} d\Theta - N \frac{dC}{C}.$$

Différentions également la seconde des conditions (22); elle donne

$$N\frac{dC}{C} + \frac{U}{\Theta^2}d\Theta - \frac{C}{\Theta}\int e^{-\frac{E}{\Theta}}\,dE\,d\omega = 0,$$

d'où

$$d\log W = \frac{dU}{\Theta} - \frac{1}{\Theta}\int \varphi\, d\omega\, dE.$$

Or l'intégrale $\int \varphi\, d\omega\, dE$ représente l'accroissement d'énergie potentielle de l'ensemble résultant du changement des conditions extérieures, c'est-à-dire le travail $d\mathcal{T}$ fourni à l'ensemble pendant l'élément de transformation réversible. Donc

$$d\log W = \frac{dU - d\mathcal{T}}{\Theta}.$$

La différence $dU - d\mathcal{T}$ entre l'accroissement d'énergie interne et le travail fourni est la quantité de chaleur dQ fournie à l'ensemble; en tenant compte de la relation (24), il vient

$$\frac{dQ}{T} = k\,d\log W = d(k\log W).$$

Donc, pour une transformation consistant en une succession d'états de probabilité maximum, le quotient de la chaleur fournie dQ par la température absolue est une différentielle exacte. C'est un des énoncés du principe de Carnot appliqué aux transformations réversibles. Nous démontrons ainsi que les distributions moléculaires de probabilité maximum jouissent de toutes les propriétés imposées par la Thermodynamique aux configurations d'équilibre, et donnons, grâce à la définition dynamique des probabilités par l'introduction de l'extension en phase, un sens précis à la notion intuitive que la distribution moléculaire la plus probable, se réalisant par là même incomparablement plus souvent que toutes les autres en raison de la complexité de l'ensemble, doit représenter la configuration d'équilibre de celui-ci sous les conditions données.

On déduit aussi la signification statistique de l'entropie des résultats précédents :

$$dS = d(k\log W)$$

ou, à une constante près :

$$S = k\log W. \tag{26}$$

L'entropie, dans le cas où la Thermodynamique permet de la définir.

c'est-à-dire dans le cas des transformations réversibles, se trouve donc proportionnelle au logarithme de la probabilité de la configuration d'équilibre, c'est-à-dire de la configuration la plus probable compatible avec les conditions imposées à l'ensemble considéré.

Nous obtenons en même temps le moyen de généraliser la notion quantitative d'entropie et de l'étendre aux configurations qui ne peuvent faire partie d'une transformation réversible. Comme nous savons par (19) définir la probabilité W pour une configuration quelconque de notre ensemble, il suffit de considérer comme générale la relation (26) pour obtenir une définition générale de l'entropie et pour atteindre la signification profonde, purement statistique, de cette notion autrement si obscure. Le fait qu'un ensemble tend spontanément vers la configuration la plus probable compatible avec les conditions qui lui sont imposées généralise et éclaire profondément le théorème de Clausius d'après lequel l'entropie tend vers un maximum à énergie interne donnée.

La conséquence la plus importante peut-être de ce résultat est que la configuration d'équilibre prévue par la Thermodynamique, la configuration d'entropie maximum, nous apparaît maintenant comme la plus probable, mais non la seule possible pour l'ensemble. Celui-ci prend au cours du temps toutes les configurations possibles dans la proportion de leurs probabilités. La plus probable est seulement la plus fréquente et prédomine d'autant plus que l'ensemble est plus complexe, que le nombre N des systèmes qui le composent est plus grand. Mais des fluctuations doivent se produire autour de cette configuration la plus probable; nous verrons tout à l'heure comment la relation (26) généralisée permet d'en prévoir l'importance dans tous les cas et comment l'observation directe de ces fluctuations est venue confirmer de la manière la plus complète ces conséquences du point de vue statistique et apporter des moyens nouveaux, en nombre illimité, pour atteindre les grandeurs moléculaires par l'intermédiaire de ces fluctuations. Le principe de Carnot perd ainsi sa signification absolue : les configurations d'équilibre qu'il permet de prévoir et qu'il présente comme rigides ne correspondent en réalité qu'à un aspect moyen autour duquel la matière est en frémissement continuel et effectue des fluctuations d'autant plus importantes relativement que le nombre des molécules présentes est plus faible.

En tenant compte des relations (24) et (26) et en choisissant convenablement la constante arbitraire dans l'expression de l'entropie, nous pouvons écrire l'équation (25) sous la forme

$$U - TS = N\Theta \log C = RT \log C,$$

si R est la constante des gaz pour un nombre N de molécules égal au nombre des systèmes de notre ensemble. Nous obtenons ainsi l'expression de l'énergie utilisable et sa relation avec la constante C de la loi de distribution la plus probable

$$\Psi = RT \log C.$$

Comme la température, l'énergie utilisable n'a de sens que pour une distribution d'équilibre, de probabilité maximum, puisque ces notions sont définies à partir des constantes Θ et C caractéristiques d'une telle distribution. L'entropie au contraire est susceptible d'une définition plus générale puisqu'elle est reliée à la probabilité W dont la relation (19) donne l'expression pour une configuration quelconque de l'ensemble. Ceci montre l'importance particulière qui s'attache à cette notion d'entropie dont l'introduction s'est imposée longtemps avant qu'on en vît clairement les raisons profondes.

Il est bien évident, d'ailleurs, que lorsqu'un ensemble complexe ne se trouve pas en équilibre thermodynamique, lorsque sa température n'est pas uniforme par exemple, on peut le décomposer en ensembles plus simples, en éléments de volume, au sens ordinaire du mot, pour chacun desquels l'équilibre est au moins approximativement réalisé, pour chacun desquels on peut définir une température et une énergie utilisable, et calculer l'entropie au sens thermodynamique de sa définition. Cette remarque trouve son application dans nombre de raisonnements relatifs aux fluctuations.

Nous venons d'obtenir une interprétation statistique de la Thermodynamique en suivant la voie ouverte par Boltzmann; on peut avec Gibbs se placer à un point de vue un peu différent, mais le fond des raisonnements reste le même et je n'insisterai pas sur les différences entre les deux méthodes. Celle de Boltzmann me paraît, du reste, la plus claire et la plus féconde.

Les lois d'actions moléculaires. — Nous venons de voir dans la Thermodynamique un aspect des résultats de la Mécanique statistique. Celle-ci est beaucoup plus riche de contenu et beaucoup plus profonde que celle-là, puisqu'elle en complète les énoncés en même temps qu'elle en donne la signification véritable. Non seulement elle permet de prévoir les fluctuations spontanées que la Thermodynamique ignore complètement ou plus exactement dont la Thermodynamique nie la possibilité, mais encore elle seule permet d'atteindre les propriétés des ensembles moléculaires où se reflètent les lois profondes d'actions individuelles exercées sur les molécules ou par les molécules les unes sur les autres.

J'ai rappelé au début que certaines propriétés des ensembles sont indépendantes de ces lois individuelles et ne contiennent rien de plus que l'affirmation de la complexité de l'ensemble et du rôle qu'y joue la probabilité. Celles qu'on déduit de l'application du principe de Carnot, de la Thermodynamique, appartiennent à cette catégorie. Elles expriment uniquement ceci que la configuration d'équilibre ordinairement observée est la plus probable de toutes celles dont l'ensemble est susceptible, et la grossièreté habituelle de nos moyens d'observation fait que cette probabilité se change progressivement en certitude à mesure que l'ensemble devient plus complexe, ou plutôt parce que les ensembles observés sont généralement très complexes.

Ces propriétés thermodynamiques, en retour, ne permettent pas d'atteindre les lois individuelles dont elles sont indépendantes.

Au contraire, la loi de distribution la plus probable donnée par la formule (19) fait intervenir ces lois individuelles par l'intermédiaire de l'énergie E relative à chaque système et permet d'obtenir par intégration des propriétés de la configuration d'équilibre, des lois accessibles à nos mesures où interviennent les lois d'actions moléculaires et dont l'observation doit nous permettre de remonter à celles-ci. De là résulte une puissance nouvelle d'investigation que nous commençons à peine à savoir mettre en valeur.

L'orientation moléculaire. — Je citerai, comme premier exemple, la théorie d'orientation moléculaire dont j'ai montré toute l'importance pour rendre compte des phénomènes de paramagnétisme et de biréfringence électrique et magnétique. Lorsque, sous l'action d'un champ extérieur, chaque molécule est soumise à un couple tendant à l'orienter, l'énergie E relative à une molécule contient un terme qui représente le travail effectué par ce couple et la formule (21) détermine la manière dont les molécules s'orientent, dont elles se distribuent entre les diverses orientations possibles dans la configuration la plus probable de l'ensemble. Cette formule traduit l'effet superposé de l'agitation thermique tendant à réaliser la distribution isotrope et de l'action directrice du champ qui tend à disposer parallèlement toutes les molécules dans l'orientation d'énergie minimum.

La distribution d'équilibre étant ainsi connue, une simple intégration donne la grandeur mesurable, moment magnétique résultant dans le cas du paramagnétisme ou indice de réfraction dans le cas de la biréfringence. On peut alors, ainsi que je l'ai montré, remonter de l'observation au moment magnétique moléculaire ou à la dissymétrie optique de chaque molécule.

Le cas est beaucoup plus complexe où le couple directeur qui s'exerce sur une molécule dépend, non plus seulement du champ extérieur et de l'orientation par rapport à lui de la molécule considérée, comme pour les substances paramagnétiques diluées par exemple, mais résulte des actions mutuelles entre molécules. L'énergie U de l'ensemble fait alors intervenir des termes où figurent à la fois les orientations de deux ou plusieurs molécules, et le calcul de la configuration de probabilité maximum compatible avec une valeur donnée de U devient beaucoup plus difficile.

C'est ainsi que la question se pose pour les substances ferromagnétiques ou pour les cristaux liquides où les actions directrices mutuelles jouent le rôle prépondérant. On sait quels progrès ont déjà été réalisés dans l'étude du ferromagnétisme, grâce à l'hypothèse du champ moléculaire par laquelle M. Pierre Weiss a proposé de traduire la résultante des actions mutuelles exercées sur une molécule. Les résultats donnés par cette simplification du problème font prévoir de quelle importance serait la solution complète.

Les équations d'état. — Les choses se présentent plus simplement lorsque au lieu d'actions mutuelles d'orientation on suppose seulement entre les molécules des forces centrales, s'exerçant suivant une loi donnée en fonction de leur distance. L'équation d'état d'un fluide composé de semblables molécules s'obtiendrait de manière complète par la voie statistique si l'on savait résoudre le problème suivant, de nature purement géométrique : N points étant distribués au hasard dans un volume donné, quelle est la probabilité pour que les distances mutuelles entre ces points, en nombre égal à $\frac{N(N-1)}{2}$, soient distribuées d'une manière donnée entre les diverses valeurs possibles ? Ce problème résolu, l'équation d'état s'obtient immédiatement et fait intervenir, naturellement, la loi d'action mutuelle entre deux molécules. Cette équation permettrait, inversement, de remonter à la loi d'action à partir des isothermes obtenues expérimentalement pour le fluide considéré. Il y a là une question fondamentale de cohésion et je signale, à l'attention des mathématiciens, le problème de probabilités purement géométrique dont dépend toute sa solution.

Ce même problème domine également toute la théorie des mélanges de fluides et de la pression osmotique en particulier. De même que, par son intermédiaire, l'équation d'état d'un fluide pur donnerait la loi d'action entre molécules identiques, les propriétés bien connues des mélanges donneraient la loi d'action entre molécules d'espèces différentes.

Ici encore, les progrès de la Physique dépendent de la solution d'un problème de probabilités. Il s'agit toujours de trouver la distribution la plus probable compatible avec des conditions données.

Le problème général des fluctuations. — Dans ces premiers exemples d'applications des raisonnements généraux de la Mécanique statistique, nous avons considéré seulement la distribution la plus probable autour de laquelle nos ensembles effectuent constamment des fluctuations, généralement insensibles à cause de la grande complexité des ensembles de molécules sur lesquels portent nos observations.

Mais ces fluctuations peuvent devenir accessibles à l'expérience, lorsque le nombre des molécules contenues dans le système diminue (mouvement brownien de petites particules ou diffusion de la lumière, déterminée par les fluctuations de concentration dans des petits volumes de l'ordre du cube de la longueur d'onde). Nous avons vu comment on peut prévoir leur importance par des raisonnements très simples de probabilités dans le cas des fluctuations de concentration de gaz peu denses ou de solutions diluées où les positions des diverses molécules peuvent être considérées comme indépendantes les unes des autres. La question est alors purement géométrique. Si les actions mutuelles interviennent pour diminuer les fluctuations quand ces actions sont répulsives ou pour les augmenter quand elles sont attractives, il n'y a plus indépendance et la question, devenue dynamique, ne peut être résolue que par les considérations nouvelles de probabilités qu'introduit la Mécanique statistique.

Dans le problème général des fluctuations, il s'agit d'étudier les variations spontanées d'une grandeur *observable* x caractéristique du système (altitude ou vitesse d'un granule brownien, densité du fluide dans un petit volume, intensité du courant dans un circuit, etc.) autour de la valeur x_0 qui correspond à l'état le plus probable (altitude du point le plus bas qu'il puisse occuper et vitesse nulle pour le granule, densité correspondante à la distribution uniforme d'un fluide, valeur nulle du courant si le circuit ne comporte pas de force électromotrice, etc.).

La question revient en somme à chercher la probabilité $W(x)\,dx$ pour que la grandeur considérée soit comprise entre x et $x + dx$. Cette probabilité connue, on en déduira aisément la valeur moyenne d'une fonction quelconque de $x - x_0$ ou les effets produits par les fluctuations sur la propagation de la lumière par exemple, la fréquence avec laquelle se présente l'écart $x - x_0$ étant, comme dans tout ce qui précède, proportionnelle au coefficient de probabilité $W(x)$.

Deux procédés différents peuvent être employés pour atteindre cette probabilité. On peut tout d'abord supposer isolé le système complexe formé par notre ensemble de molécules, c'est-à-dire supposer son énergie interne constante et utiliser la formule (19) pour calculer la probabilité d'une configuration quelconque soumise à la condition d'énergie donnée. En ajoutant les probabilités ainsi obtenues pour toutes les configurations telles que la grandeur observable soit comprise entre x et $x + dx$, on aura précisément $W(x)\,dx$. On obtient ainsi ce que nous pouvons appeler *les fluctuations à énergie constante*.

Bien qu'il soulève des difficultés, le raisonnement suivant, dû à M. Einstein, permet d'arriver très vite au résultat. A chaque valeur de x correspond, au sens thermodynamique, une valeur de l'entropie S de notre système qui prend son maximum S_0 pour $x = x_0$. En généralisant la relation de Boltzmann (26) entre l'entropie et la probabilité, nous pouvons admettre, entre S et la valeur correspondante du coefficient $W(x)$, la relation

$$S = k \log W,$$

ou, ce qui élimine la constante arbitraire non écrite dans cette équation,

$$S - S_0 = k \log \frac{W}{W_0},$$

ou encore

$$W = W_0 e^{\frac{S - S_0}{k}}. \tag{27}$$

On peut encore écrire cette formule autrement. Comme notre système est complexe et que la grandeur x est un seul des paramètres en nombre énorme nécessaires pour la description complète de l'état du système, la variation de x dans les limites que les fluctuations pourront atteindre ne modifiera pas appréciablement la température du système qui correspond à une énergie interne donnée. Autrement dit, la configuration la plus probable sous les conditions que U ait la valeur donnée et que x soit compris entre x et $x + dx$ correspond à un module Θ et par conséquent à une température T sensiblement indépendante de x. Dans ces conditions, si ψ et ψ_0 sont les valeurs de l'énergie utilisable qui correspondent à x et x_0 sous cette température, on a, l'énergie interne restant fixe :

$$S - S_0 = \frac{\psi_0 - \psi}{T},$$

et l'on peut écrire la relation (27) sous la forme

$$(28) \qquad W = A e^{-\frac{\psi}{kT}},$$

A étant une constante.

Nous pouvons retrouver ce même résultat par une autre voie, grâce à la remarque suivante : la très faible variation de température qui accompagne les fluctuations à énergie constante à cause de la complexité du système fait que ces fluctuations restent les mêmes quand ce système, au lieu d'être isolé, fait partie d'un ensemble de systèmes complexes analogues avec lesquels il peut échanger de l'énergie, c'est-à-dire quand on considère les fluctuations comme isothermes au lieu de les considérer comme s'effectuant à énergie constante.

On voit immédiatement que l'étude de ces fluctuations isothermes se ramène à celle de la distribution la plus probable des diverses configurations possibles dans un ensemble de systèmes complexes. C'est un problème tout à fait analogue à celui que résout la formule (21), à ceci près que, au lieu d'avoir une seule molécule pour chacun des systèmes dont est composé l'ensemble, chaque système est lui-même composé d'un grand nombre de molécules. De sorte que l'extension en phase doit avoir maintenant un nombre énorme de dimensions, puisque chaque système complexe contient N fois plus de paramètres que chacune des molécules dont il est composé.

La distribution cherchée est déterminée par une formule analogue à (21), mais où E représente, non plus l'énergie d'une molécule, mais celle de notre ensemble de N molécules en fonction de tous les paramètres qui fixent la configuration de cet ensemble. Si $d\Omega$ est un élément de la nouvelle extension en phase, la probabilité pour que le point représentatif se trouve contenu dans cet élément sera

$$(29)\qquad Ce^{-\frac{E}{\Theta}}\,d\Omega.$$

Si nous voulons étudier les fluctuations relatives à un certain paramètre x, accessible à nos mesures, c'est-à-dire chercher la probabilité pour que ce paramètre soit compris entre x et $x+dx$, nous devons chercher la portion de l'extension Ω qui contient les points représentatifs pour lesquels la grandeur x est comprise entre les limites indiquées. En intégrant dans cette portion l'expression (29) nous obtiendrons la probabilité cherchée sous la forme

$$W(x)\,dx.$$

En se reportant à la définition statistique que nous avons obtenue pour l'énergie utilisable ψ, on démontre que la probabilité précédente peut s'écrire

$$W(x)\,dx = Ae^{-\frac{\psi(x)}{\Theta}}\,dx,$$

A dépendant de x, mais de façon à varier d'ordinaire très peu en valeur relative quand x varie autour de x_0. On peut alors considérer A comme une constante, et la connaissance de $\psi(x)$ suffit, c'est-à-dire de l'énergie utilisable du système relative à la grandeur x, et à la température T, le module Θ étant pris égal à kT. Nous retrouvons bien la formule (28), obtenue en supposant les fluctuations adiabatiques.

On voit ainsi que l'étude des fluctuations isothermes d'un système complexe, comme notre ensemble primitif de N molécules, autour de sa configuration la plus probable, se ramène à l'étude de la distribution la plus probable d'un ensemble de systèmes complexes, identiques au premier, entre les diverses configurations possibles. C'est là un fait général en calcul des probabilités, les écarts à partir d'une distribution probable s'obtenant par la considération de la distribution la plus probable d'un ensemble plus complexe que le premier.

Voyons maintenant quelques applications de la formule (28) à la Physique.

Mouvement Brownien et distribution de granules. — Si le système complexe est constitué par un granule et le fluide qui l'environne, nous pouvons prendre pour grandeur x soit la vitesse du mouvement d'ensemble du granule suivant une direction, soit son altitude.

Dans le premier cas ψ est égal à l'énergie cinétique correspondante à la direction considérée et proportionnelle au carré de la vitesse. L'application de (28) donne, pour valeur moyenne de cette énergie cinétique, $\frac{\Theta}{2}$ ou $\frac{kT}{2}$. Nous retrouvons ainsi sous un nouvel aspect, applicable aux mouvements visibles, le théorème d'équipartition de l'énergie cinétique entre les degrés de liberté d'un système complexe. J'ai montré comment ce théorème permet de retrouver très simplement la formule célèbre donnée par M. Einstein pour les déplacements d'un granule par mouvement Brownien de translation ou de rotation.

On retrouve cette équipartition sous une forme généralisée toutes les fois que l'énergie utilisable ψ est une fonction continue de la grandeur x. En effet ψ_0, valeur qui correspond à la configuration d'équilibre, devant être un minimum pour ψ, on peut écrire, en limitant le développement à cause de la faible amplitude des variations spontanées :

$$\psi - \psi_0 = \alpha(x - x_0)^2,$$

α étant une constante. L'application de (28) montre encore que la valeur moyenne de $\psi - \psi_0$ est égale à $\frac{kT}{2}$, c'est-à-dire que les fluctuations correspondent, pour chaque paramètre tel que x, à un écart moyen d'énergie utilisable égal à l'énergie cinétique moyenne $\frac{kT}{2}$ d'une molécule par degré de liberté à la même température; c'est dire la petitesse de telles fluctuations.

On conçoit la généralité des applications possibles de ce résultat aux déformations spontanées d'un corps élastique tel qu'un diapason, à la charge spontanée d'un condensateur dont les plateaux sont réunis par un fil et dont l'énergie électrostatique aura la valeur moyenne $\frac{kT}{2}$, aux fluctuations de courant dans un circuit dont l'énergie de self-induction aura cette même valeur moyenne, etc. Dans tout système susceptible d'effectuer des vibrations périodiques comme le diapason ou le condensateur fermé, la valeur moyenne de l'énergie potentielle est égale à $\frac{kT}{2}$ comme la valeur moyenne de l'énergie cinétique (ou magnétique). La valeur moyenne de l'énergie totale doit donc être égale à kT pour chaque mode possible de vibration.

Ce résultat cesse d'être exact quand l'énergie utilisable n'est pas une fonction continue de la variable x. Il en est ainsi par exemple dans le cas des fluctuations d'altitude d'un granule pesant. Si m est sa masse, Δ sa densité, δ celle du fluide dans lequel il est plongé et z son altitude au-dessus du fond du vase, on a

$$\psi = mg\left(1 - \frac{\delta}{\Delta}\right)z,$$

pour $z > 0$, et ψ pratiquement infini pour z négatif puisqu'il faudrait déformer le fond du vase pour faire descendre le granule au-dessous de $z = 0$. ψ est donc bien minimum pour $z = 0$, mais le développement n'a plus la même forme que précédemment. W est nul pour z négatif en vertu de (28) et pour z positif égal à

$$W = W_0 e^{-\frac{mg}{kT}\left(1 - \frac{\delta}{\Delta}\right)z},$$

on reconnaît la loi de distribution vérifiée expérimentalement par M. Perrin. La Thermodynamique prévoit la position d'équilibre $z = 0$ pour laquelle l'énergie utilisable est minimum et la présence des granules dans le liquide au-dessus du fond correspond à des fluctuations d'altitude régies par la loi de probabilité que nous venons d'obtenir. On reconnaît encore, sur cet exemple, qu'un même problème peut être envisagé soit comme un problème de distribution la plus probable, soit comme un problème de fluctuations.

Si l'on calcule dans le cas actuel la valeur moyenne de ψ ou des fluctuations d'énergie utilisable correspondant à la variable z, on trouve, à cause de la forme particulière de cette fonction, la valeur kT au lieu de $\frac{kT}{2}$.

Fluctuations de concentration. — Le cas des fluctuations de concentration, dans un fluide dont les molécules agissent les unes sur les autres, rentre dans le cas général. Pour un petit volume donné au milieu d'un fluide, la concentration moyenne varie autour de celle qui correspond à la distribution uniforme du fluide. L'écart $\psi - \psi_0$ est proportionnel, en première approximation, au carré des variations de concentration et celles-ci sont donc telles que la valeur moyenne de $\psi - \psi_0$ soit égale à $\frac{kT}{2}$. Cela suffit pour donner toute la théorie quantitative de l'opalescence critique puisque l'on connaît le degré de trouble du fluide à toutes les échelles de grandeur.

Probabilités continues et probabilités discontinues. — Nous avons vu qu'à tout mode possible de vibration périodique dans un système, la Mécanique statistique telle que nous l'avons obtenue prévoit une énergie moyenne totale égale à k T. Ce résultat, appliqué aux molécules d'un solide, conduit à prévoir pour le solide une chaleur spécifique constante à toutes températures et, appliqué aux résonateurs électromagnétiques de M. Planck, conduit à la loi de Rayleigh pour la distribution d'énergie dans le rayonnement noir. L'expérience est en contradiction formelle avec ces conséquences.

D'où viennent ces difficultés ?

Dans nos raisonnements de Mécanique statistique, et en particulier dans le calcul des valeurs moyennes qui nous a conduits au théorème d'équipartition, nous avons implicitement admis qu'il s'agissait de probabilités continues et remplacé partout les sommations par des intégrations, ce qui revient à considérer comme infiniment petit le domaine élémentaire d'extension en phase $\Delta\omega$ que nous avons introduit pour définir la probabilité. Or ce passage à la limite soulève de grosses difficultés. En dehors du fait que des éléments d'extension en phase évanescents cesseront de contenir des nombres Δn de points représentatifs assez grands pour qu'on puisse continuer à utiliser la formule de Stirling, nous pouvons remarquer que la constante A de la formule (25) qui donne le logarithme de la probabilité contient le terme $\log \Delta\omega$ qui devient infini quand $\Delta\omega$ tend vers zéro.

On évite ces difficultés en même temps qu'on rend compte des lois expérimentales des chaleurs spécifiques et du rayonnement noir en admettant avec M. Planck une étendue finie et déterminée pour le domaine élémentaire $\Delta\omega$, c'est-à-dire en remplaçant les probabilités continues par des probabilités discontinues. La loi de distribution la plus probable est toujours donnée par la formule (21) de même que dans notre première partie la formule analogue (14) s'applique dans tous les cas. Mais la relation est changée entre le module Θ ou τ et la valeur moyenne de la variable E ou t. Les probabilités continues nous ont donné $\bar{t} = \tau$ pour la durée moyenne des séries comme elles nous donnent $\bar{E} = \Theta$ pour l'énergie moyenne d'un résonateur. L'introduction des probabilités discontinues donne la formule (16) et M. Planck a montré que, dans le cas du résonateur, si h est la valeur imposée au domaine élémentaire d'extension en phase, la variation d'énergie qui lui correspond est $\varepsilon = h\nu$, ν étant la fréquence du résonateur, et l'on obtient la formule tout à fait comparable à (16)

$$\bar{E} = \frac{\varepsilon}{e^{\frac{\varepsilon}{\Theta}} - 1}. \tag{30}$$

On peut, au moyen de ce résultat, représenter au degré de précision des mesures la variation de capacité calorifique des solides avec la température et la distribution de l'énergie dans le rayonnement noir. En effet notre résonateur est en équilibre avec un rayonnement représenté exactement par la loi expérimentale rappelée antérieurement :

$$F(\lambda T) = \frac{C}{e^{\frac{c}{\lambda T}} - 1},$$

en posant

$$\frac{c}{\lambda T} = \frac{\varepsilon}{\Theta} = \frac{h\nu}{kT}$$

ou, si V est la vitesse de la lumière :

$$c = \frac{hV}{k}.$$

La constante h, qui vient de s'introduire comme mesurant l'étendue du domaine élémentaire de probabilité dans le problème du résonateur, semble bien avoir une importance capitale en Physique et figurer dans les lois d'un grand nombre de phénomènes. On conçoit qu'il en doive être ainsi puisque cette même constante détermine probablement le domaine élémentaire de probabilité dans toutes les questions de Mécanique statistique, quelle que soit la complexité du système étudié. L'expérience a confirmé son intervention, non seulement dans la théorie du rayonnement noir, mais encore dans celles de l'émission des rayons de Röntgen, des rayons cathodiques secondaires, des phénomènes photoélectriques et jusque dans les lois de la Mécanique chimique. Il paraît également certain qu'elle détermine la grandeur du magnéton ou élément discontinu de moment magnétique moléculaire.

Ainsi le discontinu semble de tous côtés dominer la Physique. Non seulement nous devons admettre des éléments structuraux discrets, électrons, atomes ou molécules, mais encore il semble bien que nous devions introduire un élément nouveau de discontinuité dans les raisonnements statistiques par lesquels nous passons pour construire une image du monde à partir de ces éléments.

LES

PROGRÈS DE NOS CONNAISSANCES

CONCERNANT

LES RAYONS DE RÖNTGEN,

PAR M. MAURICE DE BROGLIE.

Depuis la découverte des rayons X, l'histoire des recherches auxquelles cette branche de la Physique a donné lieu a traversé trois phases.

Dans la période du début, en 1895, les premiers Mémoires de M. Röntgen et les travaux nombreux que suscita sa découverte amenèrent l'exploration rapide des principales propriétés du nouveau rayonnement; puis, pendant quelques années, la technique se perfectionna, les applications se multiplièrent, sans que, peut-être, au point de vue physique, la connaissance des nouvelles radiations fît de très notables progrès.

L'ionisation des gaz, la radioactivité, découvertes issues, du reste, des rayons X, allaient retenir un peu exclusivement l'attention des physiciens.

La troisième phase se rattache, par son origine, à la découverte, par M. Sagnac, des rayons secondaires des rayons de Röntgen; elle comprend les belles recherches de MM. Barkla et Sadler sur ce que ces auteurs ont appelé les rayons X de fluorescence, et a conduit jusqu'aux horizons tout nouveaux que dévoilent les phénomènes de diffraction décelés en 1912 par MM. von Laue, Friedrich et Knipping.

Dès les premiers temps on reconnut que la source des rayons X était placée au point où les rayons cathodiques rencontrent un obstacle — le verre lui-même de l'ampoule dans les premiers appareils — qui a reçu le nom d'*anticathode*.

L'anticathode s'échauffe sous le choc des rayons cathodiques; c'est pour cette raison, et aussi parce que leur nature se montra d'une certaine importance pour la production des rayons, que les anticathodes sont généralement constituées par des métaux réfractaires, tels que le platine ou le tungstène.

Absence de propriétés optiques dans le rayonnement de Röntgen. — Les principales propriétés que l'expérience permit rapidement de reconnaître au rayonnement de Röntgen furent : le pouvoir exceptionnel de pénétration des rayons, les effets lumineux produits sur les écrans fluorescents, l'action sur les plaques photographiques, l'ionisation des gaz traversés; mais un caractère essentiel se manifesta par la complète inexistence des phénomènes de l'Optique ordinaire; on ne put constater ni réflexion régulière, ni réfraction, ni diffraction; les rayons se propageaient rigoureusement en ligne droite, en présentant tout au plus une sorte de diffusion de l'énergie au voisinage des obstacles.

L'absence de diffraction fut particulièrement remarquée. M. Perrin, M. Gouy firent observer, par des expériences relatives aux images de fentes étroites, que la longueur d'onde, s'il y en avait une, était certainement inférieure au centième de celle de la lumière du spectre visible moyen, c'est-à-dire à 5×10^{-7} cm.

Dans aucune substance l'indice de réfraction ne différait de l'unité à la septième décimale près; cela aussi pouvait faire penser à des périodes très différentes de celles des radiations connues.

L'absence de réflexion régulière peut également être liée à la petitesse de la longueur d'onde parce que le poli des miroirs doit être proportionné à la longueur d'onde de la lumière à réfléchir et que, pour une longueur d'onde extrêmement petite, tous les miroirs sont extrêmement grossiers.

Plusieurs physiciens, et notamment M. Raveau, émirent l'idée que les nouvelles radiations devaient être rangées dans le spectre électromagnétique, mais bien plus loin que l'ultraviolet dans la région des hautes fréquences.

D'autres hypothèses, celles des ondes longitudinales, des ébranlements non périodiques et même d'une structure corpusculaire de l'énergie émise, furent successivement proposées.

Théorie de l'onde émise par l'arrêt de l'électron. — Nous allons nous arrêter un instant à l'idée d'un ébranlement non périodique, parce qu'elle a l'avantage de reposer sur des considérations théoriques très intéressantes développées par MM. Stokes, Wiechert et Thomson; on peut rattacher ainsi l'émission de l'énergie rayonnée à la théorie classique des phénomènes électromagnétiques.

Un électron suit une certaine trajectoire avec une vitesse $OV = v$ et une accélération $O\gamma = \gamma$. La théorie électromagnétique de M. Lorentz montre alors que cet électron est environné d'un champ électrique et d'un champ magnétique.

Chacun des vecteurs qui représentent ces deux champs peut être divisé en deux composantes, dont l'une ne dépend pas de l'accélération; ces composantes, indépendantes de l'accélération, définissent un champ qui environne l'électron et le suit dans son mouvement; ce champ devient négligeable à grande distance et subsiste seul quand la vitesse est invariable; on l'a nommé le *champ de sillage*.

Les autres composantes, au contraire, définissent un champ électromagnétique qui s'étend indéfiniment et se propage, avec la vitesse de la lumière, à la façon d'une onde; si l'électron subit des accélérations périodiques, ce champ devient lui-même périodique et constitue une lumière de fréquence déterminée; c'est sous ce jour que la théorie électromagnétique présente les phénomènes optiques.

L'expression du champ d'un électron en mouvement accéléré est la suivante: cet électron est en O au temps t (*fig.* 1), sa charge est e.

Fig. 1.

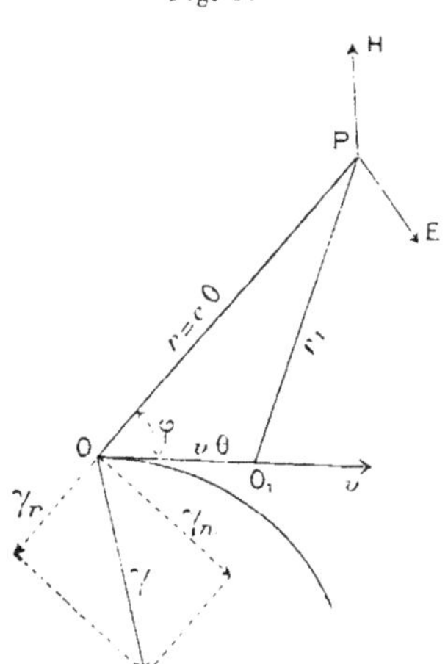

Appelons $OV = \bar{v}$ la vitesse de l'électron, $O\gamma = \bar{\gamma}$ son accélération,

c la vitesse de la lumière, $\beta = \frac{v}{c}$ le rapport de la vitesse de l'électron à la vitesse de la lumière, γ_r et γ_n les projections de $O\gamma$ sur OP et sur le plan perpendiculaire à OP.

P est le point où existe le champ électrique E et le champ magnétique H, $OP = r$, $\theta = \frac{r}{c}$ est le temps mis par l'onde à parcourir r.

O_1 est la position où serait parvenu l'électron O au bout du temps θ s'il avait été animé pendant cet intervalle de temps d'un mouvement uniforme avec la vitesse $\overline{v}$. $O_1P = r_1$ et enfin $\varphi = \widehat{POV}$.

Les champs s'expriment alors ainsi (¹) au point P et à l'instant $t + \theta$, en supposant β négligeable devant l'unité.

Champ électrique

$$\overline{E} = \overline{E_1} + \overline{E_2},$$

$$\overline{E_1} = \frac{e}{r^2}\overline{r_0}, \qquad \overline{E_2} = \frac{e}{c^2}\frac{\overline{\gamma_n}}{r},$$

r_0, vecteur unité suivant OR.

Champ magnétique

$$\overline{H} = \overline{H_1} + \overline{H_2},$$

$$\overline{H_1} = \frac{e}{cr^3}[\overline{v}.\overline{r}], \qquad \overline{H_2} = \frac{e}{c^2 r}[\overline{\gamma}.\overline{r_0}].$$

$\overline{E_1}$ et $\overline{H_1}$ constituent le *champ de sillage*; $\overline{E_1}$ est le champ électrostatique de la charge e, $\overline{H_1}$ est le champ magnétique du courant auquel cette charge en mouvement est équivalente.

$\overline{E_2}$ et $\overline{H_2}$ forment le *champ de l'onde*; $\overline{E_2}$ est un vecteur ayant pour intensité

$$E_2 = \frac{e}{c^2}\frac{\gamma_n}{r},$$

(¹) Les expressions complètes sont

$$\overline{E_1} = \frac{e(1-\beta^2)}{r^2(1-\beta\cos\varphi)^3}\overline{r_1}, \qquad \overline{E_2} = \frac{e}{c^2}\frac{1}{(1-\beta\cos\varphi)^3}\frac{\gamma_r}{r^2}r_1 - \frac{e}{c^2}\frac{1}{(1-\beta\cos\varphi)^2}\frac{\overline{\gamma}}{r},$$

$$\overline{H_1} = \frac{e(1-\beta^2)}{cr^3(1-\beta\cos\varphi)^3}[\overline{v}.\overline{r}],$$

$$\overline{H_2} = \frac{e}{c^2r^2}\frac{1}{(1-\beta\cos\varphi)^3}[\overline{\gamma}.\overline{r_1}] + \frac{e}{c^2r^2(1-\beta\cos\varphi)^3}\ldots[\overline{v}.\overline{r_1}].$$

c et $\overline{E}$ en unités électrostatiques, $\overline{H}$ en unités électromagnétiques.

et dirigé dans le plan $PO\gamma$ perpendiculairement à OP au point P (*fig.* 2); le champ magnétique $\overline{H_2}$ a la même intensité que $\overline{E_2}$, mais lui est perpendiculaire, ainsi qu'au plan $PO\gamma$.

Fig. 2.

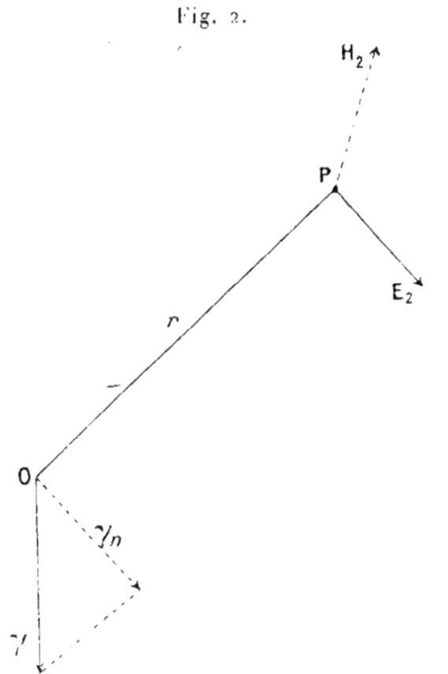

Ce sont les deux vecteurs que l'Optique envisage; ils sont contenus dans le plan de l'onde et perpendiculaires au rayon lumineux.

Les considérations précédentes s'appliquent immédiatement à l'arrêt rectiligne d'un électron, c'est-à-dire au choc d'un électron du faisceau cathodique contre l'anticathode en se plaçant dans le cas le plus simple (*fig.* 3).

L'électron est arrêté dans le parcours l et pendant le temps τ; en supposant que le mouvement a été uniformément retardé on a

$$\tau = \frac{v_0}{\gamma} = \frac{2l}{v_0}.$$

L'énergie de l'onde au temps $\tau + \theta$ est répartie entre deux sphères, l'une centrée sur O et l'autre sur O'; à l'intérieur de la sphère O', il n'y a plus que le champ statique de l'électron; à l'extérieur de la sphère O, aucun ébranlement n'a encore apporté la nouvelle de l'arrêt du corpuscule.

Plus l'arrêt aura été rapide, plus ces sphères seront rapprochées; si l'on appelle λ_0 leur écartement dans la direction normale à OO', on a

$$\lambda_0 = c\tau = \frac{2lc}{v_0}.$$

Plusieurs conséquences importantes peuvent être déduites de la théorie précédente ; elles fournissent au moins une indication de ce que l'on pourrait prévoir pour les caractères de l'onde émise, si les conditions de l'arrêt des électrons à l'anticathode étaient aussi simples que celles qui viennent d'être envisagées.

Fig. 3.

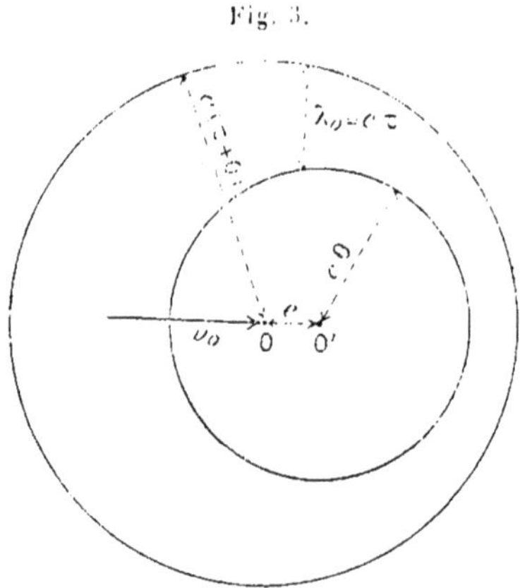

1° L'onde est complètement polarisée, les vecteurs étant dirigés comme on vient de le voir. Le plan de polarisation, au sens optique du mot, étant normal au vecteur électrique, est perpendiculaire au plan de la figure 2, qui contient le rayon OP et la trajectoire des rayons cathodiques.

2° L'intensité commune des deux vecteurs de l'onde varie avec l'angle de OP avec OV (confondu avec $O\gamma$), elle est nulle quand OP se confond avec OV et maxima quand ces deux directions sont rectangulaires.

3° L'épaisseur de l'onde λ_0 est également variable avec l'azimut ; plus cette épaisseur est faible, plus rapide est la variation du champ au passage de l'onde et plus l'ébranlement se rapprochera de ce que donnerait un phénomène périodique de courte longueur d'onde ; c'est ainsi qu'on devrait s'attendre à constater des variations de pénétration suivant que les rayons sont observés dans une direction plus ou moins inclinée sur celle du faisceau cathodique. On peut écrire

$$\lambda_\varphi = l\left(\frac{2c}{v_0} - \cos\varphi\right),$$

et trouver là une certaine analogie avec le phénomène de Döppler.

Nous parlerons [1], à propos des rayons secondaires, de deux expériences dues à Barkla et qui permettent de contrôler une partie de ces conséquences; mais il importe de remarquer dès maintenant qu'on ne doit pas s'attendre à constater des phénomènes aussi simples. Outre le fait que l'arrêt de l'électron n'est probablement pas identifiable avec un mouvement rectiligne uniformément retardé, il ne faut pas oublier que l'anticathode elle-même est le siège de phénomènes secondaires intenses qui viennent noyer les conditions de symétrie résultant du faisceau cathodique.

Bien des difficultés subsistent encore, notamment quand on veut se faire une idée de la durée de l'arrêt de l'électron; on est amené (*voir* en particulier le travail de M. Sommerfeld dans le Compte rendu du Congrès de Bruxelles de 1911, la Théorie du Rayonnement et les Quanta) à ce fait paradoxal au point de vue de la Mécanique ordinaire, que le corpuscule cathodique est arrêté d'autant plus rapidement que sa vitesse était plus considérable.

Il semble cependant que l'on puisse considérer, dans le rayonnement, deux parties : l'une, répondant aux considérations précédentes; l'autre, ou l'anticathode, fonctionnant suivant un mécanisme plus rapproché de celui des sources lumineuses, émet des ondes périodiques de très haute fréquence, caractérisant certaines vibrations propres de ses électrons liés.

Rendement. — Le courant qui traverse le tube sous forme de corpuscules cathodiques y dépense une énergie E_c dont une fraction minime est convertie en rayons X, le rapport de l'énergie E_R de ces derniers à E_c représente le *rendement* de l'ampoule, c'est un nombre de l'ordre du millième. Il ne faudrait pas en conclure que l'énergie des rayons de Röntgen est négligeable, à cause de la valeur élevée que l'on peut donner aujourd'hui à l'énergie cathodique E_c.

Il résulte des mesures expérimentales que ce rendement augmente avec la vitesse des rayons cathodiques, c'est-à-dire avec la différence de potentiel aux électrodes de l'ampoule; ces résultats, toutefois,

---

(1) *Voir* pages 56 et 57.

sont relatifs au rayonnement global du tube; on verra plus loin que ce rayonnement est d'une nature complexe et qu'il serait intéressant de connaître les rendements séparés qui concernent chacune des parties de l'énergie émise.

Différence de qualité dans les rayons de Rontgen. — Dès les premières expériences sur les rayons de Röntgen on s'aperçut que les faisceaux de rayons de Röntgen ne différaient pas seulement par leurs intensités, mais qu'ils présentaient des différences de *qualité*, rendues sensibles au moyen de mesures d'absorption. Les uns se montraient très pénétrants, les autres plus absorbables; si l'on fait l'hypothèse, du reste vraisemblable et qui paraît vérifiée dans ses conséquences, qu'un faisceau homogène de rayons de Röntgen serait absorbé par la matière suivant la loi exponentielle de l'absorption optique

$$I_x = I_0 e^{-\mu x},$$

qui relie l'intensité I_x après traversée d'une épaisseur x de matière à l'intensité initiale I_0 par l'intermédiaire de la constante μ, on voit qu'il sera possible de séparer les constituants les plus pénétrants d'un faisceau hétérogène par filtration; le rayonnement filtré devenant de plus en plus pénétrant à mesure que les écrans interposés sont plus épais en tendant vers un coefficient d'absorption constant, l'expérience vérifie bien cette manière de voir.

On était ainsi conduit, en l'absence d'autres caractères, à distinguer les rayons de Röntgen par leur coefficient d'absorption μ. Il est à peine besoin d'insister sur ce que ce criterium a de défectueux, puisque, si l'on range différents rayons d'après leur pénétration dans une certaine substance, il pourra arriver que, par rapport à une autre substance, l'ordre en soit tout différent: c'est comme si, en Optique, on voulait caractériser les radiations du spectre par leur indice de réfraction; cependant, à défaut d'autre donnée et pour des écrans qui, dans le domaine de radiation considéré, présentent une variation régulière et continue du coefficient d'absorption en fonction de la longueur d'onde, une telle définition serait encore acceptable. En fait, ces inconvénients n'ont pas empêché MM. Barkla et Sadler d'arriver sur ce terrain aux conclusions les plus intéressantes.

Peut-être n'est-il pas inutile d'ajouter quelques renseignements sur l'ordre de grandeur des coefficients d'absorption μ des rayons de Röntgen. Pour diverses raisons on donne plutôt comme constante d'absorption la grandeur $\frac{\mu}{\rho}$, rapport du coefficient exponentiel à la densité du corps absorbant, en choisissant généralement l'aluminium, qui présente une absorption régulière dans une grande étendue.

Des rayons très pénétrants peuvent avoir un $\frac{\mu}{\rho}$ égal à 0,1 $cm^2.g^{-1}$, c'est-à-dire qu'il faut l'ordre du centimètre d'aluminium ou plusieurs mètres d'air pour réduire leur intensité de moitié, des rayons très absorbables présenteront un $\frac{\mu}{\rho}$ de 700 à 800 $cm^2.g^{-1}$, et seront absorbés de moitié par quelques millimètres d'air; l'aluminium étant presque opaque pour eux.

Enfin tous ceux qui ont eu à se servir des rayons X connaissent bien l'échelle imaginée par M. Benoist, et qui se base sur la comparaison des épaisseurs d'aluminium produisant la même absorption qu'une épaisseur fixe d'argent.

En résumé, en étudiant l'absorption des rayons X émis par un tube ordinaire (1), on arrive à cette conclusion que ce rayonnement est très complexe et renferme certainement des radiations de pouvoir pénétrant très dissemblable; en durcissant le tube, en rendant plus grandes la différence de potentiel entre ses pôles et la vitesse des corpuscules cathodiques, on voit que la proportion de rayons très pénétrants s'accroît rapidement. Le rayonnement dans les conditions ordinaires ne peut être considéré ni comme homogène, ni comme polarisé d'une façon très marquée.

II. — RAYONS SECONDAIRES.

M. Sagnac a fait connaître en 1897 une propriété très importante des rayons Rontgen. Il s'agit (2) des rayons secondaires que la matière émet quand elle est frappée par un faisceau de rayons X. Dès cette époque, M. Sagnac avait remarqué qu'en général les rayons secondaires n'ont pas la même pénétration que les rayons primaires, et que le phénomène comprend, outre une diffusion, une véritable transformation du rayonnement incident, le rayonnement secondaire étant généralement plus absorbable que le rayonnement primaire. Comme l'idée de plus facile absorption correspond à celle de

(1) Nous reviendrons plus loin, et d'une façon plus précise, sur l'absorption.
(2) M. Langevin est également arrivé, par une autre voie, aux mêmes conclusions.

longueur d'onde plus grande, on peut voir là quelque chose d'analogue à la loi de Stokes pour la fluorescence.

Les recherches plus récentes de Barkla, de Sadler et de Whiddington paraissent avoir montré qu'il y a deux phénomènes différents et superposés : d'abord une diffusion de rayonnement incident, envoyant dans toutes les directions des rayons de même nature que les rayons primaires; puis un phénomène fortement sélectif, caractéristique du corps choisi comme radiateur secondaire, et comparable à la fluorescence. Ce dernier phénomène exige, pour apparaître, des rayons primaires de pénétration appropriée, comme la fluorescence optique résulte d'une excitation sélective ([1]) réduite souvent à un petit domaine en longueur d'onde. Les substances de poids atomique inférieur à 25 ne présentent pas d'une façon appréciable le phénomène correspondant à la fluorescence, de sorte que leur emploi permet d'étudier isolément la partie due à la simple diffusion.

S'il est utile d'insister sur ce cas, c'est qu'il apporte une vérification importante à la théorie de Stokes-Wiechert-Thomson en permettant de constater la polarisation qui, d'après cette théorie, doit accompagner l'émission du rayonnement primaire. Nous venons de voir en effet que si l'on considère la direction R du rayon X, émis par l'anticathode A, frappée par un faisceau cathodique contenu dans le plan du tableau (*fig.* 4), le vecteur électrique de l'onde, naturellement perpendiculaire à AP, sera dans le plan du tableau.

Fig. 4.

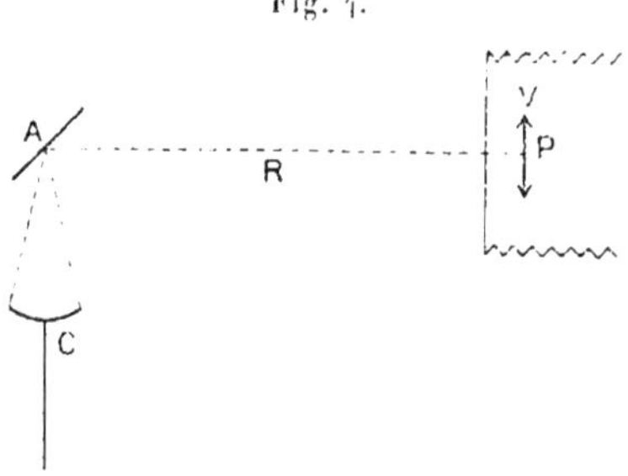

Les électrons d'un corps situé en P prendront sous l'influence du champ électrique alternatif V des vibrations forcées de même période, de sorte qu'au point de vue de la théorie électromagnétique, ces vibrateurs secondaires se comporteront comme une source de lumière polarisée suivant PV, l'émission étant minimum dans la direction même

([1]) Page 51.

Fig. 1. — Spectre de rayons X du platine.

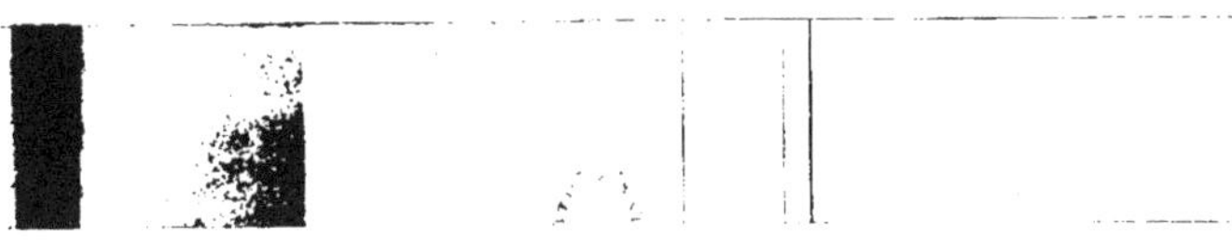

Fig. 1 *bis*. — Spectre de rayons X du tungstène.

Fig. 2. — Diagramme cristallin de Laue.

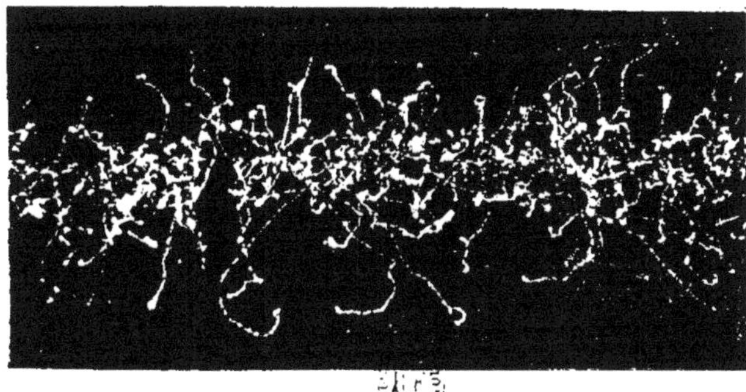

Fig. 3. — Rayons β secondaires émis le long d'un faisceau de rayons X.

Fig. 1. — Spectre du platine analysé par un cristal de sel gemme tournant.

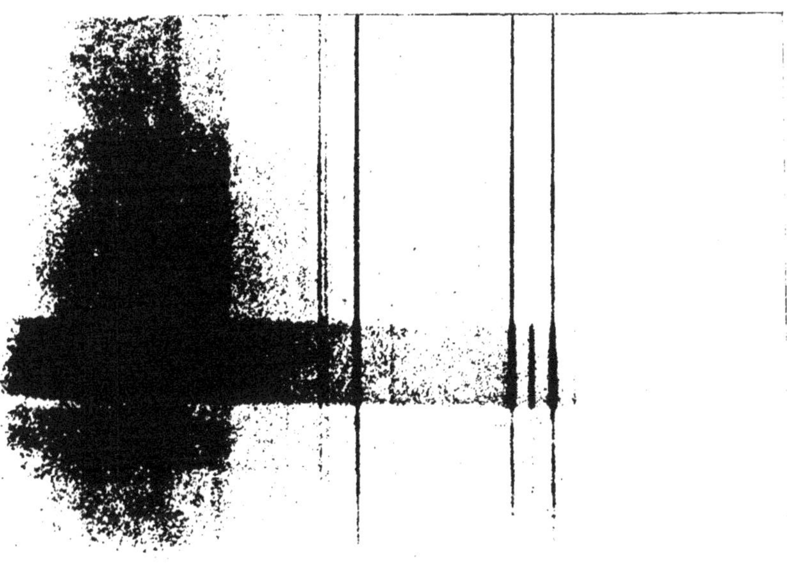

Fig. 2. — Détails d'un spectre de rayons X enregistré par un cristal tournant.

de la vibration. L'expérience a montré en effet, dans ce cas, l'existence d'une polarisation partielle ayant la direction prévue.

Ce caractère seulement partiel de la polarisation indique, ce qui n'est pas étonnant, que l'émission n'est pas aussi simple que le suppose la théorie élémentaire de Stokes-Wiechert-Thomson.

Une expérience très ingénieuse de M. Barkla permet de poursuivre l'application de cette théorie, sans supposer une polarisation préexistante dans le rayonnement émis par l'ampoule et en raisonnant sur l'onde émise par excitation secondaire.

Une anticathode A (*fig.* 5) émet un rayonnement de Röntgen qui

Fig. 5.

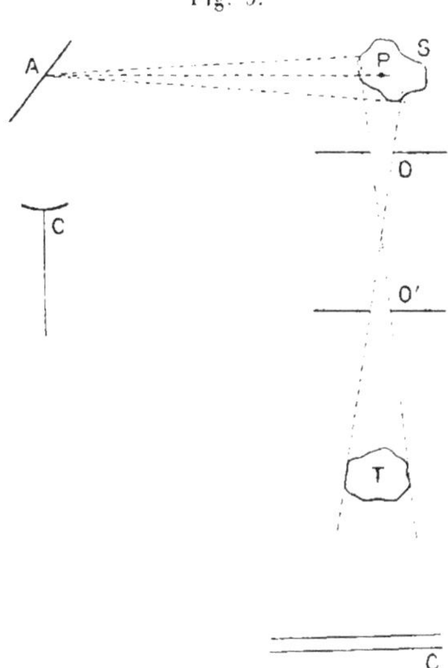

tombe sur un radiateur secondaire S; la vibration que nous ne supposons pas polarisée est quelque part dans le plan perpendiculaire en P à AP. Dans la direction définie par les deux diaphragmes OO' ce plan est, pour ainsi dire, vu par la tranche, et la vibration efficace se comporte comme perpendiculaire en P au plan de la figure.

Un corps, placé en T et recevant le rayonnement de S à travers OO', émettra à son tour une onde polarisée dont la vibration sera perpendiculaire au plan de la figure. En explorant avec un appareil d'ionisation le rayonnement tertiaire émis dans différentes directions par T on trouve en effet qu'il présente un minimum très marqué dans la direction normale au plan APT.

Rayonnement de fluorescence. — Le rayonnement de fluorescence ou caractéristique, étudié par MM. Barkla et Sadler à partir de 1908, apporte des renseignements très intéressants sur la résonance interne de la matière vis-à-vis de très courtes longueurs d'onde. Si l'on arrive, en effet, à mettre en évidence une résonance pour des périodes infiniment plus courtes que celles de la lumière ultraviolette, il est vraisemblable qu'on aura agi sur des vibrateurs soumis à des forces de rappel incomparablement plus grandes que celles à qui sont dues les vibrations lumineuses, à des charges électriques représentant un constituant beaucoup plus intime du noyau même de l'atome.

La manière la plus frappante de représenter les résultats relatifs à ces rayons caractéristiques consiste à employer la méthode imaginée par M. Whiddington.

Dans un tube de construction particulière, un faisceau de rayons cathodiques de vitesses diverses est soumis à un champ magnétique transversal qui l'étale en en déviant plus ou moins les diverses parties suivant leurs vitesses. On peut alors, en faisant varier l'intensité de

Fig. 6.

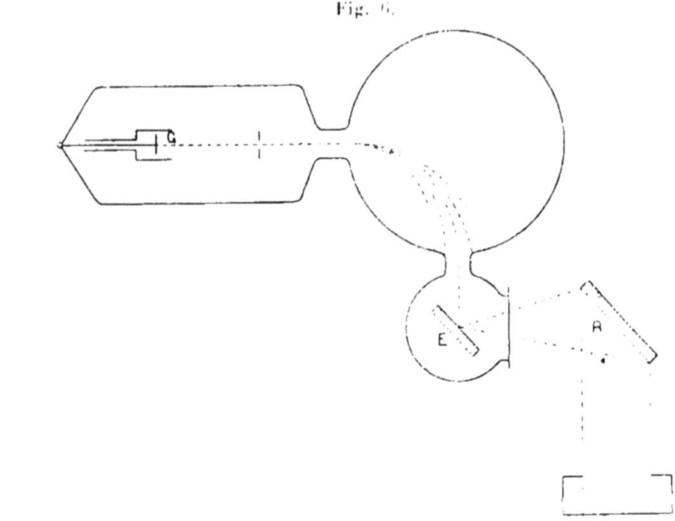

ce champ magnétique, amener une partie déterminée du faisceau cathodique ayant une certaine vitesse, sur une anticathode E de manière à produire des rayons X de dureté déterminée (¹) et variable à volonté (*fig.* 6).

(¹) La dureté des rayons X varie, en effet, dans le même sens que la vitesse (ou que l'énergie) des rayons cathodiques, à l'arrêt desquels ils doivent leur origine.

Ce sont ces rayons X qu'on dirige sur un radiateur secondaire R dont on étudie le rayonnement par une méthode d'ionisation. Si l'on fait croître progressivement le champ magnétique, on amène sur l'anticathode des rayons cathodiques de vitesses de plus en plus grandes, et l'on fait agir sur R une radiation excitatrice de plus en plus pénétrante, de longueur d'onde de plus en plus petite; pour une certaine radiation excitatrice on voit apparaître une radiation secondaire particulièrement intense, à peu près comme cela se passerait pour une substance fluorescente, qu'on éclairerait successivement par les diverses régions du spectre jusqu'à celle qui est capable d'exciter la fluorescence.

L'expérience a mis en évidence une relation simple entre la vitesse des rayons cathodiques à l'intérieur de l'ampoule excitatrice, au moment du début du phénomène de fluorescence, et le poids atomique du corps R. Cette relation est [1]

$$v = KA,$$

A étant le poids atomique.

Comme lorsque v croît, la dureté des rayons primaires et des rayons secondaires croît d'une façon continue, on voit donc que la dureté des rayons secondaires caractéristiques croît à mesure que le poids atomique devient plus élevé.

Le Tableau ci-après, dû à M. Barkla, résume les résultats pour différents éléments :

Élément.	Poids atomique.	Coefficient d'absorption $\left(\frac{\mu}{\rho}\right)_{Al}$ du rayonnement caractéristique. Série K $cm^2.g^{-1}$.	Série L $cm^2.g^{-1}$.	
H-Mg...	1- 24,3	»	»	$\frac{\mu}{\rho}$ vraisemblablement très grand
Al......	27,1	580	»	
S.......	32,07	»	»	
Ca......	40,09	435	»	
Cr......	52	136	»	
Fe......	55,85	88,5	»	
Co......	58,97	71,6	»	
Ni......	58,68 (61,3?)	59,1	»	
Cu......	63,57	47,7	»	
Zn......	65,37	39,4	»	
As......	74,96	22,5	»	
Se......	79,2	18,9	»	

[1] Cette relation n'est qu'approchée, en réalité la véritable variable est, non pas le poids atomique, mais le rang dans la série périodique des éléments.

Élément.	Poids atomique.	Coefficient d'absorption $\left(\frac{\mu}{\rho}\right)_{Al}$ du rayonnement caractéristique. Série K $cm^2.g^{-1}$.	Série L $cm^2.g^{-1}$.
Br	79,92	16,4	»
Rb	85,45	13,7	»
Sr	87,62	9,4	»
Mo	96	4,7	»
Rh	102,9	3,1	»
Ag	107,9	2,5	700
Sn	119	1,57	»
Sb	120,2	1,21	435
J	126,9	0,92	306
Ba	137,4	0,8	224
Ce	140,3	0,6	»
W	184	»	33
Pt	195	»	27,5
Au	197,2	»	25
Pb	207,1	»	20
Bi	208	»	19

On voit que, pour chaque élément, le spectre de fluorescence comprend deux sortes de lignes, une première série sera dite *série* K et correspond à des rayons de plus en plus pénétrants quand on va de l'aluminium à l'argent; les éléments plus légers que l'aluminium sont peut-être représentés dans cette série par des rayons si absorbables que leur observation n'a pas encore pu être réalisée.

A partir de l'argent apparaît une autre série, la série L, qui débute par des rayons très absorbables pour les éléments de poids atomique voisins de 100 pour marcher d'une façon régulière vers les rayons pénétrants quand on va, dans la série des poids atomiques, de l'argent au platine.

Les recherches sur ces rayons secondaires ont été poursuivies par les physiciens anglais en éclairant les substances servant de radiateurs secondaires par des rayons primaires de dureté convenable et en recevant les rayons secondaires dans des appareils d'ionisation qui permettent de mesurer leur intensité et la décroissance qu'elle subit par l'interposition d'écrans. Les coefficients d'absorption ainsi déterminés ne varient plus sensiblement avec l'épaisseur préalablement interposée de l'écran et ont permis de reconnaître que les rayons caractéristiques étaient, à l'opposé des rayons primaires, sensiblement homogènes [1].

[1] Ceci naturellement en première approximation; nous verrons plus loin qu'en réalité chaque série est représentée par un groupe de raies.

Une fois en possession de ce moyen d'avoir des radiations approximativement simples, il devenait possible d'étudier, avec des radiations désignées sous le nom de rayons caractéristiques du cuivre, rayons caractéristiques du fer, etc., les phénomènes d'absorption et de résonance de la matière en fonction de la pénétration des rayons incidents. Cette partie de la physique des rayons de Röntgen va se trouver extrêmement agrandie et précisée par les conséquences de la découverte des phénomènes de diffraction puisqu'elles ont conduit à étudier les spectres de rayons X presque aussi facilement que les spectres lumineux.

Malgré l'imperfection des moyens dont on disposait avant ces dernières découvertes, il a cependant été possible, notamment à MM. Barkla et Sadler, de démontrer que l'absorption des rayons X

Fig. 7.

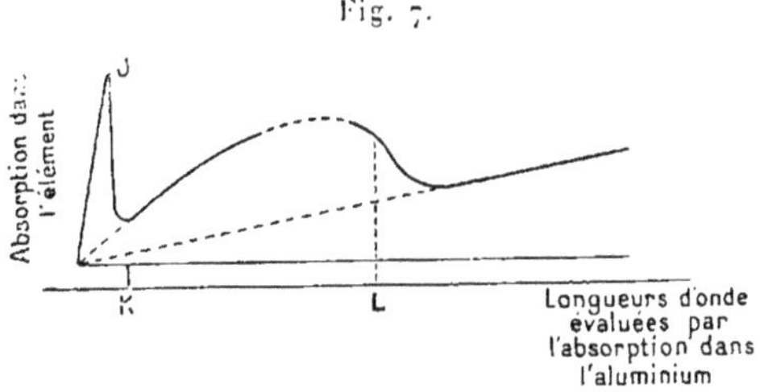

par un élément était sous la dépendance directe de l'excitation des rayons de fluorescence de ce même élément, de façon que par exemple la région des rayons excitateurs des deux séries K et L soit disposée comme l'indique la figure 7, et que ces rayons excitateurs subissent une absorption sélective, corrélative de la transformation de leur énergie en rayonnement de fluorescence. En un mot les corps auraient une bande d'absorption dans la région du spectre qui précède immédiatement leurs raies de fluorescence, du côté des rayons plus pénétrants.

Il faut tout naturellement s'attendre à voir les contributions expérimentales, qui ne peuvent pas manquer d'être très importantes dans les années prochaines, apporter à toute cette partie de l'optique des rayons de Röntgen un développement dont les résultats ne peuvent aujourd'hui être qu'entrevus.

Il est dès maintenant hors de doute que les rayons caractéristiques d'un élément se rencontrent en grande abondance dans le spectre des rayons de Röntgen obtenus en prenant cet élément comme anticathode; ce sont précisément les lignes des spectres dont il sera question plus loin. Dans le cas des métaux comme le platine, dont un spectre est donné dans la figure 1 (*Pl. I*), les lignes que l'on remarque constituent ce qu'on désignait globalement autrefois sous le nom de *rayons de la série* L. Il avait du reste été déjà remarqué que le coefficient d'absorption $\frac{\mu}{\rho}$ des raies L des éléments lourds paraissait mal déterminé, et cela pouvait faire supposer une composition assez complexe de ce rayonnement L de fluorescence.

Rayons β secondaires. — Pour en finir avec les effets secondaires, il faudrait encore parler des rayons β secondaires ou électrons arrachés aux atomes par le champ électrique de l'onde de Rontgen, comme les électrons qui sont émis par les métaux frappés par la lumière dans l'effet Hertz-Hallwachs.

Un des traits saillants de ce phénomène, qui demande encore de nombreuses recherches pour être éclairci, est l'émission particulièrement intense de rayons β secondaires lorsque les rayons primaires sont tels qu'ils puissent exciter la radiation de fluorescence de la substance qu'ils frappent. Beaucoup de particularités concernant les vitesses initiales [1] et le nombre de ces électrons secondaires mériteraient une étude approfondie, mais leur détail sortirait du cadre de ce résumé. Indiquons seulement que ces électrons secondaires sont peut-être les intermédiaires entre les rayons de fluorescence et les radiations susceptibles de les exciter.

Les belles expériences de M. C.-T.-R. Wilson ont montré, d'une façon presque certaine, que l'ionisation des gaz par les rayons X n'est pas un effet direct des rayons X eux-mêmes, mais doit être attribué aux particules β qu'ils détachent de certaines molécules du milieu gazeux traversé; ces particules, projetées avec une vitesse qui dépend de la dureté des rayons X, effectuent dans le gaz un parcours en zigzag en produisant un grand nombre d'ions le long de leur trajectoire.

S'il en est également ainsi pour les rayons γ, l'ionisation d'un gaz serait toujours due à un processus corpusculaire.

La figure 3 (*Pl. I*) montre la photographie des trajectoires sinueuses dues aux rayons β excités par un faisceau de Rontgen qui reste lui-même invisible; on sait que ces trajectoires de rayons β sont rendues visibles grâce à un dépôt de brouillard qui en dessine les contours lorsqu'on vient à produire par détente brusque une condensation dans le gaz avant que la diffusion et la recombinaison aient pu faire disparaître les ions formés.

---

[1] La vitesse initiale des électrons secondaires paraît liée à la vitesse des rayons cathodiques à l'intérieur de l'ampoule d'où partent les rayons primaires.

III. — NOUVEAUX PHÉNOMÈNES DE DIFFRACTION DES ONDES DE RÖNTGEN.

Ordre de grandeur des longueurs d'onde des rayons X; conditions de diffraction qui leur conviennent. — Nous avons vu que, dès les premières expériences qui suivirent la découverte des rayons X, l'absence de phénomènes optiques montra que, si la radiation était due à une vibration périodique, la longueur d'onde de celle-ci devait être plus de 100 fois plus petite que celle des rayons lumineux.

Les recherches de Haga, de Sommerfeld et de Pohl ont permis d'étendre cette conclusion jusqu'à rejeter le domaine des longueurs d'onde possibles, vers l'ordre du 10^{-9} cm, 10 000 fois moindre que celui de la lumière.

Ces auteurs n'avaient en effet pas trouvé de diffraction sensible dans l'étude très minutieuse des images de fentes extrêmement fines. Ils pouvaient en conclure que la longueur d'onde des rayons X était inférieure à celle qui aurait donné un phénomène appréciable.

Pour qu'un réseau de diffraction puisse fonctionner d'une façon convenable, il faut que sa constante soit proportionnée à la longueur d'onde de la lumière à diffracter. Par exemple, les réseaux de 200 traits au millimètre ont une constante égale à 5μ, 10 fois plus grande que la longueur d'onde de la lumière verte.

Pour réaliser les mêmes conditions, vis-à-vis des rayons X, il faudrait un réseau à traits plus de 1000 fois plus serrés que ceux des meilleurs réseaux existants. La réalisation d'un tel appareil par des moyens mécaniques est évidemment impossible actuellement.

L'idée directrice de M. von Laue fut que les réseaux cristallins, pris au sens propre du mot, réalisaient précisément les conditions cherchées.

La théorie de Bravais rapporte en effet la structure des milieux cristallisés à un triple système de plans parallèles définissant des parallélépipèdes élémentaires dont les sommets sont les nœuds du réseau. Il est clair que la décomposition peut se faire d'une infinité de manière différentes par un empilement de plans réticulaires séparés par des intervalles constants.

Les constantes de ce réseau à trois dimensions sont de l'ordre des intervalles qui séparent les molécules dans les corps solides.

Différents raisonnements remarquablement convergents permettent aujourd'hui d'évaluer cette distance à l'ordre de 10^{-8} cm. On voit donc que les réseaux cristallins pourront se comporter vis-à-vis des rayons X, comme les réseaux ordinaires vis-à-vis de la lumière visible.

Pour calculer la position des maxima de diffraction résultant d'un faisceau parallèle, tombant sur un réseau à trois dimensions, M. Laue s'est servi d'une méthode tout à fait analogue à celle qui sert dans le calcul des réseaux optiques; son analyse conduit aux résultats suivants :

Supposons (¹) qu'on ait choisi trois axes de coordonnées rectangulaires par rapport auxquels α_0, β_0, γ_0 soient les cosinus directeurs de la direction d'un faisceau incident de longueur d'onde λ (*fig.* 8); ce

Fig. 8.

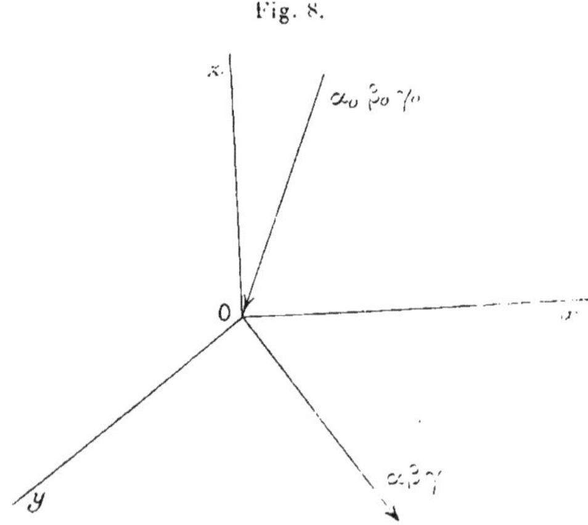

rayon tombe sur un réseau à trois dimensions aux sommets duquel se trouvent des points diffringents qui se comporteront comme de nouvelles sources de lumière; les trois arêtes principales qui définissent le réseau seront trois vecteurs a, b, c dont les projections sur les axes sont a_x, b_x, etc.

On observera, d'une façon analogue à l'optique des réseaux ordinaires, un maximum de diffraction dans les directions dont les cosinus

(¹) Le lecteur qui désirerait rapidement se rendre compte de la question pourrait directement se reporter à la page 68 où l'exposition du point de vue de MM. Bragg est plus dégagée de l'appareil mathématique.

directeurs α, β, γ satisferont aux relations suivantes :

$$a_x \alpha + a_y \beta + a_z \gamma = h_1 \lambda + a_x \alpha_0 + a_y \beta_0 + a_z \gamma_0,$$
$$b_x \alpha + b_y \beta + b_z \gamma = h_2 \lambda + b_x \alpha_0 + b_y \beta_0 + b_z \gamma_0,$$
$$c_x \alpha + c_y \beta + c_z \gamma = h_3 \lambda + c_x \alpha_0 + c_y \beta_0 + c_z \gamma_0;$$

h_1, h_2, h_3 étant trois nombres entiers.

Chacune de ces égalités définit une famille de cônes ayant même sommet et pour axe un des vecteurs a, b, c qui définissent le réseau.

Fig. 9.

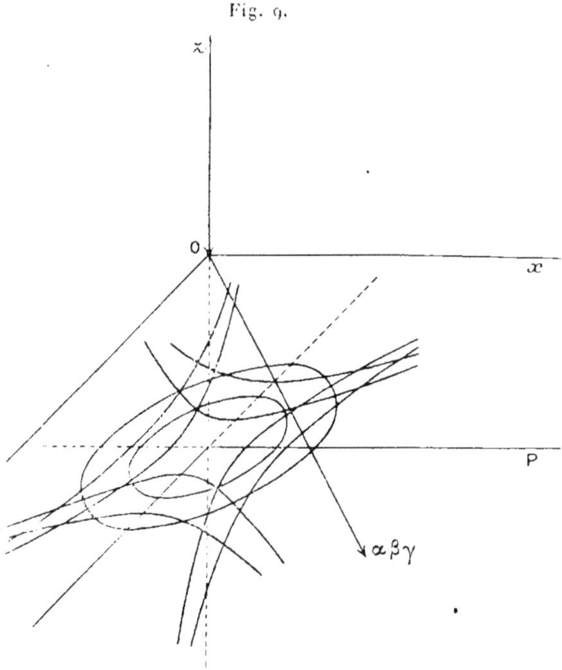

Pour qu'une direction soit une direction de maximum principal il faut qu'elle appartienne à la fois comme génératrice à un cône de chacune de ces familles; cela ne peut avoir lieu que sous certaines conditions.

L'application du raisonnement précédent à un cas simple fera plus facilement voir ce qu'il en est.

Supposons que le réseau soit cubique et d'arête a et que le rayon incident de longueur d'onde λ tombe précisément sur le réseau suivant une des arêtes a que nous choisirons comme axe des z, Ox et Oy étant dirigés suivant les autres arêtes du réseau.

Les conditions précédentes deviennent

$$\alpha = h_1 \frac{\lambda}{a}, \qquad \beta = h_2 \frac{\lambda}{a}, \qquad 1 - \gamma = h_3 \frac{\lambda}{a},$$

définissant bien les trois familles de cônes ayant les axes de coordonnées pour axes.

Sur un plan P (*fig.* 9) normal à Oz à la distance d, deux de ces familles de cônes donneront comme traces des familles d'hyperboles orientées à angle droit et le troisième une famille de cercles concentriques aux hyperboles. Les points du plan qui appartiennent à une direction de maximum principal seront ceux qui se placeront à la fois à l'intersection d'une hyperbole de chaque famille et d'un cercle, condition qui ne sera qu'exceptionnellement réalisée, puisque, en général, l'intersection de deux des hyperboles ne se trouvera pas précisément sur la circonférence d'un cercle [1].

Expérience fondamentale de MM. von Laue, Friedrich et Knipping. — L'expérience a été réalisée en 1912 par MM. Friedrich et Knipping

Fig. 10.

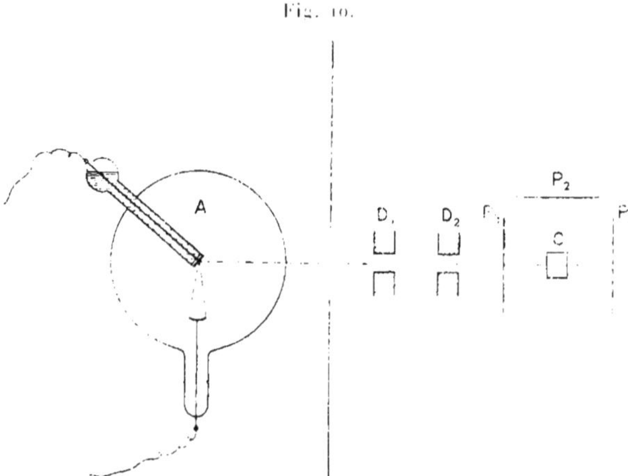

et a fourni un résultat en accord avec la théorie sur les points principaux; le schéma du dispositif des physiciens de Munich était le suivant (*fig.* 10).

[1] On trouve la condition de réalisation en écrivant que la somme des carrés des cosinus directeurs est égale à l'unité.

Une ampoule A, d'un modèle permettant une pose longue avec un courant de plusieurs milliampères, est entourée d'une boîte de plomb et envoie un faisceau étroit défini par les diaphragmes D_1, D_2 sur un cristal C; ce sera par exemple de la blende cubique orientée de façon que le faisceau incident traverse le cristal suivant un axe quaternaire (normalement par conséquent à une face du cube).

En P_1, P_2, P_3 on pouvait disposer des plaques photographiques. La plaque P_1 matérialise le plan P dont il est question dans la figure 9.

Après une pose de plusieurs heures, on trouva, en développant la plaque P_1, un diagramme reproduit (*fig.* 2, *Pl. I*) et montrant de la façon la plus nette, autour de la trace intense du faisceau central, une série de taches réparties avec une symétrie qui met précisément en évidence le caractère quaternaire de l'axe suivant lequel avait passé le rayon.

L'angle solide dans lequel se trouvent réparties les directions de taches autour du rayon incident correspond à un cône ouvert d'une quarantaine de degrés, les plaques latérales (parallèles au faisceau incident) P_2 ne montrèrent jamais aucune impression non plus que les plaques placées en P_3, sauf dans le cas exceptionnel du diamant pour lequel P_2 et P_3 fournirent des diagrammes aussi complets que P_1.

On a cherché l'explication de ce fait dans le caractère également exceptionnel du diamant au point de vue de sa chaleur spécifique qui tend vers zéro rapidement à mesure que la température s'abaisse et devrait être déjà presque nulle à la température de l'air liquide. Les théories de MM. Einstein, Nernst et Lindemann, basées sur la considération des quanta, expliquent les écarts des chaleurs spécifiques par rapport à la loi de Dulong et Petit par l'hypothèse que les corps présentant ces écarts auraient, même à la température ordinaire, un nombre appréciable de molécules exemptes du mouvement d'agitation thermique; il sera question plus loin de la façon dont M. Debye a abordé la liaison des phénomènes de température et de diffraction par les réseaux cristallins.

De nombreuses recherches ont pleinement confirmé les résultats de MM. Friedrich, Knipping et von Laue et ont montré que tous les solides cristallisés étaient susceptibles de donner par diffraction des diagrammes où se révèlent leurs particularités de symétrie et de structure.

Les cristaux liquides n'ont pas jusqu'à présent fourni de phénomènes de diffraction permettant de leur attribuer un réseau [1].

---

[1] DE BROGLIE, *Radium*, 1913; VAN DER LINGEN, *Soc. all. de Physique*, 1913.

Point de vue de MM. Bragg. — Quelques mois après la publication des résultats de M. von Laue et de ses collaborateurs, MM. W.-H. Bragg et W.-L. Bragg firent remarquer qu'en dirigeant très obliquement un faisceau de rayons de Röntgen sur une face cristalline on observait un faisceau régulièrement réfléchi sur le plan de cette face. Considéré au premier abord comme un résultat différent de celui de M. von Laue, ce phénomène fut bientôt reconnu, ainsi que l'ont montré MM. von Laue, Wulf, M. Friedel en France et M. Bragg lui-même, comme une conséquence mathématique de la théorie ordinaire de la diffraction; l'expérience montre du reste [1] qu'en prolongeant suffisamment le temps de pose on peut obtenir par réflexion des diagrammes complets présentant un grand nombre de points et rappelant dans leurs grandes lignes les résultats que l'on obtient en dirigeant obliquement sur un réseau croisé plan un rayon de lumière ordinaire.

Mais, pour être identique, quant au fond, à l'explication primitive des figures de diffraction, le point de vue de MM. Bragg n'en fut pas moins fécond dans ses résultats; il eut le grand avantage de présenter la question sous le jour suivant : Un cristal est un assemblage de plans réticulaires régulièrement empilés; qu'un faisceau de rayons de Röntgen vienne à frapper ce cristal, il y rencontrera sous des incidences variées ces piles de plans parallèles; chacun d'eux est un réseau croisé à deux dimensions; on sait que sur un tel réseau un rayon donnera une image *blanche* de réflexion régulière; l'influence des couches parallèles équidistantes sera de renforcer par interférence ceux des rayons composants dont la longueur d'onde satisfera à la relation

$$n\lambda = 2d\sin\theta, \tag{1}$$

λ étant la longueur d'onde, n un nombre entier, d l'équidistance des plans et θ le complément de l'angle d'incidence. Ainsi, le rayon réfléchi sur un réseau croisé à deux dimensions serait blanc; sur une pile de tels réseaux, il sera réduit aux longueurs d'onde qui satisfont à la relation précédente. *On peut donc dire qu'un cristal se comporte, vis-à-vis des rayons de Röntgen, comme un assemblage de miroirs diversement inclinés*, mais dont chacun est capable seulement de réfléchir avec intensité des rayons de longueur d'onde déterminée.

(1) De Broglie, *C. R.*, 1913.

Chaque tache des diagrammes représentés dans les figures précédentes peut donc être considérée comme résultant du faisceau incident régulièrement réfléchi sur un plan réticulaire convenable, dont l'équidistance impose certaines conditions pour les longueurs d'onde.

Ces considérations expliquent le fait, d'abord un peu surprenant [1], que les diagrammes des cristaux cubiques par exemple sont identiques quant à la position géométrique des taches de diffraction; l'intensité relative seule diffère d'une espèce à l'autre. Les plans principaux, étant géométriquement les mêmes, fournissent les mêmes directions de rayons réfléchis; quant à l'intensité, elle dépend de la densité de ces plans en centres de diffraction et de l'efficacité de ces centres (ainsi que de la composition spectrale du rayonnement incident), elle peut donc varier d'un cristal cubique à un autre.

MM. Bragg devaient tirer un parti très heureux de la relation

$$n\lambda = 2d \sin\theta.$$

Les faisceaux diffractés sont assez intenses pour pouvoir être mesurés par l'ionisation qu'ils produisent dans des appareils sensibles. En disposant un tel appareil sur l'alidade d'un goniomètre dont le plateau central portait un cristal, on peut disposer l'appareil d'ionisation de manière à recevoir des rayons qui se sont réfléchis sur le

Fig. 11.

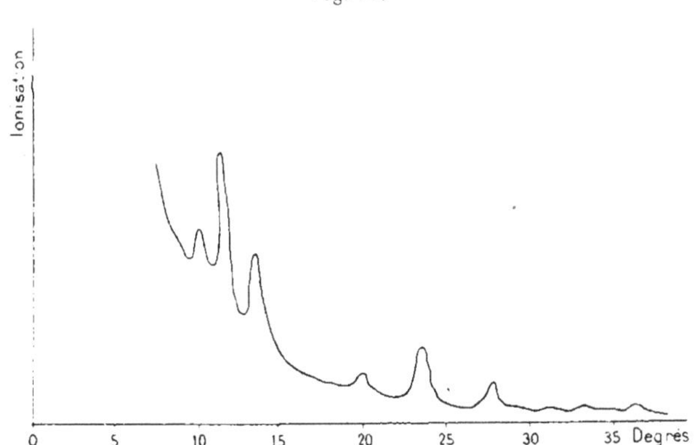

cristal sous divers angles θ, c'est-à-dire d'après la formule (1), qui correspondent à diverses longueurs d'onde λ.

En traçant ainsi un diagramme tel que celui de la figure 11, où les intensités d'ionisation sont portées en ordonnées et les angles θ en

(1) De Broglie, *C. R.*, 1913; M. von Laue et F. Tank, *Ann. der Physik*, t. XLI, 1913.

abscisses, on met en évidence la présence de longueurs d'ondes, bien définies et représentées avec une intensité exceptionnelle.

Ce sont les *raies brillantes* du spectre des rayons X, elles caractérisent la matière qui sert de foyer d'émission, c'est-à-dire la substance employée comme anticathode. On reconnaît aussi des spectres d'ordre supérieur relatifs aux mêmes valeurs de λ, mais réfléchis sous des angles θ qui correspondent aux valeurs entières successives de n.

Spectrographie des rayons de Röntgen. — Il est possible (¹) d'obtenir les spectres des rayons de Röntgen sous la forme habituelle des spectres lumineux enregistrés par la photographie; il suffit pour cela de limiter le faisceau par une fente étroite et de le diriger sur un cristal tournant de telle façon que la face de cristal qui sert de miroir contienne l'axe de rotation parallèle à la fente et que le faisceau soit centré sur cet axe.

Il résulte de considérations géométriques simples que ce dispo-

Fig. 12.

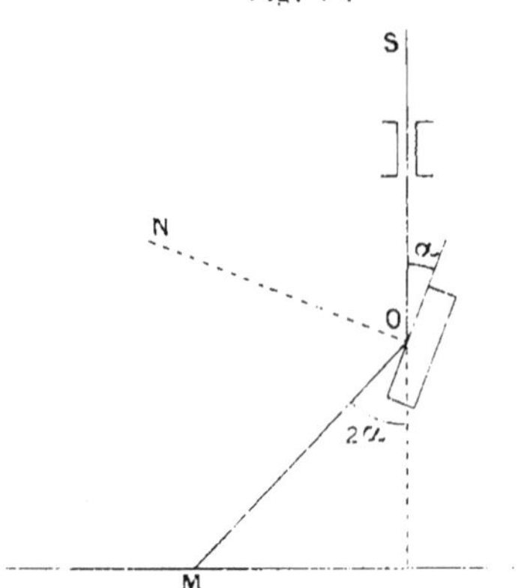

sitif produit (²) au cours de la rotation du cristal une concentration successive des divers rayons du faisceau qui équivaut à la formation d'une image optique et fournit, sur une plaque photographique disposée comme l'indique la figure 12, un spectre très pur où se reconnaissent des lignes fines, des bandes et des détails divers, tout à fait semblables à ceux que présentent les clichés ordinaires de spectre lumineux.

(¹) M. de Broglie, *C. R.*, 17 novembre 1913.

(²) A condition que l'axe de rotation soit à égale distance de la fente et de la plaque.

Les reproductions 1 et 1 *bis* de la planche I et celles de la planche II donnent une idée des résultats que l'on peut ainsi obtenir.

Influence de la température du cristal; théorie de M. Debye. — Nous avons admis, pour calculer la diffraction par le réseau cristallin, que les centres diffringents ou molécules du cristal se trouvaient liés au réseau et dans une position invariable. D'un autre côté la théorie cinétique de la chaleur introduit la notion que dans un gaz les molécules sont animées d'une agitation incoordonnée et que dans les solides les molécules sont également animées d'un mouvement thermique, mais s'effectuant cette fois autour de positions d'équilibre invariables. Dans le cas des cristaux ce sont ces points d'équilibre qui sont au nœud du réseau et à un instant donné les molécules elles-mêmes se trouvent à une petite distance de leurs positions d'équilibre, avec des écarts qui sont complètement incoordonnés, si l'on néglige pour un instant les forces de cohésion. La fréquence qui correspond aux rayons X est tellement grande qu'on peut, pour les calculs de diffraction, considérer le mouvement calorifique comme figé dans une position déterminée. Dans un réseau cubique, par exemple, les positions des molécules ne seront plus

$$ma, \quad na, \quad pa,$$

comme si elles coïncidaient avec les nœuds, mais

$$ma + \xi, \qquad na + \eta, \qquad pa + \zeta.$$

La Mécanique statistique permet d'aborder, même pour ce cas compliqué, l'étude de la diffraction par un cristal.

M. Debye [1] a pu surmonter les difficultés d'un pareil calcul et arriver à une expression qui fournit la valeur de l'intensité des maxima de diffraction en fonction de l'agitation thermique, c'est-à-dire de la température.

Les résultats de son analyse peuvent se résumer de la manière suivante :

L'agitation thermique n'influe pas sur la position géométrique ni même sur la netteté de définition des maxima des diffractions, mais elle agit sur leur intensité en la faisant décroître quand la température s'élève, quand la longueur d'onde diminue et que l'angle entre le rayon incident et le rayon diffracté augmente.

---

[1] P. DEBYE, *Ann. der Physik*, t. XLIII, 1914.

L'effet de la température est de créer, outre les maxima de diffraction, une diffusion générale de l'énergie, un fond continu si l'on veut, sur lequel se détacheront les taches des maxima, qui variera comme intensité, en sens inverse des maxima de diffraction.

L'expérience avait déjà montré ([1]) que la position géométrique des maxima et leur netteté ne paraissaient pas varier (entre la température de l'air liquide et le rouge pour la tourmaline) quand la température du cristal subissait de grandes variations, l'intensité générale paraissant un peu moindre à haute température. Le fait que, théoriquement, l'agitation thermique des nœuds d'un réseau ne trouble pas la netteté de ses phénomènes d'interférence est très remarquable.

Valeur absolue des longueurs d'onde. — En revenant à la relation

$$n\lambda = 2d\sin\theta,$$

on voit que la connaissance de d et la mesure de θ entraîneraient la détermination absolue de λ, comme dans l'optique usuelle on mesure les longueurs d'onde à partir de la constante des réseaux.

d est l'équidistance des plans parallèles à une face donnée dans le cristal; M. von Laue en avait donné une évaluation basée sur le nombre des molécules dans une molécule-gramme, la densité du cristal et son poids moléculaire; on a ainsi le nombre de molécules contenues dans un volume donné du corps cristallin; l'équidistance s'en déduit immédiatement si l'on connaît la façon dont ces molécules sont arrangées par rapport aux nœuds du réseau. M. W.-L. Bragg paraît dans cette voie avoir obtenu des résultats qui rendent véritablement très probable la valeur suivante de d pour les faces cubiques du sel gemme

$$d = 2{,}81 \cdot 10^{-8}\ \text{cm}.$$

On en déduit des longueurs d'onde de l'ordre de

$$\lambda = 10^{-8}\ \text{cm},$$

et l'expérience montre du reste que le spectre comprend plusieurs octaves au-dessus et au-dessous de cette valeur.

Il est inutile d'insister sur l'intérêt considérable qui s'attache

---

([1]) M. DE BROGLIE, *C. R.* et *Le Radium*, 1913.

à l'étude de longueurs d'onde, comparables en grandeur aux dimensions atomiques et à la considération de périodes si rapides qu'elles supposent des forces de liaison énormes. Si les vibrations lumineuses sont dues à des électrons situés à la partie extérieure pour ainsi dire du monde atomique, c'est sur la structure des parties les plus intimes de l'atome que le domaine des fréquences de Röntgen nous apportera des renseignements tout nouveaux.

Une autre conséquence de la possibilité d'opérer sur des longueurs d'onde aussi faibles a déjà été développée; les phénomènes de diffraction ouvrent le chapitre inédit de l'optique des rayons de Röntgen. l'existence d'une réflexion sur des cristaux souples comme le mica permet d'envisager la création de véritables images et, bien qu'on soit encore très éloigné peut-être de réaliser un microscope pour les rayons de Röntgen, on peut entrevoir que, le jour où l'on en serait là, les limites du grossissement, auquel les phénomènes de diffraction imposent une barrière pour les appareils optiques actuels, pourraient être extrêmement reculées et rendre accessibles des structures d'une tout autre échelle que celles que l'on connaît à présent.

Tout récemment diverses expériences ont mis en évidence l'existence de phénomènes de diffraction pour les rayons γ des substances radioactives [1] dont l'analogie avec les rayons X paraît aller jusqu'à l'identité. L'étude des rayons β sous la forme des corpuscules cathodiques a conduit aux découvertes et aux conceptions de la physique de l'électron; la connaissance des propriétés des rayons α a montré pour la première fois l'existence des transformations d'atomes; les récents travaux sur les rayons X et les rayons γ apporteront sans doute à la science d'aussi précieuses contributions.

---

[1] Entrevu par M. N. Shaw, le phénomène a été étudié complètement par sir Ernest Rutherford.

LES CRISTAUX LIQUIDES,

PAR M. MAUGUIN.

Il y a 25 ans, l'illustre physicien allemand Otto Lehmann ([1]) observa, sous le microscope polarisant à platine chauffante dont il avait depuis longtemps préconisé l'emploi, des substances de propriétés bien étranges, liquides, très mobiles, s'écoulant avec une fluidité comparable à celle de l'eau, mais doués de cette particularité déconcertante d'être biréfringents comme les corps cristallisés, avec une biréfringence parfois énorme, atteignant ou même dépassant deux fois celle de la calcite.

Après quelque hésitation bien compréhensible, O. Lehmann se risqua à les présenter au monde savant sous le nom de *Cristaux liquides*. L'accueil qu'on leur fit ne fut pas dès l'abord des plus favorables. Leur existence parut un véritable paradoxe à la plupart des physiciens, et le nom que leur avait donné Lehmann un défi jeté au bon sens.

Pour expliquer l'anisotropie optique des cristaux, on admet en effet généralement qu'ils sont formés de particules dissymétriques, molécules chimiques ou individualités plus complexes, *orientées toutes parallèlement entre elles*. La condition de parallélisme est essentielle : dans un milieu où les éléments auraient une orientation désordonnée, l'anisotropie des uns serait en effet compensée par celle des autres et ne saurait se manifester à l'extérieur.

D'après Lehmann, la biréfringence des nouveaux liquides est de tous points comparable à celle des cristaux; elle paraît donc devoir, elle aussi, s'interpréter par le parallélisme d'éléments anisotropes. Mais on se heurte ici à une bien grave difficulté. L'étude du mouvement brownien nous a montré en effet que les liquides, même lorsqu'ils paraissent au repos le plus absolu, sont le siège permanent de mouvements désordonnés qui se communiquent aux très fins granules en

([1]) *Voir* LEHMANN, *Flüssige Kristalle*, 1904, Leipzig; *Die neue Welt der flüssigen Kristalle*, 1911, Leipzig.

suspension, les déplacent, *les font tourner sur eux-mêmes* de la façon la plus capricieuse.

Est-il possible d'admettre que les particules fluides puissent garder une orientation définie malgré cet état d'agitation incessante ? Un bon nombre de physiciens virent là une incompatibilité irréductible et refusèrent de s'associer aux conclusions de Lehmann.

Sans se laisser décourager par ces objections de principes *a priori* celui-ci poursuivit et varia ses expériences; d'autres les reprirent et les complétèrent. Finalement, il fallut bien se rendre à l'évidence des faits : quelque difficulté qu'on ait à la concevoir, l'existence de liquides anisotropes doués des caractères optiques des cristaux biréfringents est incontestable. Les résultats actuellement acquis forment un corps de doctrine assez cohérent qui ne laisse place à aucun doute à cet égard.

Les premières recherches de Lehmann ne portèrent que sur un très petit nombre de substances, et les phénomènes observés si curieux perdaient une grande part de leur intérêt en restant des cas isolés, en apparence fortuits et tout à fait accidentels. Peu à peu pourtant, les chimistes dont l'attention avait été attirée, au hasard de recherches entreprises avec un but tout différent, découvrirent d'autres types chimiques doués des nouvelles propriétés. Malgré cela, le nombre en restait toujours assez restreint, lorsque Vorländer [1] et ses élèves entreprirent d'en faire une synthèse systématique. Grâce à eux, le nombre des cristaux liquides s'accrut rapidement; on en compte aujourd'hui plusieurs centaines, dont quelques-uns présentent des particularités intéressantes.

On trouvera ci-après quelques types des nouveaux produits choisis parmi les plus remarquables, ceux qui ont fait le plus parler d'eux. Ce sont des composés du carbone, les uns à chaîne ouverte comme l'oléate d'ammoniaque, les autres renfermant un ou plusieurs noyaux aromatiques, avec des groupements fonctionnels très variés. La constitution des éthers de la cholestérine, qui donnent tous des cristaux liquides, est encore fort mal connue.

Vorländer et ses élèves ont montré qu'il existe des relations très étroites entre l'aptitude à fournir des cristaux liquides et la structure moléculaire des corps. Je ne citerai qu'un fait particulièrement remarquable : tous les cristaux liquides à noyaux aromatiques sont substitués en para; les mêmes noyaux, portant les mêmes substitutions en ortho ou en méta, ne donnent pas de cristaux liquides.

---

[1] VORLÄNDER, *Kristallinisch. flüssige Substanzen*. Stuttgart, 1908.

QUELQUES TYPES DE CRISTAUX LIQUIDES.

Oléate d'ammoniaque .... $CH^3(CH^2)_7CH = CH(CH^2)_7CO^2NH^4$

Benzoate de cholestérine .... $C^6H^5CO^2.C^{27}H^{45}$

Acide méthoxycinnamique .... $CH = CH - CO^2H$ / OCH^3

Azoxyanisol .... OCH^3 OCH^3 / $N - N$ / O

Azoxyphénétol .... OC^2H^5 OC^2H^5 / $N - N$ / O

Azoxybenzoate d'éthyle .... $CO^2C^2H^5$ $CO^2C^2H^5$ / $N - N$ / O

Anisalazine .... OCH^3 OCH^3 / $CH = N - N = CH$

Anisal-aminocinnamate d'éthyle.... OCH^3 $CH = CH - CO^2C^2H^5$ / $CH = N$

Cyanbenzal-aminocinnamate d'amyle actif........................... CN $CH = CH - CO^2C^5H^{11}$ / $CH = N$

Éthoxybenzal-aminocinnamate d'éthyle (α-méthylé)............

$$\begin{array}{l} OC^2H^5 \quad CH = C - CO^2C^2H^5 \\ \quad\quad\quad\quad\quad\quad\quad\quad\quad CH^3 \\ [\text{two benzene rings}] \\ CH = N \end{array}$$

La phase liquide trouble. — L'azoxyanisol est parmi toutes ces substances celle qui a fait l'objet du plus grand nombre de travaux. Je la prendrai comme premier type dans l'étude qui va suivre. C'est aujourd'hui un produit commercial qu'on peut se procurer dans un état de pureté fort convenable. A la température ordinaire, il est formé de petits cristaux jaune pâle, aux formes géométriques très nettes, appartenant au système monoclinique. Ces cristaux sont très biréfringents, fortement dichroïques, jaunes ou blancs par transparence, suivant l'orientation du nicol au travers duquel on les observe.

Prenons une dizaine de grammes de ces cristaux et chauffons-les dans un petit ballon. A 116°, nous les voyons fondre ; *pendant toute la durée de la fusion, la température reste constante*, comme il convient pour un corps pur. Toutefois le liquide résultant de cette fusion est trouble, extrêmement trouble, transparent en lames très minces, seulement translucide sous une épaisseur de quelques millimètres, quasi opaque sous une épaisseur d'un centimètre.

A 134°, le liquide trouble se transforme en un autre liquide, tout à fait limpide, jaune clair. En opérant avec précaution, on peut obtenir les deux liquides simultanément, superposés par ordre de densité, le liquide clair surnageant le liquide trouble, dont il est séparé par une surface plane très nette (ou par un ménisque dans un tube étroit). *Tout le temps que dure la transformation du liquide trouble en liquide clair, la température reste constante.* Au refroidissement, les mêmes phénomènes se reproduisent en ordre inverse.

C'est ce liquide trouble qui d'après Lehmann est cristallisé, et nous verrons plus loin que son aspect trouble est une conséquence fatale de sa forte biréfringence. Les premiers observateurs, naturellement, ne pensèrent pas à une origine si singulière du phénomène. Pour eux le liquide était trouble parce qu'il renfermait en suspension quelque impureté étrangère solide ou liquide non miscible. Ils s'ingénièrent donc à purifier le produit employé. La netteté avec laquelle l'azoxyanisol cristallise dans les solvants organiques rendait cette purification relativement aisée. Pour plus de sûreté, on eut soin de s'adresser à des échantillons variés obtenus par des voies synthétiques différentes. Mais rien n'y fit. L'azoxyanisol très pur, quel qu'ait été son mode de préparation, donna toujours en fondant le même liquide trouble. Le seul résultat de tous ces efforts fut de rendre plus précis et plus nets les deux points de transformation : point de fusion 116°, point de clarification 134°.

Des physiciens émirent l'idée que l'azoxyanisol, tout en étant chimiquement défini, pouvait peut-être à la fusion donner naissance à deux phases non miscibles et que le liquide trouble n'était qu'une bouillie de très petits cristaux ou encore une émulsion de très fines gouttelettes. On essaya dès lors de fractionner le liquide trouble par les moyens classiques : filtration, centrifugation, cataphorèse électrique. Toutes ces tentatives furent infructueuses. *Le liquide trouble se comporte toujours comme s'il était formé d'une phase unique.*

Schenck (1) et ses élèves, pour éprouver la pureté de l'azoxyanisol fondu (et des corps analogues) se sont adonnés à l'étude de ses points de transformation, plus spécialement du point de clarification, cherchant à voir surtout si ces transformations sont progressives, étalées sur un intervalle de température plus ou moins grand ou bien au contraire instantanées. Les expériences ne laissent aucun doute; la transformation du liquide trouble en liquide clair est essentiellement discontinue, accompagnée d'un accroissement brusque de volume, et de l'absorption d'une quantité de chaleur, très faible à la vérité, mais qu'on a pu néanmoins mesurer.

Viscosité du liquide trouble. — La viscosité du liquide trouble est une grandeur dont la mesure, on le conçoit, présentait un intérêt particulier. L'étude en a été faite avec le plus grand soin, d'une part par Schenck, d'autre part par Bose (2) et leurs élèves en mesurant les durées d'écoulement dans des tubes capillaires. Les résultats obtenus présentent un certain nombre de particularités fort remarquables: tout d'abord, ce fait inattendu que la viscosité du liquide trouble est inférieure à celle du liquide limpide, bien que le liquide trouble soit observé à une température plus basse.

Ensuite, cet autre fait non moins curieux que la viscosité du liquide trouble présente un minimum à une température légèrement infé-

---

(1) SCHENCK, *Kristallinische Flussigkeiten und Flussige Kristalle*, Leipzig, 1905, et *Neuere Untersuchungen der kristallinischen Flüssigkeiten* (*Jahrbuch der Radioaktivität und Elektronik*, t. VI, 1909, p. 572 à 639).

(2) BOSE et CONRAT, *Phys. Ztsch.*, t. IX, 1908, p. 169; SCHENCK et HEMPELMANN, *Jahrbuch der Radioaktivität und Elektronik*, t. VI, 1909, p. 615.

rieure à la température de clarification. Dans le court intervalle qui sépare ces deux températures, la courbe de viscosité n'a pas le temps de remonter beaucoup, son ascension est pourtant assez nette pour qu'il ne reste pas de doute sur son allure. Au point précis de clarification, la viscosité s'accroît brusquement. Le liquide limpide se comporte normalement, sa viscosité diminuant régulièrement quand la température s'élève.

La viscosité de l'azoxyanisol trouble (cristaux liquides d'azoxyanisol) est très faible, voisine de celle de l'eau à 0°. L'azoxyphénétol est encore plus mobile. D'autres cristaux liquides possèdent au contraire une viscosité plus grande, comparable à celle de l'huile d'olive. de la glycérine. Quelques-uns, extrêmement visqueux, s'écoulent avec difficulté, à la façon d'un sirop de sucre très épais (la viscosité du liquide trouble est alors supérieure à celle du liquide limpide correspondant). Dans tous les cas, et c'est là le fait que nous voulons retenir ici, on observe une variation très brusque de la viscosité à la température de clarification.

En résumé, toutes les expériences sont concordantes pour faire envisager le liquide trouble comme une phase unique ayant un domaine de stabilité parfaitement délimité, compris entre le point de fusion 116° et le point de clarification 134°. On ne peut s'empêcher de rapprocher l'existence de cette phase de celle de certaines variétés cristallines polymorphiques, celles du soufre en particulier. On sait en effet que le soufre, orthorhombique à la température ordinaire, se transforme à 95°,6 en soufre monoclinique, lequel fond à 119°,5. Notre phase liquide trouble joue le même rôle que le soufre monoclinique dont le domaine de stabilité est comme le sien intercalé entre la phase stable à la température ordinaire et la phase liquide isotrope. L'analogie paraîtra plus grande encore quand nous aurons montré que la phase trouble se comporte réellement comme une seconde phase cristalline de l'azoxyanisol, ce que nous allons voir maintenant.

Biréfringence du liquide trouble. — Examinons au microscope polarisant, entre deux nicols à l'extinction, une goutte du liquide trouble étalée entre deux lames de verre (porte-objet et couvre-objet habituels). Fait remarquable, absolument inattendu : *le liquide rétablit la lumière, comme le ferait une lame cristalline biréfringente ;* si l'épaisseur de la préparation est très faible, la lumière rétablie est colorée des teintes vives bien connues de polarisation chromatique. Avec une épaisseur de quelques centièmes de millimètre, on n'obtient plus que du blanc d'ordre supérieur, car la biréfringence et la dispersion de biréfringence du liquide sont considérables. Il suffit alors d'amincir la préparation en appuyant avec une aiguille sur le couvre-objet pour faire apparaître les teintes qui entourent le point pressé d'anneaux colorés du plus joli effet.

En vérité, la préparation ne se comporte pas comme un cristal unique, homogène. On y distingue des zones d'orientations différentes qui tantôt se raccordent graduellement, tantôt au contraire sont séparées par des surfaces de discontinuité très nettes qu'on peut suivre dans l'épaisseur de la préparation par variation de mise au point du microscope, et sur lesquelles se produisent des effets de réflexion totale faciles à constater.

Nous comprenons maintenant pourquoi le liquide est trouble, quasi opaque en couche épaisse. C'est la conséquence nécessaire des réfractions et réflexions multiples que subit la lumière à la limite des zones différemment orientées. C'est exactement pour les mêmes raisons qu'un morceau de marbre formé d'un amas irrégulier de petits cristaux de calcite est opaque, alors que la même calcite développée en un cristal unique fournirait un spath limpide.

La biréfringence et l'aspect trouble qui en est la conséquence disparaissent simultanément lorsqu'on atteint la température de 134° (point de clarification); au delà on n'a plus affaire qu'à un liquide ordinaire, isotrope.

Orientation par le champ magnétique. — Ce serait une expérience bien curieuse que celle qui permettrait de donner une orientation uniforme à tous les éléments cristallins d'un morceau de marbre et le transformerait en un cristal homogène de spath. Cette expérience, nous pouvons la réaliser avec l'azoxyanisol fondu soumis à l'action directrice d'un champ magnétique. Pour cela, on enferme le liquide dans une petite cuve à faces parallèles qu'on place entre les deux pièces polaires d'un électro-aimant, les faces de la cuve normales aux lignes de force du champ magnétique. Les pièces polaires et les noyaux de l'électro-aimant sont percés d'un canal longitudinal, suivant lequel on regarde, au travers de la petite cuve, le filament incandescent d'une lampe électrique. Avant le passage du courant dans les bobines de l'électro, il est impossible de rien distinguer au travers de la couche liquide, on n'aperçoit de la lampe qu'une lueur très vague. Mais il suffit d'exciter l'électro pour qu'aussitôt le liquide se clarifie, toute surface interne de discontinuité optique disparaissant. Le filament incandescent apparaît dès lors avec la plus grande netteté : le morceau de marbre s'est transformé en spath transparent. Lorsqu'on supprime le champ magnétique, le trouble du liquide réapparaît, en un temps très court.

Nous pouvons compléter l'expérience. La préparation restant disposée comme précédemment, plaçons deux nicols sur le trajet de la lumière, un polariseur voisin de la source lumineuse, un analyseur devant l'œil de l'observateur. Introduisons en outre dans les pièces polaires, convenablement évidées, deux objectifs aussi rapprochés que possible de la préparation. Nous constituons ainsi, dans l'axe même de l'électro-aimant, un microscope polarisant disposé pour l'observation en lumière convergente. On lance le courant dans l'électro, ce qui, nous l'avons vu, a pour effet de clarifier le liquide ; aussitôt apparaissent dans le microscope la croix noire et les anneaux colorés des lames cristallines uniaxes perpendiculaires à l'axe : tous les éléments du fluide se sont orientés parallèlement entre eux, réalisant un cristal liquide unique homogène dont l'axe optique est parallèle aux lignes de force magnétiques. L'orientation du liquide n'est stable que dans le champ de l'électro. Dès qu'on interrompt le courant, la croix noire, les anneaux colorés disparaissent. L'intensité des champs nécessaires pour cette étude n'est pas très élevée ; quelques milliers de gauss suffisent.

Les résultats de ces expériences peuvent être confirmés par l'observation plus instructive à certain égards, faite *transversalement* au champ magnétique. La cuve est ici placée entre deux pièces polaires pleines, les faces de verre qui la ferment étant parallèles aux lignes de force.

Quand on excite l'électro, l'axe optique du liquide se dirige comme précédemment suivant les lignes de force du champ magnétique. Mais alors que le cristal liquide se comportait comme un spath perpendiculaire à l'axe, il est maintenant l'équivalent d'un spath parallèle à l'axe.

Il s'éteint entre deux nicols respectivement parallèle et perpendiculaire au champ, rétablissant au contraire la lumière pour toute autre orientation des nicols (croisés). En lumière convergente *monochromatique* (flamme du sodium par exemple), on observe des franges d'interférence formées de deux systèmes d'hyperboles conjuguées dont les asymptotes sont à 45° des lignes de force (franges d'uniaxes parallèles à l'axe). La lumière monochromatique est de rigueur ici, car les retards optiques sont bien trop élevés et la dispersion beaucoup trop forte pour qu'on puisse observer des franges en lumière blanche.

Si l'on utilise la lumière de l'arc électrique (nicols croisés à 45° des lignes de force), on n'obtiendra que du blanc d'ordre supérieur. Analysé par un spectroscope, ce blanc fournit des spectres cannelés de toute beauté dont la netteté est comparable à celle des spectres obtenus avec les cristaux solides les plus purs. *Le nombre des cannelures croît proportionnellement à l'épaisseur de la préparation.* Avec une lame épaisse de 1^{mm}, on en observe plusieurs centaines dans le spectre visible. La biréfringence de l'azoxyanisol, déduite de l'étude de ces spectres dépasse deux fois celle de la calcite.

On pourrait être tenté de rapprocher ces expériences de celles de MM. Cotton et Mouton sur la biréfringence magnétique des liquides purs. Mais il y a entre les deux genres de phénomènes des différences essentielles. Tout d'abord, l'ordre de grandeur des biréfringences observées n'est pas comparable. Les biréfringences des cristaux liquides valent un million de fois les biréfringences magnétiques les plus fortes. Mais surtout, et c'est là le point important, *le champ magnétique ne crée pas la biréfringence* des cristaux liquides, puisque nous avons vu que celle-ci s'observe en dehors de toute action magnétique; l'effet du champ est seulement d'orienter parallèlement les uns aux autres des éléments antérieurement biréfringents.

L'orientation des particules fluides par le champ magnétique fournit certainement le procédé le plus parfait pour obtenir des masses cristallines liquides volumineuses à structure homogène. Mais ce procédé est assez difficile à mettre en œuvre et se prête mal aux études microscopiques. Il en va tout autrement des actions d'orientation dont nous allons nous occuper maintenant.

Orientation par les lames de verre. Nous savons qu'une préparation d'azoxyanisol fondu entre deux lames de verre se comporte au point de vue optique comme une masse cristallisée plus ou moins confuse. Refaisons cette même préparation, mais en ayant soin de *nettoyer à fond les lames de verre*, par un chauffage prolongé dans l'acide sulfurique concentré, un lavage à l'eau distillée, suivi d'un séchage à l'éther, en nous gardant bien de les essuyer, ce qui n'aurait pour effet que de les souiller à nouveau. L'azoxyanisol fondu entre ces lames rigoureusement propres, observé au microscope polarisant entre nicols croisés, ne rétablit plus la lumière. La biréfringence du liquide serait-elle donc disparue? Nullement; il suffit de toucher légèrement le couvre-objet pour voir réapparaître la lumière qui disparaît à nouveau quand le liquide est revenu au repos. En réalité, voici ce qui s'est passé : *les particules fluides se sont orientées de telle façon que l'axe optique du liquide soit partout normal aux lames de verre propres.* Nous observons notre cristal liquide dans la direction de l'axe optique; il n'est pas surprenant dès lors qu'il nous paraisse isotrope. La biréfringence se manifeste dès qu'en touchant la préparation on vient à troubler son orientation.

Pour s'assurer que cette façon d'interpréter le phénomène est bien correcte, il suffit d'ailleurs d'observer en lumière convergente. Nous retrouvons ici la croix noire, les anneaux colorés que nous avions déjà vus dans l'électro-aimant [1].

L'orientation est stable. On peut perturber la croix et les anneaux en agitant le liquide; ils se reforment avec leur netteté primitive dès que le liquide est revenu au repos.

Quel rôle le verre joue-t-il dans le phénomène? Sans chercher à pénétrer le mécanisme intime d'actions moléculaires encore bien mystérieuses, voici comment on peut se représenter schématiquement les faits. Au contact du verre ou dans son voisinage immédiat, les particules fluides très anisotropes qu'on peut avec Vorländer assimiler à de petits bâtonnets allongés (Lehmann se les représente comme des lamelles très aplaties, ce qui ne modifie en rien les conclusions), se trouvent soumises à des actions dont la résultante, en raison même de l'isotropie du verre, est dirigée suivant la normale aux lames. L'axe de nos petits bâtonnets se dirige suivant cette résultante, et le verre se trouve tapissé d'une couche d'éléments régulièrement orientés. Ceux-ci agissent sur les éléments sous-jacents et de proche en proche déterminent l'orientation de tout le liquide. L'action du champ magnétique s'exerçait dans la masse même du liquide; l'action du verre est selon toute vraisemblance seulement superficielle. Elle impose au fluide des conditions aux limites qui suffisent à déterminer complètement sa structure [2].

---

(1) On trouve des photographies très réussies de ces figures en lumière convergente dans l'Atlas de Vorländer et Hauswaldt : *Achsenbilder flüssiger Krystalle*. Halle, 1909.

(2) MM. Friedel et Grandjean ont eu l'idée d'observer des lames cristallines liquides libres de tout contact, s'appuyant seulement par leur contour sur une boucle métallique, à la façon des lames d'eau de savon de Plateau. L'axe optique dans ces lames est normal aux faces libres. Il est probable que la structure est due encore ici à des actions superficielles qui imposent aux particules fluides de la couche de passage air-cristal liquide une orientation identique à celles qu'elles prennent au contact du verre. L'orientation se transmet de proche en proche dans toute l'épaisseur de la lame.

L'agitation interne des cristaux liquides. — L'extinction, entre nicols croisés, des lames minces d'azoxyanisol orientées par des lames de verre très propres, paraît assez bonne lorsqu'on opère à la lumière naturelle du jour. Mais on constate qu'elle est loin d'être complète lorsqu'on utilise la lumière très vive d'un arc électrique. La préparation observée avec un grossissement d'une centaine de fois prend alors un aspect des plus singuliers : la lame liquide se résout en un pointillé de petites taches noires et blanches *animées d'un fourmillement rapide et incessant*, étrange dans un milieu qui montre par ailleurs des propriétés optiques cristallines si nettes (croix noire, anneaux colorés). Avec un peu d'entraînement, on aperçoit ce fourmillement même à la simple lumière du jour.

L'agitation persiste aussi longtemps que la substance est dans la phase liquide anisotrope. *Son intensité s'accroît quand la température s'élève.* Tous les mouvements cessent brusquement d'être visibles lorsqu'on atteint la température où le fluide devient isotrope; ils réapparaissent par refroidissement.

Le fourmillement est tout à fait désordonné et ne paraît pas pouvoir être attribué à des courants de convection à l'intérieur de la préparation. L'allure du phénomène est tout à fait celle du mouvement brownien des suspensions colloïdales riches en granules. Pourtant il ne paraît pas y avoir de grains dans le liquide biréfringent : du moins, l'observation faite par les procédés ordinaires n'en montre pas. Avec l'éclairage ultra-microscopique, on n'observe qu'une diffusion uniforme de la lumière donnant à la préparation un aspect opalescent, laiteux.

Le phénomène observé ici n'est peut-être au fond, comme le mouvement brownien lui-même, qu'une conséquence de l'agitation interne dont les liquides sont le siège permanent. Mais alors que dans les liquides ordinaires cette agitation ne peut se manifester au dehors qu'en se communiquant aux granules en suspension, elle serait directement visible dans les cristaux liquides en raison des perturbations qu'elle apporte dans leur état de biréfringence. Il suffit pour interpréter le phénomène d'admettre que les éléments anisotropes constituant le liquide ne sont qu'approximativement parallèles entre eux, et sont animés, autour de leur position moyenne, d'oscillations plus ou moins désordonnées au cours desquelles *ils s'associent en groupements temporaires* où l'axe optique est tantôt normal (taches sombres), tantôt plus ou moins incliné (taches claires) sur les lames de verre.

Cette agitation interne a pu être mise en évidence dans un grand nombre de cristaux liquides dont l'axe optique comme celui de l'azoxyanisol s'oriente perpendiculairement aux lames de verre : ac. méthoxycinnamique, anisal aminocinnamate d'éthyle, etc. Toutes ces substances offrant les mêmes apparences de fourmillement ont en outre la particularité commune de diffuser une quantité de lumière considérable à l'ultra-microscope, et de garder, même quand on les a clarifiées par l'orientation uniforme de leurs éléments (par l'action du champ magnétique, ou simplement des lames de verre propres), une certaine opalescence plus ou moins intense.

Il est probable que cette opalescence et la diffusion de lumière à l'ultra-microscope sont en relations très étroites avec les apparences de fourmillement, car ces deux ordres de phénomènes disparaissent simultanément dans une série de substances très remarquables découvertes et étudiées par Vorländer et ses élèves.

Les cristaux liquides de Vorländer [1]. — Ces substances sont des éthers aminocinnamiques α substitués, condensés avec des aldéhydes aromatiques variées. Elles fournissent par fusion des cristaux liquides d'une viscosité élevée, comparable à celle d'un sirop de sucre épais, qui s'orientent avec la plus grande netteté au contact du verre (axe optique toujours normal aux lames). *Lorsqu'ils sont orientés, ces cristaux sont d'une transparence absolue;* aussi limpides que l'eau distillée ou le cristal de roche. A l'ultra-microscope, ils paraissent optiquement vides et ne diffusent pas la moindre quantité de lumière. Ils sont extrêmement biréfringents et montrent au microscope polarisant des phénomènes optiques (croix noire, anneaux colorés) d'une netteté parfaite. *On n'y observe plus aucune apparence de fourmillement.*

Les couples directeurs qui imposent aux éléments de ces cristaux liquides leur orientation paraissent beaucoup plus intenses que dans les cas étudiés antérieurement. Une préparation d'azoxyanisol perd sa structure régulière dès qu'on touche même très légèrement la lamelle qui la recouvre. On peut au contraire, pendant qu'on observe les substances de Vorländer en lumière convergente, appuyer fortement sur la préparation, faire écouler une partie du liquide très visqueux qui la constitue, sans qu'à aucun moment, *même pendant l'écoulement*, la croix noire et les anneaux colorés perdent rien de leur netteté; les anneaux s'écartent seulement peu à peu au fur et à mesure

(1) VORLÄNDER, *Ueber durchsichtig klare, krystallinische Flüssigkeiten* (*Ber. d. deutsch. chem. Ges.*, t. XLI, 1908, p. 2033).

que l'épaisseur de la préparation diminue. (M. Wallerant avait déjà fait des observations analogues sur l'oléate d'ammoniaque [1].)

Cette intensité considérable des actions d'orientation, ainsi que la grande viscosité du liquide, suffisent peut-être à expliquer pourquoi on n'aperçoit plus dans les préparations de Vorländer le fourmillement si visible dans l'azoxyanisol, pourquoi elles sont absolument limpides et ne diffusent plus de lumière à l'ultra-microscope.

Polymorphisme des cristaux liquides. — Un grand nombre de cristaux liquides, en particulier la plupart des dérivés aminocinnamiques de Vorländer, ont la particularité fort remarquable d'être *polymorphes à l'état liquide*, c'est-à-dire de présenter deux, trois, quatre phases cristallines liquides de propriétés physiques différentes.

L'un des exemples les plus nets nous est offert par le produit de condensation de l'aminocinnamate d'éthyle α méthylé avec l'éthoxybenzaldéhyde [2]. Ce composé fond à 95° en donnant des cristaux liquides montrant les mêmes particularités que l'azoxyanisol : orientation au contact du verre, fourmillement très vif, opalescence, diffusion de la lumière à l'ultra-microscope. Ces cristaux liquides se transforment en liquide isotrope à 124°. Lorsqu'on les laisse refroidir, *en l'absence de tout germe cristallin solide*, ils peuvent se surfondre notablement et rester liquides parfois jusqu'à la température ordinaire. Jusqu'à 76°, leurs propriétés varient peu et d'une façon progressive, la substance restant toujours analogue à l'azoxyanisol. A 76°, se produit une brusque transformation, avec changement complet de toutes les propriétés : la biréfringence s'accroît, le liquide devient subitement plus visqueux, le fourmillement s'arrête, l'opalescence fait place à la limpidité la plus parfaite; à l'ultra-microscope, toute diffusion de lumière disparaît. La transformation est d'ailleurs réversible : il suffit de réchauffer la préparation pour voir réapparaître à 76° fourmillement, opalescence, diffusion de lumière à l'ultra-microscope.

Le changement des propriétés magnétiques accompagnant la transformation est particulièrement intéressant. Au-dessus de 76°, la substance s'oriente avec la plus grande aisance dans les champs de quelques milliers d'unités, son axe optique se dirigeant comme celui de l'azoxyanisol dans la direction même des lignes de force. Au-dessous de 76°, les champs magnétiques les plus intenses (jusqu'à

---

(1) WALLERANT, *C. R.*, t. CXLI, 1905, p. 7[illegible]; t. CXLIII, 1906, p. 694.
(2) KASTEN, *Dissert. Halle*, 1909, p. 41.

18 000 gauss) sont sans action. Voici à ce sujet une expérience fort curieuse : une préparation faite entre deux lames de verre est observée au microscope polarisant en lumière convergente monochromatique, dans un champ magnétique parallèle aux lames. Si l'on est au-dessus de 76°, l'axe optique du liquide se dirige suivant le champ et l'on observe les figures d'interférence des lames uniaxes parallèles à l'axe : deux systèmes d'hyperboles équilatères conjuguées. On laisse refroidir. A 76° apparaît la phase sur laquelle le champ magnétique est sans action. Brusquement l'axe optique du liquide se redresse pour être normal aux lames de verre. Les hyperboles font place dans le microscope à la croix noire et aux anneaux des cristaux perpendiculaires à l'axe. Il suffit de réchauffer au-dessus de 76° dans le champ magnétique pour voir réapparaître les hyperboles. Il serait intéressant d'élucider la nature des changements moléculaires susceptibles d'entraîner une modification aussi complète des propriétés magnétiques.

Cristaux liquides doués de polarisation rotatoire. — Tous les cristaux liquides que nous avons étudiés jusqu'ici ont des propriétés optiques analogues à celles de la calcite. Il en existe d'autres qui se comportent, au contraire, comme le quartz, étant doués de polarisation rotatoire dans la direction de l'axe optique. Tels sont les éthers de la cholestérine et un certain nombre de dérivés des acides aminocinnamiques de Vorländer, éthérifiés par l'alcool amylique actif, par exemple le produit de condensation de la cyanbenzaldéhyde avec l'aminocinnamate d'amyle [1].

Ces nouveaux cristaux liquides fondus entre un porte-objet et un couvre-objet s'y orientent de façon que leur axe optique soit encore normal aux lames de verre. Mais cette fois la préparation n'est plus éteinte entre les nicols croisés; en lumière blanche, elle présente les teintes de polarisation rotatoire, variables avec l'orientation de l'analyseur; en lumière monochromatique, elle s'éteint quand on tourne l'analyseur d'un angle convenable dans un sens ou dans l'autre.

Le pouvoir rotatoire de ces préparations atteint dans certains cas des valeurs invraisemblables. Ainsi une préparation de $\frac{1}{100}$ de millimètre d'épaisseur du dérivé amylique peut donner une rotation de 150°, ce qui correspond à 15 000° par millimètre, ou à un pouvoir rotatoire 700 fois plus grand que celui du quartz.

---

(1) Huth, *Dissert. Halle*, 1909, p. 15; Stumpf, *Dissert. Göttingen*, 1911.

Au pouvoir rotatoire s'associent les propriétés optiques les plus curieuses. Le plus souvent la substance est douée d'un dichroïsme circulaire intense; le dérivé amylique absorbe par exemple la lumière polarisée circulaire droite et laisse passer la lumière polarisée circulaire gauche. Une préparation de ce corps traversée par de la lumière naturelle fonctionne comme un polariseur circulaire. Giesel ([1]) a mis le phénomène en évidence d'une façon très élégante, avec un mélange d'éthers de la cholestérine qui peut être surfondu à l'état cristallin liquide jusqu'à la température ordinaire. Si l'on place une lame de calcite perpendiculaire à l'axe entre deux préparations faites avec ce mélange, et si on l'observe en lumière naturelle convergente, comme on fait avec les pinces à tourmaline, on aperçoit des anneaux colorés, sans croix, comme en donne la calcite entre un polariseur et un analyseur circulaires.

La lumière réfléchie ou diffusée à la surface des cristaux liquides actifs est, elle aussi, polarisée circulairement, au moins partiellement (le sens du circulaire réfléchi est le même que celui du circulaire absorbé, inverse par conséquent du sens du circulaire transmis), et *elle se colore de teintes extrêmement vives* variables avec la température, très belles dans le cas des éthers de la cholestérine. L'origine de ces teintes n'a pu être encore déterminée d'une façon certaine.

Ces phénomènes de polarisation rotatoire et de dichroïsme circulaire paraissent être liés à la dissymétrie moléculaire de la substance. On a fait un certain nombre d'éthers analogues à l'éther amylique actif cité plus haut, on a fait le même éther avec de l'alcool amylique inactif, avec de l'alcool amylique racémique ([2]). Toutes ces substances ont fourni des cristaux liquides; seuls, les dérivés de l'alcool amylique actif présentent le pouvoir rotatoire. La présence d'un carbone asymétrique dans la molécule paraît jouer un rôle essentiel dans le phénomène.

Vorländer ([3]) et ses élèves ont fait au sujet du signe optique des cristaux liquides une remarque extrêmement curieuse : *tous les cristaux liquides inactifs sont optiquement positifs; tous les cristaux liquides doués de polarisation rotatoire sont optiquement négatifs.* Certains cristaux liquides polymorphes ont une phase inactive et une

---

([1]) GIESEL, *Ueber Polarisationserscheinungen an flüssigen Kristallen der Cholesterinester* (*Physik. Ztsch.*, t. XI, 1910, p. 192).

([2]) *Voir* VORLÄNDER et FRANZ JANECKE, *Ztsch. für Phys. Chem.*, t. LXXXV, 1913, p. 693.

([3]) VORLÄNDER et HUTH, *Ztsch. für Phys. Chem.*, t. LXV, 1911, p. 641.

phase douée de polarisation rotatoire; la première est positive, la seconde négative. On ne voit pas très bien la raison de cette loi qui paraît tout à fait générale.

Mesure des indices des cristaux liquides par les méthodes de réflexion totale. — Un assez grand nombre de cristaux liquides s'orientent au contact du verre comme l'azoxyanisol. On a pu utiliser cette propriété pour étudier leur biréfringence et mesurer leurs indices par les méthodes de réflexion totale (1). La substance étant fondue par exemple sur la demi-boule, d'indice aussi élevé que possible, d'un réflectomètre de Abbe, on éclaire avec de la lumière monochromatique; dans le plan focal de la lunette du réflectomètre on aperçoit deux limites de pénombre et de lumière qui correspondent l'une à la réflexion totale des rayons ordinaires, l'autre à la réflexion totale des rayons extraordinaires. La netteté de ces limites est aussi parfaite que si l'on opérait avec des cristaux solides.

Les biréfringences mesurées sont très variables d'un corps à l'autre; assez faibles dans le cas des éthers de la cholestérine, elles dépassent au contraire beaucoup celle de la calcite dans un grand nombre de substances. Assez souvent la demi-boule permet seulement de mesurer le plus petit indice, l'autre étant trop grand pour que la réflexion totale puisse se produire. On complète alors par la mesure du diamètre des anneaux en lumière convergente.

Orientation des cristaux liquides par les lames cristallines solides. — Dans tous les cas d'orientation par les lames de verre, l'axe optique des cristaux liquides prend une direction invariable : perpendiculaire aux lames. Nous avons dit que c'était une conséquence probable de l'isotropie du verre dont les actions doivent s'exercer symétriquement tout autour de la normale aux lames. Qu'adviendra-t-il, si l'on remplace les lames de verre par des lames cristallines pour lesquelles ces conditions de symétrie perdent évidemment toute signification? Le cristal liquide ne va-t-il pas se ressentir de l'anisotropie du milieu qui lui sert de support? C'est effectivement ce qu'on observe lorsqu'on fait fondre de l'azoxyanisol entre deux lames de mica séparées par clivage et rapprochées dans leur position primitive. L'axe optique du cristal liquide n'est plus normal, mais parallèle au plan

(1) DORN et LEHMANN, *Annal. der Physik*, 4e série, t. XXIX, 1909, p. 533; GAUBERT, *C. R.*, t. CLIII, 1911, p. 573 et 1158.

des lames, avec une direction d'ailleurs bien déterminée en relation étroite avec la structure du mica. Pour définir cette direction avec précision, il est utile de rappeler une expérience bien connue des minéralogistes : lorsqu'on appuie avec une pointe émoussée, sur une lame mince de mica posée sur un support élastique (liège ou caoutchouc), on la voit se plisser suivant une figure en étoile résultant de l'entre-croisement de trois branches : une branche principale parallèle à l'axe binaire L_2 du mica, suivant laquelle le plissement est le plus accentué, deux autres branches secondaires faisant avec la précédente des angles voisins de 60°. L'axe optique du liquide s'oriente parallèlement à l'une de ces branches secondaires, direction qui joue évidemment un rôle important dans l'édifice cristallin du mica.

Fondu dans un clivage de gypse, l'azoxyanisol y prend également une orientation déterminée en relation avec la structure du minéral.

Pour réussir ces expériences, il faut avoir soin de prendre des clivages frais, produits au moment même où l'on doit faire les préparations. Les moindres impuretés qui souillent les surfaces et s'opposent au contact intime du liquide et du minéral, suffisent à troubler le phénomène.

Orientation des cristaux liquides par les pellicules cristallines. — La faculté que possèdent les cristaux liquides de Lehmann de s'orienter de façons variées sous l'action des lames cristallines va nous permettre de comprendre certaines expériences fort remarquables datant du début même des recherches de l'illustre physicien. Ces expériences peuvent être répétées soit avec l'azoxyphénétol, soit mieux encore avec l'anisalazine.

La substance *très pure* est fondue entre deux lames de verre *rigoureusement propres ;* on la laisse cristalliser par refroidissement aussi lentement que possible afin d'obtenir de larges plages solides bien homogènes. Ces plages sont très biréfringentes, nettement biaxes, fortement dichroïques, jaunes ou blanches quand on les éclaire avec de la lumière polarisée vibrant suivant l'une ou l'autre de leurs directions principales.

Plages liquides en lumière parallèle. — La préparation d'azoxyphénétol chauffée lentement fond à 134°. Chaque cristal solide donne naissance à une plage liquide biréfringente qui présente exactement les mêmes contours. Toutes ces plages rétablissent la lumière entre nicols croisés, s'éteignant quatre fois par tour de la platine du microscope, dans quatre positions faisant entre elles des angles de 90°, exactement comme un cristal solide biréfringent. Les directions d'extinction des plages liquides diffèrent en général de celles des cristaux solides qui leur ont donné naissance.

Si les lames de verre sont bien propres, les plages s'éteignent parfaitement, avec la même netteté que les plages solides antérieures; un observateur non prévenu les prendrait aisément pour de véritables corps cristallisés. C'est seulement en déplaçant le couvre-objet qu'on s'aperçoit que la substance est liquide.

L'observation avec un seul nicol montre un dichroïsme (jaune et blanc) tout à fait analogue à celui des cristaux solides. Les directions d'absorption maxima et minima ont évidemment changé au moment de la fusion et se trouvent suivant les nouvelles directions d'extinction. *L'intensité du dichroïsme croît avec l'épaisseur de la préparation.*

Si l'on chauffe plus fort, à 168°, le liquide biréfringent se transforme en liquide isotrope, les deux modifications étant séparées par une ligne très nette qui trace à tout instant dans la préparation l'isotherme 168°. Finalement tout s'éteint entre nicols croisés.

Pellicules adhérentes aux lames de verre. — Quand on laisse refroidir, le liquide biréfringent réapparaît et, phénomène bien remarquable, reproduit toutes les plages antérieures avec les mêmes limites, les mêmes extinctions et les moindres détails de leur structure primitive.

Lehmann, pour expliquer ces faits, admet que chaque cristal solide, en fondant, laisse sur les lames de verre deux minces pellicules de molécules orientées qui persistent même après la transformation en liquide isotrope, et sous l'influence desquelles les plages se reconstituent. Ces pellicules jouent ici le même rôle que les lames de mica ou de gypse dans l'orientation de l'azoxyanisol.

Il est d'ailleurs facile de mettre l'existence de ces pellicules en évidence, comme l'indique Lehmann, en faisant glisser le couvre-objet sur la lamelle porte-objet; on voit alors tous les contours de plage se dédoubler et donner naissance à deux figures superposables dont l'une, fixée à la lame de verre inférieure, reste immobile, tandis que l'autre, entraînée par la lame supérieure, la suit dans tous ses déplacements.

Cette expérience est déjà bien concluante. En voici une autre qui l'est peut-être encore plus : on colle une mince bande de papier sur l'un des bords du couvre-objet; après fusion et formation des plages biréfringentes, on soulève la lamelle de verre autour de cette charnière improvisée; le liquide se rassemble près du papier, et l'on ne voit plus rien sur les lames ni à l'œil nu, ni au microscope. On rabaisse le couvre-objet, le liquide revient à sa place primitive; toutes les plages anciennes se reforment avec leurs limites et leurs directions d'extinction antérieures. Je ne vois pas comment on pourrait expliquer ce fait sans admettre la persistance des pellicules imaginées par Lehmann, qui restent sur les lames de verre alors même que le liquide est parti.

Plages liquides en lumière convergente. — On peut compléter l'étude des plages par l'observation en lumière convergente. En ayant soin de se servir de lumière monochromatique (sinon on n'a que du blanc d'ordre supérieur), on obtient des franges de toute beauté qui peuvent rivaliser de netteté avec celles des cristaux solides. Ces franges sont celles que donneraient des lames d'orientation variable taillées dans un cristal uniaxe positif, les unes parallèles à l'axe, d'autres obliques avec une inclinaison variable. *Le nombre des franges visibles dans le champ du microscope croît régulièrement avec l'épaisseur de la préparation*, ce qui montre que l'orientation du liquide est uniforme.

Voici maintenant une expérience qui me paraît tout à fait suggestive, propre plus qu'aucune autre à mettre en évidence les particularités remarquables de ces singulières substances à la fois liquides et cristallines :

Ayant fait choix d'une plage bien homogène, située vers le centre de la préparation, montrant de belles franges, on rend le couvre-objet solidaire de l'objectif au moyen d'un petit trépied *ad hoc* et de trois gouttes de colle. Quand on soulève l'objectif avec la vis de mise au point, le couvre-objet suit le mouvement. Le liquide, quittant les bords de la préparation, vient se rassembler au centre, augmentant progressivement l'épaisseur de la plage en observation.

Les franges restent parfaitement nettes *malgré les mouvements du liquide*, et se déplacent très régulièrement, comme elles feraient par superposition d'un quartz en biseau. Leur nombre augmente peu à peu dans le champ. On peut facilement, ayant commencé avec une ou deux franges, en obtenir une vingtaine, fines et serrées. En comptant le nombre de celles qui passent au centre du champ du microscope pour une variation connue d'épaisseur, on peut mesurer la biréfringence du liquide. On a trouvé ainsi pour l'azoxyphénétol la valeur élevée 0,37 (calcite 0,17).

Ainsi donc, *aussi bien dans l'état de mouvement qu'au repos*, les particules fluides, sous l'action des pellicules adhérentes au verre, réalisent des édifices anisotropes optiquement homogènes. Chaque particule qui passe d'une plage dans une autre, c'est-à-dire quitte le domaine d'action d'un couple de pellicules pour entrer dans celui d'un couple voisin, doit subir des changements d'orientation assez rapides pour que la netteté des phénomènes optiques, *observés pendant le mouvement lui-même*, n'en soit pas troublée.

Édifices à structure hélicoïdale. — Pour l'étude des plages d'azoxyphénétol que nous venons de décrire, il est une précaution indispensable à prendre : *éviter tout glissement du couvre-objet après la fusion de la préparation*. Si cette condition est remplie, les deux pellicules *superposées* que chaque cristal solide, en fondant, laisse sur les lames de verre, exercent une action *concordante* qui suffit à assurer l'homogénéité optique du liquide dans toute l'étendue de la plage qu'elles comprennent.

Le caractère des plages n'est pas modifié quand on soulève le couvre-objet parallèlement à lui-même, ce qui ne change évidemment pas l'orientation relative des pellicules. Il n'en est plus de même lorsque, par suite des déplacements du couvre-objet, la concordance des pellicules se trouve détruite, soit qu'on fasse tourner, l'une par rapport à l'autre, deux pellicules issues d'un même cristal solide, soit qu'on amène l'une sur l'autre deux pellicules qui proviennent de cristaux différents.

Les nouvelles plages qu'on obtient alors, comprises entre deux pellicules discordantes, ne s'éteignent plus en général entre nicols croisés à 90°, quelle que soit la position de la platine. Elles se différencient par là nettement des plages primitives et des lames cristallines homogènes. L'étude optique de ces plages, en lumière parallèle et en lumière convergente, montre qu'elles sont équivalentes à des empilements hélicoïdaux de lamelles cristallines infiniment minces qui raccorderaient les directions homologues des pellicules. Si les pellicules ont tourné l'une par rapport à l'autre de l'angle α, l'angle de l'enroulement hélicoïdal de l'édifice est lui-même égal à α. L'angle α ne peut d'ailleurs dépasser 90°; si la rotation relative des pellicules est supérieure à 90°, l'enroulement de l'édifice se fait en sens inverse, les pellicules se raccordant toujours par le chemin le plus court.

On peut comme précédemment soulever ou abaisser le couvre-objet parallèlement à lui-même sans altérer les caractères optiques des plages. Les franges en lumière convergente gardent toute leur netteté, se déplaçant seulement par suite de la variation des retards optiques, due aux changements de l'épaisseur de la préparation. Malgré les mouvements provoqués par l'écoulement du liquide, les particules fluides réalisent à tout instant, dans chaque plage, un édifice hélicoïdal absolument régulier dont l'épaisseur change, mais dont l'angle total d'enroulement (angle des pellicules) reste invariable. Ces phénomènes sont bien les plus singuliers qu'on ait rencontrés jusqu'ici dans la physique des fluides.

FIGURES D'ÉQUILIBRE SPONTANÉ.

La simplification apportée dans la structure des liquides cristallisés de Lehmann, par les actions d'orientation des champs magnétiques, des lames de verre ou des lames cristallines nous a permis de réaliser des édifices d'une étude relativement aisée : cristaux homogènes, lames hélicoïdales. Mais ce ne sont là que des édifices très particuliers; les mêmes liquides peuvent en fournir un grand nombre d'autres qui *s'individualisent spontanément* au sein des masses en fusion, dont la variété et l'étrangeté sont vraiment déconcertantes.

Bâtonnets cristallins liquides. — Un premier type très fréquent nous est offert par les *bâtonnets cristallins* qu'on obtient avec l'azoxybenzoate d'éthyle, les éthers azoxycinnamiques, les dérivés aminocinnamiques de Vorländer, l'oléate d'ammoniaque, etc.

La substance, soit pure, soit mieux encore diluée par un solvant approprié (xylol pour l'azoxybenzoate d'éthyle, alcool pour l'oléate d'ammoniaque) est portée à une température où elle est liquide isotrope, puis abandonnée à *un refroidissement très lent*. A une température déterminée, on voit apparaître dans le liquide un grand nombre de petits éléments figurés qui débutent par des points presque imperceptibles au microscope, mais s'accroissent très vite sous forme de petits bâtonnets très biréfringents. A ce moment, la préparation a tout à fait l'allure d'une substance en voie de cristallisation, les petits bâtonnets représentant autant d'individus cristallins. Seulement, *ces bâtonnets sont liquides*. Dès que deux d'entre eux viennent au contact, ils diffluent l'un dans l'autre, à la façon de deux gouttes d'huile en suspension dans un mélange d'eau et d'alcool, et fournissent un bâtonnet unique d'un volume double. Si la température s'abaisse trop, tous ces bâtonnets s'accolent, leur substance se mélange plus ou moins.

leur structure s'altère considérablement (avec production fréquente des formations coniques qu'on étudiera plus loin). Pour les bien observer, il faut qu'il reste du liquide isotrope; ils représentent les figures d'équilibre des petites masses liquides biréfringentes librement flottantes.

D'après Lehmann et Vorländer, certains de ces petits bâtonnets se limitent par des faces planes, avec arêtes vives, et prennent des formes polyédriques de cristaux solides : prismes allongés, doubles pyramides quadratiques accolées par leurs bases (azoxycinnamate d'éthyle bromé). Placés sous le microscope polarisant, ils s'éteignent d'une façon tout à fait homogène, lorsque leur direction d'allongement est parallèle à l'un ou l'autre des nicols. On comprend l'intérêt considérable de ces observations : aux analogies optiques qui existent entre tous les cristaux liquides et les cristaux solides uniaxes, viennent s'ajouter ici des analogies de formes, très importantes, car elles ne sont, selon toute vraisemblance, qu'un reflet de l'analogie des structures internes. L'existence de faces planes et d'arêtes rectilignes donnerait tout lieu de penser, en effet, que *les particules de ces cristaux liquides doivent être distribuées suivant des alignements comparables à ceux qu'on observe dans les cristaux solides.* Malheureusement l'observation de ces petits bâtonnets polyédriques est très pénible, l'étude n'en a pu être faite jusqu'ici d'une façon suffisamment précise pour permettre des conclusions sûres.

Les bâtonnets polyédriques sont l'exception; *les bâtonnets les plus fréquents sont de révolution,* en forme de fuseaux ou de cigares. En général, ils portent un petit bourrelet équatorial assez singulier (disposé comme la bague autour d'un cigare), qui peut être continu ou formé d'un collier de grains séparés. Dans les très petits bâtonnets d'oléate d'ammoniaque le nombre des grains est toujours égal à quatre, ce qui a conduit Lehmann a rattacher ces formes au système quadratique, mais ce nombre cesse d'être constant dans les individus plus volumineux. Les extinctions de ces formes de révolution peuvent être encore homogènes (bâtonnets de plusieurs millimètres obtenus par Lehmann avec l'oléate d'ammoniaque); mais le cas est assez rare, en général, il se produit des perturbations locales du type des formations coniques.

Les bâtonnets ont parfois des aspects plus compliqués; *tout en restant de révolution,* ils prennent des profils bizarres, rappelant d'une façon plus ou moins approximative les objets les plus hétéroclites, toupies, amphores, balustres, quilles, etc.; on croirait l'œuvre fantaisiste d'un tourneur qui se serait laissé aller aux caprices de son imagination. Tous ces petits corps sont d'ailleurs *liquides biréfringents*: leur structure est naturellement assez éloignée de celle des cristaux homogènes.

Cônes liquides anisotropes. — Les mêmes substances qui fournissent les bâtonnets donnent naissance à un autre type d'édifices également commun, les *cônes liquides anisotropes* dont l'étude a été faite d'une façon très minutieuse par Friedel et Grandjean (¹) et par Lehmann (²). Ces figures se forment spontanément au milieu des masses liquides biréfringentes, très souvent à l'intérieur des bâtonnets non homogènes. On les observe le plus aisément avec l'azoxybenzoate d'éthyle ou l'oléate d'ammoniaque.

Leur forme la plus simple est celle d'un double cône engendré par la rotation d'un losange autour d'une de ses diagonales. La substance qui remplit ce double cône est *liquide, biréfringente, uniaxe*: ce qui est plus particulièrement intéressant, c'est la loi curieuse à laquelle obéit son orientation optique. L'axe optique des divers éléments s'aligne suivant les droites qui coupent à la fois la circonférence de base et l'axe de révolution du double cône; il en résulte des sortes de fibres cristallines réparties sur des surfaces coniques de révolution, emboîtées les unes dans les autres, s'appuyant toutes sur une même circonférence. Cette disposition des fibres est très visible en lumière polarisée; Lehmann en a fourni de belles photographies. En lumière naturelle, l'axe du double cône, la circonférence où s'entrecroisent toutes les fibres, apparaissent très nettement, en raison des discontinuités optiques dont elles sont le siège.

Très souvent, la figure, au lieu de cônes circulaires droits, est formée de deux cônes circulaires obliques, symétriques l'un de l'autre par rapport à leur base commune qui est maintenant une ellipse. La structure interne est la même que précédemment : la matière se comporte comme si elle était formée de fibres rectilignes réparties sur des surfaces coniques de révolution emboîtées les unes dans les autres, *s'appuyant toutes sur la même ellipse de base*. Les sommets de ces cônes,

---

(¹) FRIEDEL et GRANDJEAN, *Observations géométriques sur les liquides à coniques focales* (*Bull. Soc. Min.*, t. XXXIII, 1910).

(²) LEHMANN. *Konische Strukturstorungen bei flüssige Pseudokristallen* (*Verh. der deut. Phys. Gesell.*, t. XIII, p. 338); *Ueber Molekularstrucktur und Optik grosser flüssiger Kristalle* (*Ann. der Phys.*, 4ᵉ série, t. XXXV, 1911, p. 193).

d'après un théorème connu, sont répartis sur une branche d'hyperbole (focale de l'ellipse) ayant son sommet à l'un des foyers de l'ellipse, et située dans un plan perpendiculaire au plan de l'ellipse. (La seconde branche de l'hyperbole ne joue aucun rôle ici.) L'ellipse et l'hyperbole (groupe focal), suivant lesquelles s'entrecroisent tous les axes optiques, apparaissent en lumière naturelle sous forme de petites lignes noires très fines, accentuées surtout au voisinage du sommet des courbes. Les préparations sont quelquefois remplies de ces groupes focaux, de dimensions très diverses, distribués suivant des lois régulières dans le détail desquelles nous ne pouvons entrer ici.

Gouttes sphériques biréfringentes. — L'azoxyanisol, l'azoxyphénétol, l'anilsalazine, l'acide méthoxycinnamique, à l'état liquide cristallin ne donnent ni bâtonnets, ni figures coniques. Les petites masses de ces substances flottant librement dans un liquide amorphe (phase isotrope du corps pur, ou solution dans une liqueur appropriée) y forment des gouttes absolument sphériques, tout à fait comme le font les liquides ordinaires en suspension. Ces gouttes sont *fortement biréfringentes*, très souvent dichroïques. Leur structure, malgré les recherches nombreuses de Lehmann, n'a pu être encore définie d'une façon précise. Leur orientation optique est de révolution autour d'un diamètre singulier. La goutte présente des aspects tout différents suivant qu'on la regarde dans la direction de ce diamètre ou dans une direction perpendiculaire.

Les gouttes d'azoxyanisol ou d'azoxyphénétol donnent lieu à un phénomène curieux lorsqu'on utilise la colophane comme solvant : la préparation est placée sur une platine chauffante; on refroidit sa face supérieure par un courant d'air; un flux de chaleur se propage du bas vers le haut, accompagné de courants de convection du liquide; sous leur action, toutes les gouttes biréfringentes se mettent à tourner autour de leur diamètre vertical, la rotation ayant lieu pour toutes les gouttes dans le même sens, inverse de celui du mouvement des aiguillles d'une montre.

On limitera là la description des édifices liquides anisotropes, laissant de côté tout un groupe de formes aberrantes, figures myéliniques, cristaux en apparence vivants, à l'étude desquelles Lehmann s'est adonné depuis plusieurs années, étude fort intéressante, mais qui nous entraînerait un peu loin du cadre choisi pour cette conférence.

CONCLUSIONS.

1. L'ensemble des faits exposés établit d'une façon incontestable l'existence de *liquides purs doués d'une biréfringence spontanée comparable à celle des corps cristallisés*. Une masse d'un de ces liquides, dont l'orientation est rendue uniforme par des actions convenables, est optiquement équivalente à un cristal uniaxe très biréfringent. Il paraît bien difficile d'expliquer cette analogie autrement que par cette hypothèse : le cristal liquide, comme le cristal solide, est formé de particules anisotropes toutes parallèles entre elles. Cette conception d'un liquide à molécules parallèles, dont l'orientation reste invariable malgré l'agitation thermique, et dans certains cas, malgré les mouvements provoqués par l'écoulement du fluide, n'est pas sans choquer quelque peu notre façon habituelle de penser; mais il faut bien l'admettre, car elle paraît être seule adéquate aux faits.

2. *Tous les cristaux liquides connus sont uniaxes;* faut-il en conclure qu'ils ont tous une structure analogue à celle des cristaux solides hexagonaux, quadratiques ou rhomboédriques? L'hypothèse en soi n'a rien d'absurde; mais elle est loin de s'imposer. On peut en effet donner de cette uniaxie universelle une autre explication simple, peut-être plus satisfaisante. Pour préciser le langage, nous assimilerons les particules cristallines liquides à des ellipsoïdes à trois axes inégaux. Nous supposerons ces ellipsoïdes fortement anisotropes, exerçant les uns sur les autres des actions d'orientation énergiques qui amènent leurs grands axes à être tous parallèles entre eux, l'axe moyen et le petit axe se distribuant d'une façon quelconque dans les plans perpendiculaires. L'agitation thermique, dans cette hypothèse, peut donner lieu à des déplacements irréguliers des centres de gravité des particules, accompagnés de rotations désordonnées autour des grands axes des ellipsoïdes, mais laisse la direction de ces grands axes invariable. Par un effet de moyenne, facile à concevoir, la différence entre l'axe moyen et le petit axe se trouve compensée; le milieu se comportera comme si sa structure était de révolution autour de la direction commune aux grands axes des ellipsoïdes. Il sera optiquement uniaxe et admettra son axe optique comme axe de symétrie d'ordre infini : toutes les droites tracées dans un plan normal à l'axe sont

équivalentes entre elles, contrairement à ce qui a lieu dans les cristaux solides où l'axe optique est seulement un axe de symétrie d'ordre 3, 4 ou 6. Un tel milieu *à éléments partiellement parallèles* serait intermédiaire entre les milieux isotropes où règne le désordre le plus absolu et les milieux cristallisés où le parallélisme des éléments est complet. C'est en quelque sorte un milieu *semi-isotrope* Il est probable que bon nombre de cristaux liquides ont une telle structure, et admettent un axe de symétrie d'ordre infini, ce qui expliquerait très bien et leur uniaxie et la production de ces nombreuses figures de révolution : bâtonnets cristallins, pseudo-cristaux, formations coniques, gouttes cristallines que nous avons succinctement décrites.

3. On a vu qu'il existait des cristaux liquides à *formes polyédriques.* Ceux-ci bien évidemment ne sauraient admettre d'axe de symétrie d'ordre infini; ils ne sont donc pas *semi-isotropes.* Il est probable qu'ils ont une structure réticulaire analogue à celle des cristaux solides; mais le fait est loin d'être établi en toute certitude. Peut-être la question pourra-t-elle être résolue par le moyen d'investigation très précieux que fournissent les méthodes d'interférences des rayons X dues à Laue. Quelques expériences ont déjà été tentées dans ce sens, sans succès; il serait prématuré d'en tirer une conclusion définitive.

LES RADIO-ÉLÉMENTS

ET

LEUR CLASSIFICATION,

PAR Mme CURIE.

Dans les exposés généraux ayant pour objet la Radioactivité, l'intérêt est le plus souvent attiré par les manifestations d'ordre physique auxquelles donnent lieu les corps radioactifs. Certes, il est impossible de perdre de vue le fait que les phénomènes radioactifs ont conduit à la découverte d'éléments nouveaux, en particulier du radium dont l'individualité chimique ne saurait plus être contestée. On ne peut pas non plus éviter d'être frappé par le fait fondamental de la production d'hélium par les corps radioactifs, production qui nous offre pour la première fois l'exemple d'une transformation d'atome. Mais cette découverte, admise sans réserve par tous les savants qui s'occupent de radioactivité, n'a pas encore acquis les droits d'une certitude absolue chez tous les physiciens et surtout chez tous les chimistes. De plus, même à ceux qui lui font crédit, elle apparaîtrait plutôt comme un fait isolé, tandis que l'ensemble des transformations radioactives conserve encore pour eux un caractère en quelque sorte irréel, procédant de l'interprétation ou de la spéculation ingénieuse, plutôt que d'une déduction fondée sur une base expérimentale solide.

Ainsi, alors que la connaissance des rayons du radium commence à être assez répandue et que leurs propriétés biologiques, par exemple, ont été si bien établies que, par suite de la demande des hôpitaux, une véritable crise se produit actuellement dans l'industrie du radium, l'importance profonde et fondamentale des phénomènes radioactifs en Chimie n'a pas encore été reconnue avec l'ampleur qu'elle comporte, ne s'est pas encore imposée aux esprits avec toute l'évidence dont elle porte cependant les caractères.

La raison en est facile à voir. Ce n'est pas la hardiesse qui aurait manqué, je crois, pour accepter les résultats nouveaux. D'ailleurs, les rêves de transformation d'atomes ont, à diverses époques, hanté de nombreux physiciens ou chimistes. Il faut plutôt convenir que la difficulté est dans le caractère déconcertant de la nouvelle chimie des corps radioactifs, cette chimie de l'Invisible qui semble tenir de la fantasmagorie, et où cependant aucun pas n'a été fait sans contrôle rigoureux et renouvelable à volonté.

La connexion entre la Physique et la Chimie est fort étroite, malgré la spécialisation de ces deux sciences, surtout de la dernière. La plupart des progrès importants en Chimie ont été réalisés grâce à des idées ou découvertes du domaine de la Physique. Il suffit de rappeler le rôle des hypothèses moléculaire et atomique, de la loi d'Avogadro, de l'analyse spectrale, des lois de symétrie. De même, c'est souvent au physicien qu'incombe la tâche d'élaborer la technique qui sera utilisée par le chimiste. La balance et le spectroscope ont ainsi été mis successivement au service des laboratoires de chimie. La technique de séparation des gaz de l'atmosphère se compose d'expériences de physique délicates. Les mesures optiques sont entrées en usage, et il commence à en être de même pour les mesures de magnétisme.

Il ne semble pas douteux que nous assistions, dans le cas de la radioactivité, à un exemple analogue. La découverte de cette nouvelle propriété de la matière, consistant en l'émission spontanée de radiations particulières, a permis de créer une technique d'investigation des atomes auxquels la propriété est essentiellement liée. Cette nouvelle technique utilise des appareils jusque-là réservés au physicien; l'électromètre y remplace le plus souvent la balance. Mais comme les résultats obtenus sont de la plus haute portée au point de vue de la Chimie pure, il faut bien que celle-ci accueille les nouvelles idées directrices et qu'elle accorde aux nouvelles méthodes expérimentales la même confiance qu'à celles dont elle disposait jusqu'ici.

L'hypothèse d'après laquelle *la Radioactivité est une propriété atomique de la matière* (¹) a permis d'établir une méthode de recherche d'éléments nouveaux basée sur cette propriété. Les premiers corps ainsi découverts par P. Curie et moi furent le polonium et le radium; mais, dans la suite, de nombreux travaux conduisirent à envisager l'existence d'une trentaine d'éléments radioactifs et à établir de

(¹) Mme Curie, *Comptes rendus*, 1898; *Revue générale des Sciences*, janvier 1899.

plus que ces éléments ne sont pas stables, mais éprouvent au cours du temps une destruction spontanée [1]. Le nombre grandissant de ces substances éphémères n'a pas été d'abord sans inspirer quelque inquiétude au sujet de leur nature. Mais les résultats continuant à se préciser de la manière la plus cohérente, l'inquiétude a fait place à une sécurité croissante. Les quantités d'éléments radioactifs qui entrent en jeu sont toujours très petites, sauf dans le cas de l'uranium et du thorium. Le radium, qui a pu être isolé à l'état de sel pur, fait l'objet d'une fabrication industrielle ; il est couramment manié par quantités qui n'atteignent généralement pas 1g. Les autres corps radioactifs sont généralement présents en quantités beaucoup plus faibles encore, de l'ordre, dans bien des cas, d'une très petite fraction de milligramme (au-dessous du millionième, par exemple). Cependant, grâce au perfectionnement et à l'application systématique de méthodes de recherches convenables [2], nous pensons connaître les caractères chimiques principaux des éléments radioactifs, et il a été récemment possible de procéder à leur introduction dans le tableau de la classification périodique des éléments, dans lequel le radium avait, d'ailleurs, le premier facilement trouvé place, à la suite du travail qui a fixé son individualité chimique [3].

Il semble donc utile actuellement de faire une synthèse résumant nos connaissances sur la nature des atomes radioactifs. Tel est l'objet de cette conférence. Je me propose, en même temps, de montrer comment l'étude des corps radioactifs, jointe à d'autres recherches récentes, a permis d'acquérir quelques notions sur la structure des atomes, structure qui nous était totalement inconnue jusqu'à ces derniers temps.

Dans cet exposé, je supposerai connue, dans la plupart des points, la théorie des transformations radioactives et la nature des rayons émis par les corps radioactifs, ces deux sujets ayant été traités dans les *Conférences de la Société de Physique* de 1913 [4].

* * *

Le nombre des éléments connus avant la découverte de la Radioactivité est d'environ 80. Tous ces éléments peuvent, comme on sait,

(1) *Voir* DEBIERNE, *Conférences de la Société de Physique*, 1913.

(2) *Voir* Mme CURIE, *Les mesures en Radioactivité* (*Journal de Physique*, 1912).

(3) Mme CURIE, *Thèse de Doctorat*, Paris, 1903.

(4) Mme CURIE, A. DEBIERNE.

être disposés par ordre de poids atomique croissant (Tableau I) (1), en plusieurs rangées superposées formant le Tableau de Classification dite *périodique* de Mendeleeff. Dans chacune des huit colonnes du Tableau, numérotées de 0 à VII, se trouvent réunis des éléments de même valence et de nature chimique analogue. La classification est loin d'offrir une harmonie parfaite, cependant elle réussit à mettre en évidence la parenté chimique des éléments et à prouver que celle-ci est déterminée par certaines lois générales encore inconnues. Les analogies deviennent plus visibles quand on fait alterner les termes d'une même colonne à partir du troisième rang, en les plaçant alternativement à droite et à gauche de manière à réaliser une bifurcation. Le déplacement d'une place dans l'ordre des poids atomiques croissants correspond, en général, au passage dans la colonne voisine, accompagné d'un changement de valence et de propriétés chimiques. Cependant les éléments dits « terres rares » jouent un rôle exceptionnel : ils ont des propriétés chimiques voisines, bien qu'ils se suivent, dans l'ordre des poids atomiques, dans l'intervalle compris entre le baryum et le tantale; aussi les sépare-t-on généralement de l'ensemble du Tableau. La colonne VIII a été formée avec des éléments dont la disposition est particulière; ils sont rangés par groupe de trois, chaque groupe jouant en quelque sorte le rôle d'un élément unique, comme le groupe des terres rares.

De nombreuses places vides existaient encore dans le Tableau; en particulier les deux dernières rangées étaient très incomplètes. La dernière de toutes ne comprenait que l'uranium et le thorium, corps possédant les poids atomiques les plus élevés (238,5 et 232,4). De tous les éléments de l'ancien Tableau, ces deux éléments seuls ont été reconnus radioactifs. Leur rayonnement peu intense a pu longtemps échapper à l'observation, et c'est seulement après la découverte des rayons Röntgen que la recherche d'un phénomène analogue dans les corps phosphorescents conduisit Henri Becquerel à la découverte des rayons uraniques (2). Deux ans après, la même propriété fut mise en évidence pour le thorium (3).

Parmi les places qui restaient vides dans le Tableau, plusieurs conviennent à des éléments radioactifs. En particulier, j'ai pu prouver par l'ensemble de mes travaux sur le radium que cet élément vient

(1) *Voir* les Tableaux à la fin de l'article, p. 123, 124 et 125.
(2) H. BECQUEREL, *Comptes rendus*, 1896.
(3) Mme CURIE, *Comptes rendus*, 1898.

tout naturellement occuper la place libre de la dernière rangée, dans la colonne des métaux alcalino-terreux, comme homologue supérieur du baryum. Nous verrons que des conclusions extrêmement probables peuvent être obtenues relativement à d'autres corps radioactifs, bien que la démonstration n'ait pu être aussi absolue que dans le cas du radium. Non seulement le Tableau se trouve ainsi complété, mais, de plus, la connaissance du mécanisme des transformations radioactives nous apparaît comme le premier fil conducteur, pour arriver à pénétrer le sens profond de la Classification des éléments.

Avant de m'occuper des relations qui existent entre le Tableau des éléments et les éléments radioactifs nouveaux, j'envisagerai le classement possible de ces derniers. Un tel classement peut être entrepris de différentes manières.

1° On peut, en premier lieu, accorder l'attention à la valeur de la *vie moyenne* des corps radioactifs. On sait qu'aucun de ces corps n'est stable, mais que chacun se détruit spontanément, suivant la loi exponentielle bien connue. Bien que les différents atomes d'une substance radioactive simple puissent exister pendant des temps, très variables de l'un à l'autre, il existe néanmoins pour chacune de ces substances une constante de temps fondamentale et parfaitement définie qui est la vie moyenne θ d'un grand nombre d'atomes de cette espèce. Au lieu de la vie moyenne θ, on utilise souvent une autre constante T qui lui est proportionnelle : c'est le temps nécessaire pour qu'une quantité quelconque de la substance considérée diminue de la moitié de sa valeur. Ce temps se nomme *période*. La vie moyenne et la période peuvent prendre des valeurs extrêmement différentes comme ordre de grandeur. La plus courte des périodes mesurées est 0,002 seconde (actinium A). Les périodes les plus longues dont la connaissance approximative résulte de données indirectes, mais méritant confiance, sont celles de l'uranium et du thorium (de l'ordre de 10^9 et 10^{10} ans).

Il est bien évident que la période d'une substance joue au point de vue pratique un rôle très important, et même à certains points de vue décisif. C'est elle qui détermine pour nous la possibilité de séparer une substance radioactive à l'état pur en quantité suffisante pour l'observation du spectre et la détermination du poids atomique. Une substance telle que l'uranium est pratiquement invariable et forme la majeure partie de certains minéraux. Mais les substances qui dérivent de l'uranium par transformation radioactive ont des périodes plus courtes et, conformément à la théorie, se trouvent présentes dans le même minerai en proportion pratiquement constante, proportionnelle à la période, la destruction spontanée étant compensée par la production continue à partir de la substance mère. Pour la plupart des corps, la réduction est considérable, de sorte que les corps radioactifs nouveaux ne sont présents dans les minerais d'urane et de thorium qu'en proportion minime. De plus, quand la substance recherchée est séparée de la substance mère, la destruction n'est plus compensée par la production et la quantité diminue d'autant plus vite que la période est plus courte. Pour ces deux raisons, quand la période descend au-dessous d'une certaine valeur, les difficultés de l'extraction et de la purification de la substance deviennent insurmontables. Ces difficultés varient, d'ailleurs, évidemment avec les propriétés chimiques de la substance.

A de nombreux points de vue, l'importance prépondérante sera donc réservée aux corps radioactifs de longue période. Tels sont l'uranium, le thorium, le radium, l'ionium, l'actinium et, dans une moindre mesure, le radium D, le mésothorium, le radiothorium, le polonium. Mais, d'autre part, la grandeur de la période n'apparaît pas jusqu'à présent comme liée à la nature chimique de l'élément et ne semble pas intervenir dans les analogies chimiques; elle ne peut, actuellement au moins, être utilisée pour les expliquer.

2° Si l'on considère l'état physique des corps radioactifs, l'expérience montre qu'il en existe de solides et de gazeux. Il n'est pas possible d'affirmer qu'il n'y en a pas de liquides, mais comme il n'y a non plus aucune raison pour le supposer, cette considération peut être laissée de côté.

Les trois gaz radioactifs connus ont reçu le nom d'*émanations* radioactives. Ils sont produits par le radium, le thorium et l'actinium. Grâce à leur état, il est possible de les séparer de ces corps par simple aspiration du gaz qui les entoure. Cette circonstance a grandement facilité leur étude, bien que leurs périodes ne soient pas longues. Les émanations sont considérées comme des gaz inertes, car il n'a pas été possible de les faire entrer en combinaison chimique. Elles se condensent à basse température, par exemple à la température de l'air liquide, et ce phénomène de condensation a pu être utilisé pour la purification. Celle-ci a été réalisée pour l'émanation du radium dont la période est de 3,85 jours, tandis que les périodes des deux autres émanations sont de 53 secondes et 3,9 secondes seulement. Après le radium, l'émanation du radium est le corps pour lequel les résultats les plus définis ont été obtenus; on a pu faire l'étude complète du spectre, la mesure assez précise du volume de gaz en équilibre avec

1 g de radium (volume d'un *curie*), la détermination approchée des constantes critiques et de la température d'ébullition, la détermination du poids atomique par une méthode indirecte et même par voie de pesée directe (Rutherford, Debierne, Ramsay) [1].

L'apparition de gaz radioactifs dans la série des transformations du radium, du thorium et de l'actinium marque une sorte de coupure de grande importance pratique. Ces gaz pouvant être facilement extraits des substances mères, les produits solides de leur destruction spontanée peuvent être recueillis à volonté sur des parois solides qui se trouvent en contact avec eux, exactement comme cela arriverait pour des poussières ou des gouttelettes ténues, en suspension dans un gaz. L'ensemble des produits de transformation d'une émanation constitue ce qu'on nomme son *dépôt actif;* celui-ci est composé de plusieurs substances distinctes.

3° Un mode de classement, particulièrement intéressant au point de vue de la théorie des transformations radioactives, consiste à grouper les éléments radioactifs en familles, par ordre de filiation. Ces familles sont au nombre de trois, les trois têtes de série étant l'uranium, le thorium et l'actinium. Il est cependant probable que le raccord de la famille de l'actinium avec celle de l'uranium ne manquera pas d'être réalisé, de même qu'il a déjà été établi que la famille du radium dérive de l'uranium. Les trois familles ont été représentées dans le Tableau II. Pour chaque corps, on a indiqué la valeur de la période ainsi que le mode de rayonnement α, β et γ. Quand la période n'est connue qu'indirectement, le nombre est accompagné d'un point d'interrogation. Quand la transformation est multiple, ainsi que cela a lieu dans quelques cas, l'indication du rayonnement caractéristique est donnée séparément pour chaque branche.

L'examen du Tableau fait ressortir l'analogie profonde qui existe dans la succession des transformations pour les trois familles. Cette analogie qui a clairement apparu dans l'existence de trois émanations, mais qui ensuite a été souvent troublée au cours des recherches par des découvertes de corps ou rayons nouveaux, a pu, chaque fois, être rétablie par un examen plus approfondi, et paraît réellement fondamentale. A partir du terme gazeux, on voit le même mode d'évolution à quatre termes se répéter trois fois, les termes qui se correspondent étant caractérisés par des rayons de même espèce, bien que les périodes soient différentes.

---

(1) DEBIERNE, *Conférences de la Société de Physique*, 1913.

Cette analogie de rayonnement répond à une analogie dans la transformation de l'atome. Une émission de rayons α consiste en l'expulsion violente d'un atome d'hélium, accompagnée du recul de l'atome restant, lequel, en ce cas, acquiert une énergie cinétique suffisante pour pouvoir être recueilli à une certaine distance de la source, si la projection a lieu dans le vide (rayons a); la masse atomique de cet atome résultant est inférieure d'environ quatre unités à celle de l'atome qui a subi la transformation (He = 3,99).

L'émission de rayons β consiste en une expulsion d'électrons. La perte d'un électron n'entraîne pas pour l'atome un changement de masse appréciable. Cependant les propriétés de celui-ci se trouvent profondément modifiées. Il s'agit donc de l'émission d'un électron *essentiel* et non d'une émission d'électrons *périphériques*, comme dans le cas où l'atome est simplement ionisé. Je reviendrai encore sur ce point dans la suite.

Dans une transformation à rayons β la substance mère et l'élément dérivé peuvent être considérés comme offrant une *isomérie atomique* spéciale, analogue à une isomérie moléculaire.

L'expérience a montré que *les termes qui se correspondent par leur rayonnement ont aussi entre eux*, comme les émanations, *une analogie chimique* et doivent être considérés comme faisant partie d'un même groupe chimique.

Entre les termes qui précèdent les émanations, les mêmes analogies se manifestent, mais on manque encore de données pour établir toutes les correspondances. Aux deux termes RaC, ThC, une bifurcation se produit, la transformation ayant lieu pour ces corps de deux manières différentes. Il en est probablement de même pour l'actinium C, et il est possible que la correspondance se retrouve au delà de ces bifurcations.

* * *

Examinons maintenant quelle est la source de nos renseignements sur la nature chimique des éléments radioactifs, et comment on a pu établir qu'à une position analogue dans la série des transformations radioactives correspond une analogie de propriétés chimiques.

Si l'on met à part l'uranium et le thorium dont l'étude chimique est antérieure à la découverte de la Radioactivité, on peut dire qu'en règle générale les éléments radioactifs ne peuvent être étudiés sans le secours des méthodes spéciales à cette science.

Une substance radioactive, présente en quantité trop faible pour être séparée et pesée, peut néanmoins posséder un rayonnement suffisamment intense pour être mesuré avec précision par la méthode électrométrique bien connue. Pour identifier une substance radioactive, on se base sur l'analyse de son rayonnement (rayons α simples ou complexes de divers parcours, rayons β et γ de diverses vitesses ou pouvoirs pénétrants), et sur la loi d'évolution de l'activité avec le temps. Ces deux modes de recherche convenablement appliqués conduisent à des résultats d'une sécurité et d'une régularité absolues; ils permettent de décider si la substance est simple ou complexe. Dans le cas d'une substance simple, le rayonnement est proportionnel à la quantité et peut servir à la mesurer; il en est encore de même pour certaines substances complexes si les conditions de mesures ont été convenablement choisies. On a ainsi le moyen de suivre une trace infinitésimale de matière radioactive noyée au sein d'autre matière, et cela est tellement vrai que certaines opérations sont plus faciles avec les corps radioactifs qu'avec les corps inactifs. Ainsi, il est beaucoup plus aisé de suivre les progrès de la diffusion d'un gaz radioactif le long d'un tube étroit que d'en faire autant pour un gaz ordinaire.

La sensibilité des méthodes de mesures utilisées en radioactivité est très grande. Elle permet de doser des quantités de radium de l'ordre, par exemple, de 10^{-10} g, ou des quantités d'émanation de l'ordre de 10^{-10} mm^3. Pour les corps à vie moyenne très brève, la sensibilité est encore considérablement plus grande. On peut calculer qu'une quantité de radium C de l'ordre de 10^{-16} g (soit environ 2 millions d'atomes de cette substance) produit dans un appareil de mesures un courant assez intense (de l'ordre de 10^{-11} ampère), comparable à celui que l'on obtient avec un disque étalon à oxyde d'urane de dimensions ordinaires (quelques centimètres de diamètre).

Il s'agit maintenant de savoir ce que l'on doit penser des propriétés chimiques des corps radioactifs. Quand, ayant fait l'hypothèse de l'existence d'éléments radioactifs nouveaux dans les minéraux d'urane, j'ai résolu de chercher à extraire ces corps par les procédés de l'analyse chimique, en m'aidant de la mesure du rayonnement, faute d'autre indication, j'ai supposé implicitement que les propriétés chimiques des éléments hypothétiques étaient bien existantes et je ne pensais pas que ces propriétés aient pu faire défaut, soit parce qu'il s'agissait d'éléments radioactifs, soit parce que ces éléments ne pouvaient être présents en quantité quelque peu notable. C'est en partant de cette conviction qu'a été établie la méthode de recherches qui nous a conduits, P. Curie et moi, à la découverte du radium et du polonium, et qui, généralisée et développée depuis, a permis de découvrir les autres radio-éléments. Au cours du travail, un corps radioactif, le radium, se séparait avec le baryum de tous les autres éléments présents en grand nombre, mais ne se séparait du baryum que par des cristallisations ou précipitations fractionnées. Nous en avons conclu, P. Curie et moi, que le radium avait une parenté étroite avec le baryum et cette opinion a été absolument vérifiée par mes travaux sur l'isolement de sels de radium purs et la détermination du poids atomique, ainsi que par les propriétés du radium métallique que j'ai isolé plus tard en collaboration avec M. Debierne. On a, de plus, trouvé que le spectre du radium est du même type que celui des métaux alcalino-terreux et que les sels de radium et de baryum sont isomorphes. Il était donc bien établi *que l'on avait pu juger de la nature chimique d'un élément présent en proportion infinitésimale, d'après la manière dont cet élément se comportait en présence simultanée d'autres éléments variés.*

On peut cependant affirmer que la quantité de radium qui se trouve dans les solutions de minerai d'urane est trop faible pour que ce corps considéré isolément puisse précipiter à l'état de sel insoluble. On ne peut guère envisager la possibilité de solubilités aussi faibles. Les réactions du radium se trouvent, dans le cas considéré, déterminées par la présence, en quantité suffisante, de l'élément baryum, de sorte qu'il y a *entraînement* de radium par le baryum. Il convient dès lors de se poser la question si une autre substance ne pourrait jouer le même rôle et induire l'expérimentateur en erreur. Cela est certainement possible, et l'on en connaît des exemples tels que l'entraînement de fer avee le sulfate de baryum ou l'entraînement de diverses matières par le charbon. Ces phénomènes désignés sous le nom d'*adsorption* existent sans nul doute, et l'on doit en tenir compte, mais on peut, en général, les distinguer de l'entraînement par réelle analogie chimique, effet observé sur des substances susceptibles de cristalliser ensemble en toute proportion, cette faculté pouvant aller jusqu'à l'isomorphisme complet.

L'adsorption est un effet de surface que l'on peut empêcher en adjoignant, à la substance présente à l'état de trace, une quantité suffisante de substance ayant avec elle une parenté chimique étroite, sur laquelle portera désormais l'entraînement. C'est ainsi que l'adsorption de l'uranium X par le charbon est empêchée par l'addition de thorium dont l'uranium X partage les propriétés chimiques. En effectuant des essais variés, on peut donc se rendre compte des caractères chimiques des substances radioactives, par le seul usage de réactions chimiques ([1]). La tâche est d'autant plus aisée que les propriétés de l'élément considéré sont plus franches; elles n'ont pas prêté à équivoque dans le cas du radium. Dans d'autres cas les difficultés ont été plus grandes et il a fallu plus d'expériences pour se faire une opinion (polonium, actinium). Les expériences qui méritent particulièrement confiance sont, dans tous les cas, celles qui comportent la cristallisation en commun des substances dont on compare les propriétés.

Bien que la méthode de réactions chimiques et de cristallisation puisse nous renseigner sur les propriétés chimiques des radio-éléments, il est néanmoins fort heureux que les conclusions de cette méthode aient pu être confirmées récemment par une voie différente, empruntée à l'Électrochimie.

On sait depuis assez longtemps que les éléments radioactifs peuvent, comme les éléments ordinaires, subir l'électrolyse ainsi qu'être déplacés de leurs solutions par des métaux convenablement choisis (Marckwald, v. Lerch). Ces éléments, sauf les émanations, se comportent au point de vue électrochimique comme des métaux, et l'on a pu se rendre compte qu'ils affectent un caractère électrochimique défini. En particulier, les dépôts actifs des émanations radioactives peuvent être dissous dans les acides concentrés ou dilués, et dans ces solutions, on peut précipiter leurs constituants, d'une manière plus ou moins complète, sur des lames de métaux convenablement choisis, plongées dans la solution.

Des recherches récentes ont permis de préciser le caractère électrochimique des corps radioactifs et de fixer leurs places dans la série de Volta ([2]). L'expérience était faite en comparant les quantités de deux substances radioactives qui se déposent d'une solution commune sur une électrode ayant, par rapport à cette solution, un potentiel déterminé; on utilisait généralement une électrode de métal plongeant dans la solution d'un de ses sels. Les résultats obtenus ont permis de classer les éléments radioactifs conformément à leur caractère électrochimique, et ont prouvé que les termes correspondants

---

([1]) *Voir* Mme CURIE, *Traité de Radioactivité*, 1910. — E. SODDY, *Chimie des radio-éléments*.

([2]) HEVESY, *Le Radium*, 1913.

des familles radioactives se comportent à ce point de vue de la même manière. La série comprend des termes fortement oxydables, comme le radium, des termes très facilement réduits, comme le polonium, et des termes intermédiaires.

D'autres résultats intéressants ont été obtenus relativement à la *valence* des radio-éléments [1]. Celle-ci peut, comme on sait, être déduite de la formule de Nernst quand on connaît le coefficient de diffusion d'un électrolyte et les mobilités des deux ions qui le constituent. Quand la substance étudiée est mélangée en très petite proportion à un électrolyte de même anion, la valence du cathion présent à l'état de traces se détermine plus simplement par la connaissance du rapport de son coefficient de diffusion D à sa mobilité K, la diffusion ayant lieu, en ce cas, de la même manière que pour un gaz, suivant la relation

$$\frac{D}{K} = \frac{RT}{nF},$$

où n est la valeur cherchée, F = 96 500 coulombs est la valeur du Faraday, R est la constante des gaz parfaits par molécule-gramme, et T la température absolue. Les substances radioactives se comportent, en général, d'une manière normale comme des électrolytes, en ce qui concerne la diffusion et le transport dans un champ électrique, bien que, dans certains cas, on ait aussi observé la tendance à la formation d'agrégats colloïdaux. Le coefficient de diffusion et la mobilité peuvent être déterminés facilement par des méthodes appropriées, dans lesquelles l'évaluation de la concentration de la matière et de son déplacement se font dans de bonnes conditions au moyen de mesures de radioactivité. On constate d'ailleurs que les coefficients de mobilité des ions radioactifs sont peu différents entre eux et restent compris entre les mêmes limites que ceux des ions métaux non actifs. Il en résulte que la valeur du coefficient de diffusion seule permet, en général, de déterminer la valence. On trouve que *les termes correspondants des familles de radio-éléments sont caractérisés par la même valence.* De plus, *cette valence est précisément la même que celle que l'on avait pu prévoir d'après l'étude des propriétés chimiques.*

Ainsi l'ensemble des données fournies par l'application des méthodes électrochimiques à l'étude des radio-éléments confirme d'une manière remarquable la conviction que ces éléments possèdent une individua-

---

(1) HEVESY, *Phys. Zeit.*, 1913.

lité chimique bien définie et ne se distinguent pas, à ce point de vue, des éléments ordinaires. De plus, l'analogie entre les termes correspondants des familles radioactives apparaît encore plus frappante, puisqu'il est prouvé qu'elle comprend leurs propriétés chimiques et électrochimiques aussi bien que leur rayonnement. On peut en conclure que toute classification rationnelle des radio-éléments ne peut manquer d'être basée sur une analogie aussi profonde.

*
* *

On conçoit que l'accumulation de données expérimentales cohérentes relatives à la nature des radio-éléments, ainsi que la manifestation de plus en plus évidente de régularités remarquables, aient fait naître le besoin de réaliser une synthèse permettant de classer ces éléments et de les rattacher à ceux précédemment connus. Cet effort a été fait indépendamment de plusieurs côtés, notamment par M. F. Soddy et par M. Fajans, et a conduit au même résultat. *Il a été prouvé que les propriétés des radio-éléments permettent de les ranger dans le Tableau de la Classification des éléments d'une manière cohérente et logique* (1).

Cette belle généralisation a pu être réalisée grâce à un examen attentif qui a conduit à établir quelques propositions importantes que voici :

1° *Quand une transformation radioactive a lieu avec émission de rayons α, l'élément qui en résulte, et dont le poids atomique est de quatre unités inférieur à celui de la substance mère, est déplacé, par rapport à celle-ci, de deux colonnes, dans le sens des poids atomiques décroissants*, une colonne étant toujours sautée.

2° *Quand une transformation radioactive a lieu sans émission de rayons α, l'élément qui en résulte a le même poids atomique que la substance mère; il est déplacé, par rapport à celle-ci, d'une seule colonne dans le sens des poids atomiques croissants.*

Cette règle s'applique aux transformations qui comportent l'émission de rayons β ou γ et à celles dites « sans rayons », lesquelles d'ailleurs sont probablement accompagnées d'une faible émission de rayons β.

On a aussi fait observer que, dans une transformation à rayons α, l'élément produit est, en règle générale, plus électropositif que la

(1) *Voir* les Tableaux p. 123, 124 et 125.

substance mère, tandis que l'inverse se produit dans une transformation à rayons β (Fajans). La règle est applicable dans une même rangée, sans tenir compte des émanations.

Les règles indiquées ont été inspirées par des exemples simples. C'est ainsi que le radium, de poids atomique 226, dont la place dans le système périodique est connue dans la colonne II des métaux alcalino-terreux, perdant une particule α, donne naissance à l'émanation, gaz inerte de poids atomique 222, dont la place est indiquée dans la même rangée et dans la colonne 0 des gaz inertes. On raisonne de même quand le poids atomique n'a pas été déterminé, mais que les propriétés chimiques et électrochimiques permettent de choisir la colonne qui convient à un élément. Ainsi le radiothorium, corps analogue au thorium et ayant, par suite, sa place dans la colonne IV, perdant une particule α, donne naissance au thorium X, corps analogue au radium et devant, par suite, être placé dans la colonne II. La règle relative aux rayons β a été trouvée par des raisonnements analogues. Les deux règles se sont montrées susceptibles d'une application générale aux transformations actuellement connues, si cependant on convient de ne pas tenir compte de la colonne VIII, laquelle, d'ailleurs, joue un rôle spécial. Toutes les substances qui émettent des rayons α se trouvent dans les colonnes 0, II, IV et VI, de rang pair, tandis que les substances qui émettent des rayons β sont dans les colonnes II à V. Les colonnes I et VII ne conviennent à aucun des radio-éléments connus.

Il est important de remarquer que, d'après les règles indiquées, une transformation à rayons α correspond à une *diminution de valence de deux unités*, tandis qu'une transformation à rayons β correspond à une *augmentation de valence d'une unité*, si, toutefois, on convient de compter comme valence la principale valence positive (la valence négative étant le complément de celle-ci à 8), telle qu'elle est indiquée par le numéro de la colonne.

Les propositions 1° et 2° permettent de suivre le déplacement des éléments, lors de leurs transformations, dans le système de classification. Mais elles ne suffisent pas pour prouver que l'on peut assigner à tous les radio-éléments des places convenables. Pour cela, il faut y joindre une troisième proposition fondamentale :

3° *Les radio-éléments forment des groupes de corps de mêmes propriétés chimiques et électrochimiques, chaque groupe jouant dans le système le rôle d'un élément unique. La similitude des propriétés radioactives indique la réunion dans un même groupe, mais la réciproque n'est pas nécessairement exacte*, une substance pouvant repasser plus d'une fois par un groupe lors de son évolution.

L'idée de réunir les éléments par groupes pour faciliter leur classification n'est pas propre à la radiochimie. On a vu que de tels groupes existaient déjà dans le système (terres rares et groupes de la colonne VIII). La généralisation de ce procédé permet de réduire le nombre de plus de 30 radio-éléments à 10 groupes qui se placent facilement dans les deux dernières rangées du système. Certains de ces groupes viennent occuper des places vides et représentent, par conséquent, des types chimiques nouveaux : tels sont les groupes du radium, des émanations, du polonium, de l'actinium et de l'uranium X_2. D'autres groupes viennent se joindre à l'uranium et au thorium ou à des éléments inactifs dont ils partagent les propriétés ; ces derniers sont le thallium, le plomb et le bismuth.

Le Tableau I représente le système des éléments dans lequel les lacunes ont été complétées par des radio-éléments de type chimique nouveau, chaque groupe étant indiqué par son représentant le plus important.

Le Tableau III représente séparément les deux dernières rangées du système, avec l'énumération complète de tous les radio-éléments et avec l'indication des transformations radioactives pour les trois familles de radio-éléments. Les transformations ont été indiquées par des flèches, conformément aux règles indiquées plus haut.

Les poids atomiques ne sont connus exactement que pour l'uranium, le thorium, le radium et, avec une certitude un peu moindre, pour l'émanation du radium ; pour les autres radio-éléments, les poids atomiques peuvent être calculés par la connaissance de la série des transformations. Les spectres sont connus pour l'uranium, le thorium, le radium et l'émanation du radium ; de plus, une raie nouvelle a été observée avec certitude pour le polonium.

Voici la classification des radio-éléments, par groupes de mêmes propriétés chimiques. Les groupes seront désignés par leurs représentants principaux qui sont, pour chaque groupe, les corps dont la vie moyenne est la plus longue. Les six premiers groupes appartiennent à la dernière rangée du système, les quatre suivants à l'avant-dernière. Dans le Tableau II on a indiqué à côté de chaque radio-élément le groupe dont il fait partie.

I. *Groupe de l'uranium.* — Valence 6, colonne VI.

Radio-éléments : Ur I et Ur II.

Corps type : uranium, désigné Ur I, de poids atomique 238,5.

L'existence de l'uranium II résulte d'observations faites sur le rayonnement de l'uranium, mais ce corps n'a pu être séparé de l'uranium I. Sa période a été évaluée indirectement, à l'aide d'une loi empirique qui relie la période d'une substance au parcours des rayons α qu'elle émet.

II. *Groupe du thorium.* — Valence 4, colonne IV.

Radio-éléments : thorium, radiothorium, uranium X_1, uranium Y, ionium, radioactinium.

Corps type : thorium, poids atomique 232,4.

Le radiothorium est un dérivé du thorium (*voir* Tableau II) qui n'a pu en être séparé, quand les deux corps sont mélangés, mais que l'on peut néanmoins obtenir indépendamment du thorium à partir du mésothorium, corps intermédiaire. Période : environ 2 ans.

L'uranium X_1 est un dérivé de l'uranium qui est entraîné par le thorium dans les réactions de celui-ci et ne peut plus ensuite en être séparé. L'uranium Y (non placé dans le système et dans le Tableau II) accompagne l'uranium X_1, mais s'en distingue par sa vie moyenne et son rayonnement. Sa position dans la série des transformations n'est pas fixée; on l'envisage comme résultant d'une bifurcation dans la transformation de l'uranium I ou de l'uranium II.

L'ionium appartient à la famille de l'uranium bien que sa filiation n'ait pas été démontrée par l'expérience. Elle est prouvée par le fait que l'ionium est la substance mère produisant le radium, dont la provenance de l'uranium ne semble pas douteuse, les deux corps ayant dans leurs minéraux un rapport constant, conformément à la théorie des transformations radioactives. L'ionium est inséparable du thorium contenu dans les minerais d'urane. Sa période est probablement de l'ordre de 200 000 ans (d'après le parcours des rayons α). Il doit se trouver dans les minerais d'urane en proportion bien plus forte que le radium, mais n'a cependant pu être isolé. On n'a pas pu non plus observer le spectre de ce corps bien que sa teneur dans les échantillons utilisés ait été estimée à 16 pour 100. Je reviendrai dans la suite sur ce point.

Le radioactinium est un dérivé de l'actinium, ayant une période de 19 jours et demi et possédant les propriétés chimiques du thorium, dont on ne peut l'obtenir séparé qu'en le laissant se produire à partir de l'actinium.

III. *Groupe de l'uranium* X_2. — Valence 5, colonne V.

Ce corps, dont la période n'est que de 1,1 minute, constitue cependant un type chimique nouveau. Il a été découvert par M. Fajans, à la suite de prévisions formulées par M. Soddy et M. Fajans relativement à l'existence entre l'uranium I et l'uranium X d'un corps intermédiaire dans cette même place du système, avec des propriétés de l'homologue supérieur du tantale. Ce corps est aussi nommé *brevium* et permet de compléter la série de l'uranium, entre celui-ci et l'ionium.

IV. *Groupe du radium.* — Valence 2, colonne II.

Radio-éléments : radium, mésothorium I, thorium X, actinium X.

Corps type : radium, poids atomique 226, métal alcalino-terreux obtenu à l'état de sels très purs et à l'état métallique; décomposant énergiquement l'eau, conformément à son caractère électropositif. Seul élément radioactif nouveau, extrait des minerais en quantité appréciable, de l'ordre de quelques grammes. Les résultats obtenus pour ce corps ont fourni la base solide sur laquelle se trouvent édifiées la méthode de recherches qui a permis de trouver tous les radio-éléments et la théorie atomique de la Radioactivité.

Le mésothorium I est le premier des dérivés du thorium dont il se sépare de la même manière que le radium, de sorte qu'il se trouve avec celui-ci quand le minerai traité contient du thorium, sans que l'on ait pu, jusqu'à présent, effectuer la séparation. Mais on peut aussi retirer le mésothorium de minerais de thorium ou des composés de thorium du commerce dans lesquels il a pu s'accumuler. Sa période est d'environ 5 ans et demi. Ce corps, accompagné du radiothorium qu'il produit et des dérivés de celui-ci, est utilisé de la même manière que le radium en radiothérapie et, pour cette raison, fait l'objet d'une fabrication industrielle. Son spectre n'est pas encore connu.

Le thorium X et l'actinium X sont les deux corps qui, au point de vue des transformations radioactives, jouent le même rôle que le radium, en ce sens qu'ils donnent directement naissance aux émanations correspondantes.

V. *Groupe des gaz.* — Valence o, colonne O.

Radio-éléments : émanations du radium, du thorium, de l'actinium.

Corps type : émanation du radium. Ce gaz a pu être isolé à l'état pur, bien que sa période ne soit que de 3,85 jours. La technique de sa séparation constitue une expérience de physique admirable. Son spectre est très complètement connu; son poids atomique, déterminé par la méthode d'effusion, est égal à 222. Sa température d'ébullition est —65°, sa température critique —104°, sa pression critique environ 60^{atm}. Seule la méthode de pesée n'a encore pu atteindre ce corps régulièrement, sauf l'expérience isolée de MM. Ramsay et Gray qui ont confirmé la valeur du poids atomique en utilisant une microbalance ultra-sensible.

On obtient couramment de petites bulles d'émanation pure au sein desquelles il n'est pas rare de voir éclater des décharges électriques spontanées. Si ces bulles sont à paroi mince, elles laissent passer les rayons α et, plongées dans l'eau, produisent la décomposition visible de celle-ci. On connaît pour l'émanation du radium le coefficient de solubilité dans l'eau et divers liquides et le coefficient de diffusion dans divers gaz. Le volume de l'émanation en équilibre avec 1^g de radium est égal à o$^{mm^3}$,6.

Les deux autres émanations ont des périodes beaucoup plus courtes et n'ont pu être isolées à l'état pur comme celle du radium.

VI. *Groupe de l'actinium.* — Valence 3, colonne III.

Radio-éléments : actinium, mésothorium II.

Corps type : actinium.

L'actinium est un corps radioactif de type nouveau, se rapprochant surtout de certains éléments du groupe des terres rares. Sa période est probablement de l'ordre de 20 ans. Il forme la tête de la famille de même nom, mais on a des raisons pour le considérer comme un dérivé de l'uranium dans une branche latérale de transformation, dont le point de départ n'est pas encore fixé. Si l'on examine les possibilités à ce point de vue, on trouve pour l'actinium un poids atomique de 226 ou de 230.

Le mésothorium II est le corps intermédiaire entre le mésothorium I et le radiothorium : ses propriétés sont celles de l'actinium.

VII. *Groupe du polonium.* — Valence 6, colonne VI.

Radio-éléments : polonium, radium A, thorium A, actinium A, radium C′, thorium C′.

Corps type : polonium, poids atomique supposé 210.

Le polonium est le premier des éléments radioactifs nouveaux qui ait été découvert, il représente un type chimique nouveau. Sa période est d'environ 140 jours, et l'on peut calculer que la quantité de polonium dans les minerais d'urane est environ 5000 fois plus petite que celle de radium. Aussi n'a-t-il pas encore été possible de déterminer le poids atomique du polonium; mais il a été possible de déterminer une raie assez forte de son spectre; cette raie disparaît en même temps que le polonium se détruit (1).

Le polonium est le dernier terme actif de l'évolution du radium et peut être facilement obtenu à partir du terme intermédiaire radium D ou radioplomb. Le polonium se rapproche par ses propriétés du bismuth et du tellure, il a finalement été classé comme l'homologue de ce dernier.

Les trois corps A sont les premiers termes des dépôts actifs résultant de la transformation des émanations. Parmi ces corps, seul le radium A a pu être étudié, les deux autres ayant des périodes trop courtes. Les propriétés chimiques du radium A ont été attribuées par extension au thorium A et à l'actinium A.

Les corps C′ sont les dérivés hypothétiques du radium C et du thorium C qui émettent des rayons α de très long parcours et doivent avoir, conformément à ce fait, une vie extrêmement brève. Un corps analogue existe probablement dans la série de l'actinium.

VIII. *Groupe du bismuth.* — Valence 5, colonne V.

Radio-éléments : radium E, radium C, thorium C, actinium C.

Corps type : bismuth (inactif), poids atomique 208.

Les radio-éléments de ce groupe n'apportent pas de type nouveau, et leur représentant chimique est un élément inactif, le bismuth, dont ils ont les propriétés.

Le radium E est le parent direct du polonium. Les corps C sont les termes des familles de radio-éléments qui subissent la transformation multiple, suivant deux modes différents. Ce fait a été établi pour le radium C et le thorium C et doit probablement exister pour l'actinium C.

IX. *Groupe du thallium.* — Valence 3, colonne III.

Radio-éléments : radium C″, thorium D, actinium D.

(1) Mme Curie et A. Debierne, *Comptes rendus*, 1910.

Corps type : thallium (inactif), poids atomique 204.

Les radio-éléments de ce groupe ont les propriétés du thallium. L'un d'eux, le radium C″, forme une branche très peu importante de la transformation double du radium C. Les deux autres sont les éléments correspondants dans les familles du thorium et de l'actinium (ce qui n'est pas indiqué, en ce cas, par la notation restée en usage depuis une époque où la nature de la transformation n'était pas bien connue).

Le thorium D correspond à la transformation de 35 pour 100 des atomes de thorium C, tandis que 65 pour 100 de ces atomes se transforment en thorium C′. L'actinium D correspond en apparence à la transformation de la totalité des atomes de l'actinium C.

X. *Groupe du plomb.* — Valence 4, colonne IV.

Radio-éléments : radium B, thorium B, actinium B et radium D.

Corps type : plomb, poids atomique 207,1.

Les radio-éléments de ce groupe ont les propriétés de l'élément inactif plomb et ne contiennent pas de type nouveau. Les trois premiers font partie des dépôts actifs à la suite des corps A, leurs périodes sont assez courtes. Le radium D, au contraire, qui dérive du radium B par l'intermédiaire du radium C et C′, a une période de 16 ans environ et peut, pour cette raison, s'accumuler dans les minerais d'urane; on l'en extrait avec le plomb dont il n'a pu être séparé. Il constitue une source de polonium. On le nomme aussi *radioplomb.*

En dehors des corps indiqués, on doit prévoir la présence dans le groupe X de quelques autres éléments encore. Il s'agit des produits inactifs avec lesquels se terminent les séries des transformations radioactives.

Si l'on applique les règles exposées plus haut d'une part au polonium et au thorium C′ qui émettent des rayons α, d'autre part au radium C″, au thorium D et à l'actinium D qui émettent des rayons β (et γ), on trouve que, dans tous les cas, les éléments obtenus lors de ces transformations appartiennent au groupe du plomb. S'il existe un actinium C′ à rayons α, son dérivé serait également de ce groupe. De sorte que, pour chaque famille, les deux bifurcations amènent à des corps Z′ et Z″ qui sont tous de la nature du plomb. Si l'on calcule les poids atomiques de ces corps, on trouve que dans la famille de l'actinium les termes Z′ et Z″ ont le même poids atomique 210 ou 206 (suivant que celui de l'actinium est 230 ou 226); dans la famille du thorium, on trouve pour Z′ et Z″ le poids atomique de 208; dans la famille de l'uranium, on trouve pour Z′ un poids atomique de 206 et, pour Z″, 210. D'après une ancienne hypothèse de M. Rutherford, le polonium se transforme en plomb, et l'expérience, très difficile il est vrai, semble confirmer cette manière de voir. Mais le raisonnement qui précède montre que l'on peut prévoir non pas un, mais six corps de l'espèce plomb, de provenance analogue, se réduisant à deux ou à trois, si ceux de même poids atomique se confondent. M. Soddy et M. Fajans ont émis l'hypothèse que le plomb ordinaire est un mélange de corps Z de poids atomiques différents. Ils suggèrent aussi qu'il pourrait en être de même pour les autres éléments inactifs du système.

Ces deux savants ont édifié indépendamment des théories très semblables relatives aux groupes de corps de même espèce occupant la même place dans le système, bien que leurs poids atomiques puissent différer de plusieurs unités. Se basant sur l'insuccès des tentatives réalisées jusqu'ici pour séparer les corps d'un groupe, ils posent en principe qu'une telle séparation est impossible et admettent que les éléments « non séparables » ont exactement les mêmes propriétés chimiques et le même spectre. Cette dernière conclusion résulte des examens du spectre de thorium à fort pourcentage d'ionium, où les lignes du thorium seules étaient observées.

On peut penser que de telles conclusions ne sont pas absolues et qu'il n'est pas très vraisemblable que des éléments du même groupe, mais de poids atomique différent, puissent avoir *identiquement* les mêmes propriétés et le même spectre. Si l'on considère que les deux corps isomorphes baryum et radium dont les poids atomiques sont pourtant très différents (137 et 226) ne se séparent que par des cristallisations nombreuses, on conçoit facilement que la séparation puisse être très difficile quand on a de très petites quantités de corps semblables ayant des poids atomiques très voisins. Mais il n'en résulte pas que cette séparation soit rigoureusement impossible, elle est peut-être seulement extrêmement difficile. On pourrait supposer de même que les spectres de deux éléments d'un même groupe ne diffèrent que par un faible déplacement des raies homologues [1].

Quoi qu'il en soit, les corps « non séparables » offrent un exemple curieux de groupes analogues à ceux qui existaient déjà dans le

---

[1] D'après des expériences récentes (Rutherford et Andrade), les spectres du radium B et du plomb semblent confondus, au moins dans la région de longueurs d'ondes qui correspond aux rayons Röntgen et à la précision des expériences.

système (terres rares, groupes de la colonne VIII), mais présentant des liaisons bien plus étroites. Ils peuvent aussi recevoir une utilisation pratique en Chimie. Tout radio-élément peut servir comme indicateur d'une sensibilité extrême pour diverses opérations effectuées avec l'élément inactif dont il est « inséparable ».

En dehors des corps Z il existe, comme on sait, un autre produit inactif des transformations radioactives. Ce produit est l'hélium qui résulte de toutes les émissions de rayons α. Ce gaz est produit régulièrement par le radium (en équilibre avec l'émanation et les dérivés de celle-ci), à raison de 160^{mm^3} par an et gramme de radium. Il est aussi produit par le polonium, et des expériences récentes ont montré que cette production, pour une quantité de polonium déterminée, est très exactement proportionnelle au nombre d'atomes transformés, calculé d'après la loi de destruction spontanée. Ces expériences prouvent, une fois de plus, combien le phénomène est sûr et digne de confiance.

On ne saurait évidemment affirmer que le schéma de classement des radio-éléments n'ait plus à subir de modifications; mais on est en droit de penser que les résultats essentiels dont il est l'expression resteront conservés.

Il nous reste à examiner les conséquences des nouvelles notions apportées par l'étude des radio-éléments, au point de vue de l'ensemble du système et au point de vue de la structure atomique.

L'introduction des radio-éléments dans le système est une preuve que des transformations du genre de celles que nous révèlent les phénomènes radioactifs sont la raison d'être et la base de ce système de signification jusqu'ici inaccessible. Ces transformations ont pu avoir lieu jadis, elles ont peut-être encore lieu dans des conditions où nous ne savons pas les observer. On constate que, dans la suite d'une transformation, un élément peut éprouver des déplacements qui le font passer par diverses colonnes, avec la possibilité de repasser plusieurs fois par la même, avec des propriétés analogues.

Nous savons encore fort peu de choses sur la structure des atomes. Les spéculations récentes à ce sujet ont plutôt encore un caractère de réflexions générales. Cependant quelques résultats peuvent être retenus.

Ainsi qu'il a déjà été fréquemment observé, la relation très particulière de l'hélium avec les radio-éléments nous conduit à admettre que l'atome d'hélium est un sous-atome dont sont formés les éléments. Nous sommes ainsi ramenés, sous une forme nouvelle, à l'ancienne hypothèse de Proust. Le rôle de l'hydrogène reste encore inconnu; il paraît cependant à peu près certain que si l'affirmation précédente est exacte pour l'hélium, elle doit l'être aussi pour l'hydrogène.

L'évolution des théories électromagnétiques a permis de prévoir que les écarts des poids atomiques de nombres entiers pourront être expliqués par les échanges d'énergie interne, accompagnés de variation de masse, qui ont lieu lors de la formation d'atomes à partir de leurs constituants simples (¹) (tels que l'hydrogène ou l'hélium). Si l'on ne tient pas compte de ces écarts, on constate que les poids des atomes légers sont fréquemment des multiples de 4 : ces atomes pourraient donc être des groupements d'atomes d'hélium, tandis que les autres seraient formés avec le secours de l'hydrogène.

Des raisons très sérieuses nous obligent à admettre que les atomes contiennent des électrons qui font partie de leur constitution. M. J.-J. Thomson a été conduit à admettre que ces électrons sont disposés en anneaux autour d'un noyau central chargé positivement (²). M. Rutherford, se basant sur l'étude de la dispersion des rayons α, a conclu que ce noyau positif doit être de dimensions extrêmement restreintes, de sorte qu'il se présente presque comme une charge positive ponctuelle entourée à une certaine distance d'une distribution d'électrons, laquelle détermine ce que nous considérons comme le diamètre de l'atome (³).

D'autre part, me basant sur le caractère atomique des phénomènes radioactifs, j'ai, il y a plusieurs années déjà, insisté sur ce fait que l'on doit admettre dans les atomes la présence de deux espèces d'électrons : les électrons *périphériques*, qui interviennent dans les relations de l'atome avec l'extérieur et sont utilisés pour l'émission de rayonnement, pour la conduction électrique dans les métaux ou gaz ionisés et pour les échanges thermiques, et les électrons *essentiels* ayant une liaison beaucoup plus profonde et ne se manifestant que dans l'émission de rayons β (⁴). La différence fondamentale entre les deux catégories consiste en ceci qu'un atome peut perdre un ou plusieurs électrons périphériques sans changer de nature, tandis que l'émission d'un rayon β entraîne la transformation de l'édifice atomique. Les électrons essentiels ne peuvent donc venir que du noyau. Cette même manière de voir a été exprimée plus récemment de divers côtés (⁵).

(¹) LANGEVIN, *Conférences de la Société de Physique*, 1913.

(²) J.-J. THOMSON, *Phil. Mag.*, 1904.

(³) RUTHERFORD, *Phil. Mag.*, 1911.

(⁴) Mme CURIE, *Réunion de Bruxelles*, 1911.

(⁵) SODDY, *Chimie des radio-éléments*, 1914. — N. BOHR, *Phil. Mag.*, mars 1913.

TABLEAU I.

	O	I	II	III	IV	V	VI	VII	VIII
H 1,008	He 3,99	Li 6,94	Be 9,1	Bo 11,0	C 12,00	Az 14,01	O 16,00	F 19,0	
	Ne 20,2	Na 23,00	Mg 24,32	Al 27,1	Si 28,3	P 31,04	S 32,07	Cl 35,46	
	A 39,88	K 39,10	Ca 40,07	Sc 44,1	Ti 48,1	Va 51,0	Cr 52,0	Mn 54,93	Fe 55,84 Co 58,97 Ni 58,68
		Cu 63,57	Zn 65,37	Ga 69,9	Ge 72,5	As 74,98	Se 79,2	Br 79,92	
	Kr 82,92	Rb 85,45	Sr 87,63	Yt 89,0	Zr 90,6	Nb 93,5	Mo 96,0	—	Ru 101,7 Rh 102,9 Pd 106,7
		Ag 107,83	Cd 112,40	In 114,8	Sn 119,0	Sb 120,2	Te 127,5	I 126,92	
	Xe 130,2	Cs 132,81	Ba 137,37	*La 139,0*	*Ce 140,25*	*Pr 140,3*	*Nd 144,3*	*Sa 150,4*	*Eu 152,0* *Gd 157,3*
Tb 159,2	*Dy 162,5*	*Er 167,7*	*Tm 168,5*	*Yb 172*	*Lu 174*	Ta 181,5	W 184,0	—	Os 190,9 Ir 193,1 Pt 195,2
		Au 197,2	Hg 200,6	Tl 204,0	Pb 207,1	Bi 208,0	Po 210?	—	
	Em Ra 222	—	Ra 226	Ac 230,2	Th 232,4	UrX 234?	Ur 238,5		

TABLEAU II.

Famille Uranium-Radium

Corps	Rayons	Période	Groupe
UrI	α	5.10^9 a	G de Ur
UrX1 (→ β UrY 1,5j, G. du Th)	β	25,6j	» Th
UrX2	βγ	1,2m	» Ta
UrII	α	2.10^6 a	» Ur
Io	α	2.10^5 a?	» Th
Ra	αβ	1750 a	» Ra
EmRa	α	3,85j	» EmRa
RaA	α	3,0m	» Po
RaB	βγ	26,7m	» Pb
RaC	α ; βγ	19,5m	» Bi
RaC″ (G du Tl)	β → ?	1,4m	
RaC′	α	10^{-6} s?	» Pb?
RaD	β	16,5a	» Pb
RaE	βγ	5,0j	» Bi
Po	α	140j	» Po
Pb?			

Famille Thorium

Corps	Rayons	Période	Groupe
Thorium	α	3.10^{10} a	G. du Th
MthI	?	5,5 a	» Ra
MthII	βγ	6,2h	» Ac
Rth	α	2,02a	» Th
ThX	αβ	3,64j	» Ra
EmTh	α	53 sec	» EmRa
ThA	α	0,14 sec	» Po?
ThB	β	10,6h	» Pb
ThC	α ; β	55m	» Bi
ThD (G du Tl)	βγ → ?	3,1m	
ThC′	→ ?	10^{-11} sec?	» Po

Famille Actinium

Corps	Rayons	Période	Groupe
Ac	?		G. de Ac
RaAc	αβ	19,5j	» Th
AcX	α	11,4j	» Ra
EmAc	α	3,9s	» EmRa
AcA	α	0,002s	» Po?
AcB	β	36,1m	» Pb
AcC	α ; β?	2,15m	» Bi
AcD (G du Tl)	βγ → ?	4,7m	
?			

Famille Uranium-Radium — Famille Thorium — Famille Actinium

TABLEAU III.

O
I
II
III
IV
V
VI
VII
Th.D
Z″208
Z′208
Th.B
Th.C
Th.C′
Th.A
Ra.C″
Z″210
Ra.D
Ra.E
Po
Ra.C′
Ra.B
Ra.C
Ra.A
Ac.D
Ac.B
Ac.C
Ac.C′?
Ac.A
Em.Th.
Th.X
M.Th.I
Ra.Th.
Th.
232,4
Em.Ra.
Ra.
226.
Io.
Ur.X
Ur.X2
Ur.II
Ur.I
238.5
Em.Ac.
Ac.X
Ac
230 ou 226
R.Ac.

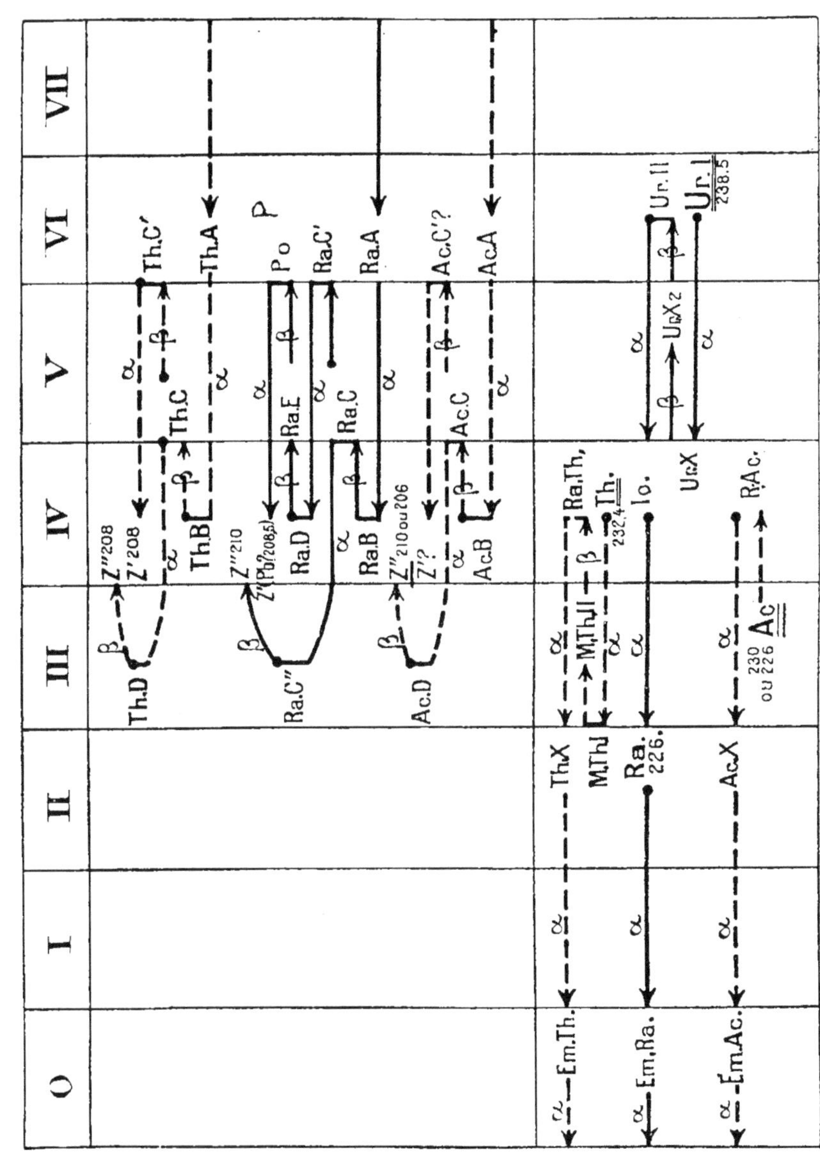

Nous avons donc à envisager un noyau central très petit, formé d'éléments d'électricité positive et d'électrons, et entouré à une certaine distance par un ou plusieurs anneaux d'électrons périphériques. Il semble raisonnable de supposer que c'est l'anneau extérieur qui intervient pour déterminer la valence. M. J.-J. Thomson suppose, par exemple, que la valence positive est représentée par le nombre des électrons de cet anneau, toujours inférieur à 8, tandis que la valence négative est le complément de ce nombre à 8 [1].

On conçoit que l'on puisse expliquer ainsi le changement de valence dans les transformations radioactives. Quand un atome perd une particule α qui représente deux éléments de charge positive, cet atome, pour rester neutre au total, doit perdre, comme compensation, deux électrons périphériques, et sa valence positive diminue de deux unités. De même, quand un électron essentiel (rayon β) est émis par le noyau, l'atome s'adjoint un électron périphérique et sa valence positive augmente d'une unité. Il est vrai qu'on pourrait objecter contre ce raisonnement que, dans les transformations à rayons α, les atomes résultants ne sont pas neutres, mais ont une charge positive; l'expérience montre cependant que, dans un vide très parfait, la charge observée tend à disparaître; elle n'est donc pas due à un phénomène primordial, mais à des phénomènes qui suivent la transformation et se trouvent déterminés par la présence de gaz [2].

Je n'insisterai pas ici sur les difficultés que soulève la structure des atomes au point de vue de la loi exponentielle des transformations radioactives. Elles ont été traitées dans d'autres circonstances et M. Debierne a fait à ce sujet une hypothèse de grand intérêt [3]. Je terminerai par la conclusion qui me semble résulter de tout ce qui précède.

La chimie des radio-éléments ou radio-chimie, jointe à l'étude des transformations radioactives, est la *science de la structure des atomes et de leurs relations génétiques*. Ainsi les radio-éléments nous ouvrent un monde jusqu'ici mystérieux; nous ne pouvons encore que l'entrevoir, mais il est légitime d'en prédire la révélation magnifique.

---

(1) J.-J. Thomson, *Réunion de Bruxelles*, 1913.
(2) Wertenstein, *Société scientifique de Varsovie*, [illegible].
(3) Debierne, *Conférences de la Société de Physique*.

BIRÉFRINGENCE MAGNÉTIQUE

DES

LIQUIDES PURS.

ANISOTROPIE ET ORIENTATION

DES MOLÉCULES;

Par M. H. MOUTON.

L'étude des phénomènes optiques constitue le procédé d'investigation le plus délicat qui nous permette de pénétrer dans la structure intime de la matière. La relation du pouvoir rotatoire avec la constitution de la molécule chimique en donne un exemple depuis longtemps classique. C'est aux spectres et à la modification qu'ils subissent dans le champ magnétique que nous demandons, en même temps qu'à la radioactivité, les renseignements les plus précis sur la constitution interne de l'atome. Le phénomène dont nous devons nous entretenir ici, la biréfringence magnétique des liquides purs, dont nous avons trouvé le premier exemple, M. Cotton et moi, en 1907, nous l'avons rattaché à l'anisotropie des molécules. Cette anisotropie, masquée dans les conditions ordinaires, parce qu'alors les molécules sont, suivant la loi du hasard, orientées à peu près également dans toutes les directions, ne produit d'effet sensible que lorsqu'une cause, telle que le champ magnétique, détermine une orientation de ces molécules.

Nous avons rapporté aux mêmes causes un autre phénomène où le champ électrique remplace le champ magnétique. Ce phénomène, découvert par Kerr et qui porte son nom, est connu depuis plus longtemps que la biréfringence magnétique parce qu'il est plus facile à mettre en évidence. Des phénomènes secondaires, la conductibilité des liquides par exemple, le troublent en revanche et le rendent moins propre à des mesures précises. J'aurai à le rapprocher souvent de la biréfringence magnétique, mais c'est surtout ce dernier phénomène, dont nous avons fait depuis 6 ans, M. Cotton et moi, une étude détaillée [1], que j'aurai en vue.

Je ne ferai que rappeler rapidement en quoi consiste la biréfringence magnétique et comment on la mesure. On produit un champ magnétique uniforme dans lequel se trouve le liquide en expérience : celui-ci prend les propriétés d'un cristal uniaxe d'axe parallèle aux lignes de force du champ. Si donc nous disposons le liquide en une couche limitée par des faces planes parallèles aux lignes de force, cette couche se comportera comme une lame cristalline uniaxe à faces parallèles à l'axe. Lorsqu'on la fera traverser par un rayon de lumière normal à ses faces et polarisé à 45° des lignes de force du champ, ce rayon en sortira avec une polarisation non plus rectiligne, mais elliptique, les composantes de la vibration respectivement parallèle et perpendiculaire aux lignes de force ayant pris un certain retard l'une par rapport à l'autre en traversant le liquide. Si ce sont les vibrations de Fresnel parallèles au champ qui ont la plus petite vitesse (ou le plus grand indice), le liquide est comparable à un cristal positif tel que le quartz : c'est le cas qu'on rencontre le plus fréquemment, et en particulier dans le nitrobenzène qui est le liquide dont nous nous sommes servis le plus fréquemment. Nous conviendrons de dire que le liquide présente dans ce cas une biréfringence magnétique positive.

Dans le cas opposé où la plus petite vitesse appartient aux vibrations perpendiculaires au champ, le liquide est comparable à un cristal uniaxe négatif, tel que le spath; nous dirons alors que sa biréfringence est négative.

Le phénomène peut être mis en évidence avec quelques liquides tels que le nitrobenzène lorsqu'on les observe directement entre deux nicols à l'extinction à 45° des lignes de force. Il suffit pour cela que l'on dispose d'un électro-aimant capable de produire dans un espace pas trop restreint un champ d'intensité moyenne (par exemple, moins de 20 000 gauss sur 8cm d'épaisseur); mais on ne peut en faire une étude un peu précise et même l'observer avec beaucoup d'autres liquides qu'en employant une méthode optique plus sensible. C'est faute d'une telle méthode qu'on n'a pas connu plus tôt ce phénomène

---

(1) COTTON et MOUTON, *Annales de Chim. et de Phys.*, 8e série, t. XIX, 1910, p. 153-186 et t. XX, 1910, p. 194-275; t. XXVIII, 1913, p. [illegible]; t. XXX, 1913, p. [illegible]-348.

que Faraday avait autrefois inutilement recherché et que la connaissance du phénomène de Kerr d'une part, les conditions de symétrie du champ magnétique établies par Curie d'autre part devaient faire rechercher. Si nous sommes arrivés nous-mêmes à le mettre en évidence, M. Cotton et moi, c'est que dans nos recherches plusieurs circonstances particulièrement favorables se sont trouvées réunies : nous disposions dès le début d'un champ magnétique assez puissant, puis nous eûmes l'idée de prendre comme objet d'expériences un liquide déjà connu pour la grandeur tout à fait anormale de sa biréfringence électrique, le nitrobenzène, qui se trouva posséder aussi, comme on l'a vu depuis, une des biréfringences magnétiques les plus grandes que nous ayons pu observer. Enfin nos recherches sur la biréfringence magnétique dans les liquides colloïdaux nous avaient amenés à employer pour des mesures précises sur les vibrations lumineuses elliptiques une méthode optique très sensible, celle de Chauvin, que nous rappellerons d'abord.

LES MÉTHODES D'ÉTUDE.

La méthode de Chauvin permet de mesurer aisément l'ellipticité d'une vibration lumineuse lorsque les directions de ses axes sont connues. Or, dans le cas présent, l'un de ces axes coïncide avec la direction de la vibration rectiligne incidente. On met sur le trajet des rayons sortant du liquide un mica quart d'onde dont les lignes neutres sont parallèles aux axes de la vibration. Des composantes de cette vibration qui sont dirigées suivant les axes, l'une prend par rapport à l'autre une avance d'un quart d'onde, et la vibration elliptique se trouve ainsi remplacée par une vibration rectiligne dirigée suivant la diagonale du rectangle des axes de l'ellipse. Tout se passe donc après ce passage à travers le quart d'onde comme si la vibration initiale avait tourné d'un angle β tel que tang $\beta = \frac{b}{a}$, b et a étant les longueurs des axes de l'ellipse. Or, l'angle β est précisément tel que $\frac{\beta}{\pi} = \frac{\delta}{\lambda}$, δ étant le retard que l'une des composantes (horizontale ou verticale) de la vibration primitive prend par rapport à l'autre dans la traversée du liquide, et λ la longueur d'onde de la lumière employée. La mesure de la biréfringence magnétique est donc ramenée, grâce à l'emploi de la lame quart d'onde, à celle d'une rotation, et cette mesure s'effectue au moyen d'un analyseur à pénombres ordinaire, mais dont la lame demi-onde tourne avec le nicol.

Nous mesurerons donc les biréfringences par les angles β généralement exprimés en minutes, et qui sont proportionnels aux retards δ.

Grâce à la méthode de Chauvin, on peut faire bénéficier les mesures de biréfringence de toute la précision que comporte la mesure des pouvoirs rotatoires. Il suffira de faire remarquer qu'un angle de 180° correspond à un retard d'une longueur d'onde et qu'une minute correspond à $\frac{1}{10000}$ environ de longueur d'onde. Or, il n'est pas rare que les mesures puissent être faites à une demi-minute près.

Sur la manière dont les mesures ont été réalisées, je ne dirai que quelques mots, renvoyant pour le surplus aux procès-verbaux des séances de la Société de Physique et à nos publications antérieures [1].

L'installation dont nous nous sommes servis comprend : 1° une source de lumière monochromatique; 2° un nicol polariseur dont la section principale est inclinée à 45° sur l'horizontale; 3° un électro-aimant puissant entre les pièces polaires duquel étaient placés les tubes polarimétriques contenant le liquide en expérience; 4° enfin au delà de l'électro-aimant le système analyseur.

La source de lumière était ordinairement un arc à mercure, modèle de Dufour, dont le faisceau lumineux vertical était renvoyé horizontalement par un prisme à réflexion totale et dont des cuves absorbantes permettaient d'isoler une lumière suffisamment monochromatique (le plus souvent la double raie jaune de longueur d'onde moyenne 578). Cette source a l'avantage, important ici, de posséder un grand éclat. Nous avons pu plus récemment employer une source d'éclat encore plus grand : c'est un arc à mercure en quartz très poussé que M. Darmois avait eu l'obligeance de faire construire pour nous et où l'on employait les rayons sortant du bout de la colonne de vapeur, parallèles donc à la longueur de cette colonne.

L'électro-aimant que nous avons employé (sauf dans les premières recherches) a été construit en 1908 à Œrlikon sous la direction de P. Weiss. Les noyaux de cet appareil ont 17cm,5 de diamètre. Les pièces polaires ordinairement employées étaient des cylindres coupés par deux faces inclinées à 45° et qui se joindraient par une arête horizontale si cette arête n'était remplacée par une troncature plane formant une facette verticale de 1cm de hauteur sur tout le diamètre

(1) *Voir* plus haut la liste de ces publications.

du cylindre. C'est entre les deux facettes qui terminent ainsi les deux pièces polaires et se font face qu'on place le tube polarimétrique.

Les tubes dont on se servait avaient de 7^{mm} à 10^{mm} de diamètre et une longueur un peu plus grande que l'entrefer de l'électro-aimant. Ils étaient fermés à chaque extrémité par une petite lame de verre mince (couvre-objet rond de microscope) maintenue par un capuchon métallique à vis. On évitait, grâce à la faible épaisseur du verre, tout effet perturbateur appréciable de la trempe qu'il possède toujours.

Enfin le système analyseur se composait d'une lame quart d'onde fixe ([1]) et de l'analyseur à pénombres construit par Jobin.

Les physiciens américains qui ont à la suite de nos premiers travaux exécuté de leur côté un certain nombre de mesures ont employé la méthode de Brace pour l'analyse de la vibration elliptique à étudier. Dans cette méthode le détecteur d'ellipticité est une lame de mica très mince (donnant un retard de l'ordre de $\frac{1}{100}\lambda$) qui couvre la moitié du champ et dont les axes sont orientés à 45° des sections principales du polariseur et de l'analyseur. Ce dernier reste fixe et l'on compense l'ellipticité prise par la vibration lumineuse dans le liquide en plaçant après le détecteur une deuxième lame de mica plus épaisse $\left(\text{retard de l'ordre de } \frac{\lambda}{20}\right)$ qu'on fait tourner de manière à ramener l'égalité des plages. En étalonnant ce compensateur on peut arriver à mesurer tous les retards plus petits que ceux qu'il est capable de produire lui-même ([2]).

Une discussion de Tuckerman montre que la méthode de Chauvin et celle de Brace sont théoriquement équivalentes, en ce sens qu'une même biréfringence accidentelle se traduit par une même différence d'éclat entre les plages. Le bord de la lame mince de mica qui sert de détecteur dans la seconde de ces méthodes est peut-être plus facile à rendre invisible que le bord d'une lame demi-onde. En revanche,

---

(1) Nous avons employé dans une série de mesures un quart d'onde, non collé sur verre comme on le fait souvent, mais nu : M. Chaumont a montré que l'emploi des micas nus avec de la lumière rigoureusement monochromatique peut entraîner des erreurs notables (*Voir* en général pour l'analyse de la lumière elliptique la Thèse de M. Chaumont, doctorat ès sciences, Paris, 1914). Fort heureusement, l'étude de ce mica a montré que, grâce à une compensation, l'emploi de cette lame, dans nos mesures faites avec la *double* raie jaune de l'arc au mercure, n'avait entraîné aucune erreur sensible.

(2) On peut rattacher au détecteur de BRACE le détecteur très ingénieux employé par LEISER dans ses recherches sur la biréfringence électrique et qui se compose de lames de verre croisées que l'on rend biréfringentes par tension.

l'emploi de la méthode de Brace nécessite l'étalonnage du compensateur et quelques calculs, tandis que celle de Chauvin fournit immédiatement une mesure proportionnelle au retard cherché exprimé en longueurs d'onde.

Dans un travail fait en commun à Lincoln, au *Brace Laboratory*, MM. Cotton et Skinner ont eu l'occasion d'employer simultanément les deux méthodes précédentes. Elles leur ont fourni des résultats concordants. Pour comparer leur sensibilité, il aurait fallu employer une même source de lumière. Les physiciens américains emploient dans leurs mesures, avec une source à spectre continu de grand éclat (soleil ou arc électrique), un séparateur de radiations qui leur fournit un faisceau plus intense, mais moins monochromatique que celui de l'arc au mercure.

La biréfringence magnétique des liquides purs, contrairement à celle des liquides colloïdaux, n'a jamais paru compliquée de dichroïsme, c'est-à-dire d'une inégale absorption des composantes parallèle et perpendiculaire au champ de la vibration lumineuse incidente. Lorsque le fait s'est présenté, il était toujours dû à la présence accidentelle de particules solides dans le liquide : le dichroïsme disparaissait après filtration ou distillation ou simplement par dépôt des particules lorsqu'on laissait le liquide en repos dans le tube à expériences. Dans quelques cas, le liquide était manifestement capable de réagir avec l'humidité de l'air en donnant des fumées solides : quelques particules solides se mêlaient alors au liquide au moment du remplissage du tube ; on a souvent dû renoncer dans ces cas à poursuivre les mesures. Nous sommes arrivés à considérer le dichroïsme comme mettant en évidence de manière très délicate la présence dans le liquide de particules solides. Il est bien entendu que nous ne nous occupons ici que de liquides transparents : il en serait probablement tout autrement avec des liquides absorbants. Lorsque du dichroïsme se superpose à la biréfringence, l'ellipse qui représente la vibration à la sortie du liquide n'a plus ses axes à 45° des lignes de force comme précédemment : on serait amené, pour faire une étude précise du phénomène, à analyser une vibration elliptique dont aucun élément n'est connu, et il faudrait alors employer un appareil plus complexe tel que celui qu'a réalisé M. Chaumont [1].

---

[1] CHAUMONT, *Recherches expérimentales sur le phénomène électro-optique de Kerr et sur les méthodes servant à l'étude de la lumière polarisée elliptiquement* (Thèse). Paris, Gauthier-Villars et Cie, 1914.

MESURES ABSOLUES.

Il a été aisé de se convaincre dès les premières expériences que la biréfringence magnétique du nitrobenzène variait, pour une longueur d'onde donnée et à une température fixée, en raison directe de la longueur du liquide biréfringent placé dans un champ uniforme et en raison directe du carré de l'intensité de ce champ. La comparaison du nitrobenzène avec d'autres liquides dans des champs variés montre que cette loi est générale. Par suite, la biréfringence d'une colonne de liquide d'épaisseur e étant mesurée à une température donnée, pour la longueur d'onde λ et le champ H par le retard δ, on a

$$\frac{\delta}{\lambda} = C e H^2,$$

C étant une constante caractéristique du liquide pour la température et la longueur d'onde considérées.

La constante C a été déterminée avec soin pour le nitrobenzène. Cette mesure est importante parce que toutes les mesures faites pour d'autres corps l'ont été par comparaison avec celui-là. Des mesures de C faites par Skinner avaient d'abord donné des résultats sensiblement différents des nôtres. La cause du désaccord a été éclaircie par les expériences faites en commun à Lincoln par MM. Cotton et Skinner. Celui-ci avait mesuré le champ magnétique dont il se servait au moyen du pouvoir rotatoire magnétique du sulfure de carbone. Il avait donc fallu faire la mesure à travers des pièces polaires percées et l'on avait admis que le champ mesuré entre les trous était le même que dans le reste de l'entrefer, ce qui ne peut être admis même avec des trous très petits (3^{mm}) forés dans des pièces assez étendues (rectangle de $10^{mm} \times 60^{mm}$) et un peu écartées (7^{mm}). En corrigeant la valeur du champ au moyen des mesures de comparaison (faites avec une mince couche de fer Bravais dont on mesurait l'énorme biréfringence magnétique en différentes régions de la partie du champ utilisée), on a obtenu des valeurs très concordantes avec celles que nous obtenions. La valeur de C que nous donnons résulte de mesures faites ensuite par nous à Paris et où nous avons cherché à éliminer diverses petites causes d'erreur dues à des orientations défectueuses de diverses parties de l'appareil. Notre champ a été mesuré en valeur absolue avec la balance de M. Cotton (modèle de M. Sève).

Pour $\lambda = 578$ et $t = 16^{\circ},3$, la valeur de C relative au nitrobenzène est égale à

$$C = 2,53.10^{-12},$$

avec une erreur que nous n'estimons pas supérieure à $\frac{1}{100}$.

Cette mesure en valeur absolue, jointe à la connaissance de la variation thermique de la biréfringence magnétique, fournit une méthode optique de mesure des champs magnétiques, qui sont ainsi déterminés par leurs carrés.

THÉORIE DE L'ORIENTATION.

Avant de poursuivre l'étude du phénomène de biréfringence magnétique, j'exposerai rapidement la théorie de l'orientation au moyen de laquelle nous l'avons expliqué. Je rappellerai tout d'abord que les analogies nombreuses que l'on connaît entre les deux biréfringences magnétique et électrique imposent de leur chercher des explications tout à fait analogues. Les recherches que nous avons faites parallèlement sur les deux phénomènes ne font qu'en resserrer l'analogie, comme on le verra bientôt.

Nous avions expliqué antérieurement la biréfringence magnétique très considérable que présentent certaines liqueurs colloïdales d'hydroxyde ferrique par l'orientation des particules en suspension dans ces liquides sous l'influence du champ.

C'est cette même interprétation que nous avons reprise dans le cas de la biréfringence magnétique des liquides purs, mais en attribuant cette fois aux molécules mêmes des liquides « actifs » la propriété de s'orienter sous l'influence du champ. Le phénomène mettrait donc ainsi en évidence une double anisotropie des molécules, une anisotropie magnétique qui amènerait leur orientation, puis une anisotropie optique dont la biréfringence serait la conséquence immédiate. La suite de nos études nous a fourni des arguments en faveur de cette manière de voir et la théorie s'est montrée de son côté un guide utile dans nos recherches (1).

(1) Une théorie de l'orientation avait été déjà proposée sans développements par Boussinesq à propos des liqueurs d'hydroxyde ferrique de Majorana à l'époque où l'on ignorait que ces liquides étaient colloïdaux, par suite hétérogènes (*Théorie analytique de la chaleur*, t. II, 1903, p. 600). Voici le passage en question de cet Ouvrage :

« On pourrait, à première vue, ne pas comprendre que les solutions liquides, sur

Il y avait malheureusement désaccord entre cette théorie et la belle théorie du diamagnétisme et du paramagnétisme que Langevin a donnée en 1905. Il eût été fâcheux que ce désaccord ne pût être supprimé. Voici en quoi il consistait : les corps chez lesquels nous avons trouvé la biréfringence magnétique étaient tous diamagnétiques; les plus actifs, les corps aromatiques, sont même, comme l'ont montré les mesures directes de Pascal, fortement diamagnétiques, leur diamagnétisme moléculaire n'étant une propriété additive qu'à condition de tenir compte de l'existence du noyau par l'addition d'un terme spécial qui augmente le diamagnétisme. Or, la théorie de Langevin ne prévoyait d'orientation dans le champ que pour les molécules paramagnétiques. On sait que le diamagnétisme est rapporté par cette théorie à une variation, produite sous l'influence du champ, du moment magnétique des électrons circulant dans la molécule; cette variation est telle dans tous les cas qu'elle crée un champ de direction opposée au champ dans lequel les molécules sont plongées. Il faut toutefois, pour que le diamagnétisme ne soit pas masqué, que l'ensemble des électrons circulant dans chaque molécule ait un moment magnétique résultant nul; si ce vecteur n'est pas nul, les molécules s'orientent en effet de manière que le moment se place

---

lesquelles ont porté les expériences de M. Quirino Majorana, manifestent, par leur biréfringence et surtout par leur mode d'absorption de la lumière sous l'influence du magnétisme, une hétérotropie bien caractérisée alors que, par définition même, la fluidité implique l'isotropie. Mais il suffit d'un peu de réflexion, pour concevoir que les molécules magnétiques (ou diamagnétiques) disséminées çà et là dans la masse liquide, et qui s'y trouvent orientées indifféremment en tous sens à l'état naturel, se dirigent, au contraire, sans résistance appréciable, toutes de la même manière par rapport à la ligne des pôles dès qu'elles sont placées dans un champ magnétique uniforme. »

Larmor avait également depuis fait une allusion rapide au rôle que peut jouer l'orientation moléculaire dans divers phénomènes, parmi lesquels la biréfringence électrique. Je crois devoir traduire ce passage de son Mémoire (*Phil. Trans.*, A., t. CXC, 1898, p. 236) :

« La théorie moléculaire conduit à la conclusion que l'anisotropie optique des cristaux, dont les constantes diélectriques diffèrent beaucoup de l'unité, peut être due en partie à la répartition des molécules dans l'espace et en partie à l'orientation des molécules individuelles : la même remarque s'applique par suite à la biréfringence. La polarisation (*intrinsic polarity*) qui est révélée par les phénomènes pyro- et piézo-électriques montre aussi que l'orientation joue un rôle effectif. L'anisotropie magnétique doit être due pratiquement en totalité à l'orientation des molécules, la petitesse de la susceptibilité rendant inappréciable l'effet de l'arrangement. La double réfraction qu'introduit dans les diélectriques un champ électrique élevé pourrait être due surtout à l'orientation moléculaire, aussi bien que celle que détermine une tension mécanique. »

dans la direction du champ : celui-ci se trouve alors augmenté d'une quantité supérieure et souvent de beaucoup à celle dont le diamagnétisme le diminue, et le corps est paramagnétique.

Pour que le moment résultant dû aux électrons circulant dans la molécule des corps diamagnétiques soit nul, Langevin suppose qu'il existe dans cette molécule un très grand nombre d'électrons dont les orbites sont orientées en tous sens, de telle sorte qu'il n'y ait pas à ce point de vue de direction privilégiée dans la molécule. C'est en modifiant sur ce point la théorie de Langevin qu'on peut la mettre d'accord avec la théorie de l'orientation. On peut obtenir, en effet, dans chaque molécule un moment magnétique résultant nul autrement que par une distribution isotrope des orientations des orbites; il suffit que cette distribution présente une certaine symétrie dont le modèle le plus simple sera fourni par un système de deux électrons tournant en sens inverse sur deux orbites égales et parallèles. On voit aisément dans ce cas très simple que la molécule tend à s'orienter de manière à ce que les plans des trajectoires soient normaux aux lignes de force du champ : c'est précisément pour cette orientation que la modification des trajectoires des électrons par le champ produit le diamagnétisme le plus grand.

La théorie de l'orientation ainsi mise d'accord avec celle du diamagnétisme, il y a lieu de chercher comment elle peut rendre compte des particularités que présente la biréfringence magnétique. La petitesse de ce phénomène attire tout d'abord l'attention; même avec un liquide très actif, comme le nitrobenzène, elle reste pour les champs les plus élevés qu'on ait employés d'un tout autre ordre que celle des cristaux, par exemple, pour des champs de l'ordre de 30 000 gauss environ 10 000 fois plus petite que celle du quartz. Elle est aussi incomparablement plus petite que celle des liquides de Lehmann que M. Mauguin a étudiée. M. Mauguin indique, dans sa conférence publiée plus haut, qu'il a été amené plus tard à rapporter aussi à une orientation des éléments constituant ces liquides la biréfringence qu'ils prennent sous diverses influences, en particulier sous celle du champ magnétique.

Il faut donc que, pour le phénomène beaucoup plus général que nous étudions, la biréfringence des molécules soit beaucoup plus faible ou que leur orientation soit très incomplète. Cette seconde hypothèse doit jouer au moins le plus grand rôle dans l'explication de la petitesse de phénomène : celui-ci, en effet, croît beaucoup avec le champ (comme le carré de ce champ), ce qu'il est aisé d'expliquer par une orientation plus complète sous l'influence de couples plus élevés. Rappelons à ce sujet qu'avec certaines liqueurs ferriques colloïdales à particules très petites la même loi de croissance avec le champ avait été trouvée dans les champs faibles, mais qu'on tendait manifestement vers une biréfringence limite correspondant à une orientation complète dans les champs plus élevés. Nous sommes ainsi amenés à supposer que dans des champs beaucoup plus intenses que ceux dont nous disposons, la loi de croissance du phénomène avec le champ serait modifiée. Il y a lieu de faire encore remarquer que la théorie de l'orientation prévoit pour les molécules diamagnétiques des couples d'orientation faibles, beaucoup plus par exemple que ceux qui agissent en général dans le même champ sur les molécules paramagnétiques.

Si petits que soient les couples d'orientation, les molécules y obéiraient et s'orienteraient complètement si une action antagoniste n'intervenait. Il est naturel d'attribuer cette action à l'agitation thermique qui tend à s'opposer à toute orientation privilégiée des molécules du liquide, et qui fait disparaître toute biréfringence en un temps inappréciable dès que le champ directeur cesse d'agir ([1]). On peut dès lors prévoir que pour un champ donné, la biréfringence sera d'autant plus grande que l'agitation thermique sera moindre, c'est-à-dire que la température sera plus basse. Cette conséquence de la théorie a été confirmée par l'expérience comme nous allons le voir maintenant. Les autres recherches expérimentales que nous exposerons ensuite sont également en bon accord avec la théorie.

VARIATIONS AVEC LA TEMPÉRATURE.

Nous avons fait l'étude systématique des variations de la biréfringence magnétique avec la température pour le nitrobenzène et pour quelques autres corps. Les mesures faites sur le nitrobenzène avaient une importance pratique spéciale, parce que ce corps avait été choisi comme corps de comparaison pour toutes les mesures relatives. La grandeur de la biréfringence de ce liquide, telle qu'on la mesure à différentes températures dans un même tube et pour un champ constant, est représentée par la courbe de la figure 1 entre 6°,4 (tem-

([1]) Pour le phénomène de Kerr, Abraham et Lemoine ont trouvé que ce temps de *relaxation* devait être inférieur à 10^{-8} seconde. Plus récemment, Gutton (*Journ. de Phys.*, 5e série, t. III, 1913, p. 206-217 et 445-449) a mesuré des durées du même ordre.

pérature voisine du point de fusion) et 53°,9. Lorsque la température s'élève, on voit que la biréfringence diminue, comme on l'avait prévu, mais de moins en moins rapidement. La diminution relative au voisinage de 20° est d'environ $\frac{1}{111}$ par degré. Les valeurs indiquées, qui correspondent aux conditions mêmes de l'expérience (liquide placé dans un tube que l'on porte à diverses températures), sont celles qui

Fig. 1.

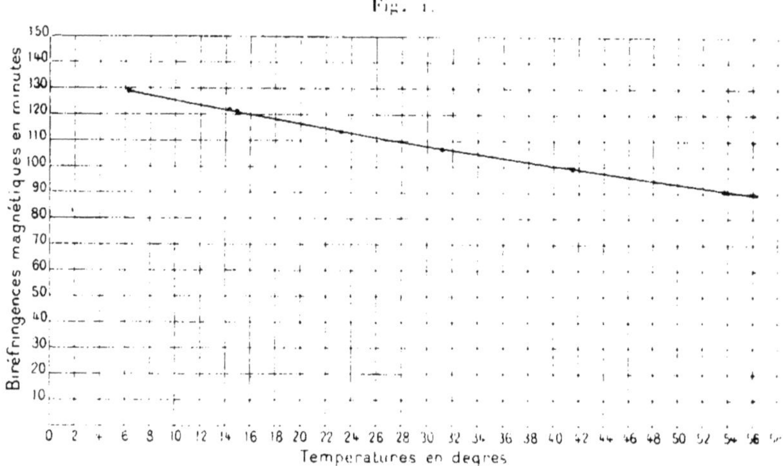

conviennent pour les comparaisons entre les diverses substances. Une correction devrait être faite si l'on voulait connaître la variation du phénomène pour un nombre constant de molécules traversées par la lumière. D'après les indications qu'on possède pour d'autres liquides organiques, la diminution du nombre de molécules dans la longueur du tube à expériences doit être pour un intervalle de température de 50°, voisin de 2 pour 100, alors que la diminution de la biréfringence est de plus de 28 pour 100 dans cet intervalle.

La biréfringence magnétique du naphtalène monobromé α, voisine de celle du nitrobenzène à épaisseur égale, est un peu plus petite à 12°, plus grande à 48°; la biréfringence des deux corps doit être la même pour une température un peu supérieure à 17°. La variation avec la température a pour tous deux le même signe, mais non la même grandeur.

Le salol nous a permis de mesurer très aisément sa biréfringence magnétique à l'état de surfusion. On sait que ce corps ne formant aucun germe qui le fasse cristalliser spontanément peut être facilement amené par refroidissement à devenir progressivement très visqueux et même à prendre l'état vitreux. Nous n'avons pu poursuivre les expériences jusqu'au moment où cet état a été atteint. Il se produisait alors dans le tube un retrait du corps accompagné de tensions inégales dans diverses directions, de « trempe », et par suite de biréfringence spontanée; ces tensions amenaient d'ailleurs assez rapidement la rupture de la masse vitreuse. Nous avons donc seulement constaté que la variation assez faible et très sensiblement linéaire de la biréfringence en fonction de la température se poursuivait régulièrement depuis une température sensiblement supérieure au point de fusion jusqu'à celle de — 17°, pour laquelle le liquide était déjà très visqueux.

Nous avons pu pousser plus loin les observations avec le salicylate de naphtyle ou bétol. Ce corps, dont la biréfringence magnétique est élevée, fond à température plus haute que le salol et devient vitreux à des températures plus maniables. Il forme à — 8° une masse qui se brise sous le marteau. Mais il donne facilement naissance à des germes, ce que nous n'avons pu empêcher qu'en le fondant à plusieurs reprises : il devient alors manifestement un peu impur sans que sa biréfringence en soit sensiblement modifiée. Nous avons pu observer dans ces conditions, sans d'ailleurs faire de mesures, que le corps devenu complètement vitreux possède encore la biréfringence magnétique. Nous sommes, par suite, conduits à penser que les molécules d'un corps vitreux s'orientent dans le champ magnétique comme celles d'un liquide mobile.

Les corps à l'état liquide nous ont tous présenté dans ces recherches une variation de biréfringence avec la température qui est dans le sens indiqué par la théorie de l'orientation moléculaire. Cette théorie permet-elle de prévoir pour les différents corps une loi de variation thermique différente ? Admettre qu'elle doit être égale pour tous, ce serait oublier que la biréfringence magnétique dépend à la fois de l'orientation sous l'influence du champ et des propriétés optiques des corps. Or, entre la biréfringence d'un liquide placé dans le champ et son indice hors du champ, il existe, nous le verrons, une relation assez simple : comme cet indice varie avec la température, et de manière différente pour les différents corps, on s'explique que pour chacun d'eux la variation thermique ne soit pas la même.

Comme la biréfringence magnétique et, pour les mêmes raisons, la biréfringence électrique doit diminuer lorsque la température s'élève, c'est ce que nous avons vérifié pour le nitrobenzène. Nous avons établi pour ce corps la courbe de variation de la biréfringence électrique avec la température dans les conditions où nous l'avions fait pour la biréfringence magnétique. L'allure des deux courbes est la même; mais, à des températures correspondantes, la pente est toujours plus forte pour cette nouvelle courbe que pour la précédente : la diminution de la biréfringence électrique quand la température s'élève est donc plus rapide que la diminution de la biréfringence magnétique; elle est, par exemple au voisinage de 20°, de $\frac{1}{88}$ environ par degré au lieu de $\frac{1}{144}$.

La théorie de l'orientation permettait-elle de prévoir cette différence ? Il est aisé de s'en convaincre. Les valeurs du champ qui interviennent dans l'expression des couples d'orientation auxquels les molécules sont soumises, ne sont pas celles qu'on mesure en l'absence de la masse liquide, mais les valeurs vraies du champ au point même où ces molécules sont placées. Les valeurs considérées dépendent de la polarisation du liquide sous l'influence du champ et celle-ci est elle-même fonction du pouvoir inducteur spécifique dans un cas, de la perméabilité magnétique de la substance dans l'autre. Mais la perméabilité magnétique est toujours voisine de 1 et ne varie pas sensiblement avec la température, tandis que le pouvoir inducteur spécifique s'abaisse très nettement quand la température s'élève, de 22 pour 100 environ par exemple entre 6° et 54°. Un raisonnement un peu simpliste, il est vrai, nous avait amené à penser que le champ agissant sur la molécule était proportionnel à la valeur de la constante diélectrique. Cette constante, dans le cas du nitrobenzène, est connue, sans beaucoup de précision d'ailleurs, pour différentes températures. Nous avons alors cherché quel était à diverses températures le rapport de la biréfringence électrique β_e divisée par le pouvoir inducteur spécifique K à la biréfringence magnétique β_m, et ce rapport nous a paru suffisamment constant, car ayant la même valeur à 6° et à 54°, il s'abaisse seulement de 5 pour 100 à 33°.

VARIATIONS AVEC LA LONGUEUR D'ONDE.

Nous avons mesuré pour diverses radiations (raies du mercure et de l'hydrogène) la biréfringence magnétique du nitrobenzène. Sur la courbe qui figure la dispersion de cette biréfringence (*fig.* 2), les points marqués représentent les rapports de la biréfringence observée dans chaque cas avec la biréfringence observée pour la lumière jaune de l'arc au mercure. Sur la même figure, on a marqué des croix qui représentent les rapports correspondants pour la biréfringence électrique déterminés de la même façon [1] avec les mêmes appareils optiques. On voit que les dispersions des deux phénomènes sont certainement très voisines, sinon identiques. Cette relation entre les

Fig. 2.

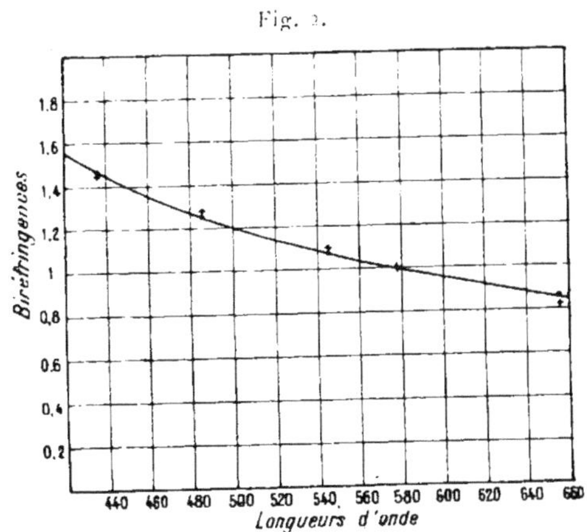

deux dispersions s'explique aussitôt dans l'hypothèse de l'orientation si l'on admet que dans les deux champs les molécules tendent à s'orienter de la même façon par rapport aux lignes de force.

Skinner et Mc Comb [2] ont fait de même de leur côté cette comparaison des deux dispersions non seulement sur le nitrobenzène, mais aussi sur le benzène, le nitrotoluène, le chlorobenzène, le bromobenzène, la diéthylaniline, le monobromonaphtalène α et enfin le sulfure de carbone. Leurs résultats concordent avec celui que nous avions obtenu, et les auteurs concluent que les écarts entre les deux dispersions sont de l'ordre des erreurs d'expérience. Il faut remarquer toutefois que nos mesures comme les leurs ne sont pas très pré-

(1) Ces mesures ont été faites avec des champs alternatifs et, chose digne d'être notée, en employant de très faibles voltages. Le phénomène de Kerr est déjà sensible avec nos appareils en employant un secteur ordinaire à 110 volts. La légitimité des résultats ainsi obtenus a été discutée dans notre Mémoire : les mesures en champ alternatif ont été d'ailleurs comparées directement avec des mesures faites en champ continu.

(2) SKINNER, *Phys. Rev.*, t. XXIX, décembre 1909, p. 541. — Mc COMB, *Ibid.*, p. [illegible].

cises aux deux extrémités du spectre, où les mesures polarimétriques sont médiocres à cause du peu de sensibilité de l'œil et que des mesures plus précises montreraient peut-être de légères différences systématiques. Cet accord entre les deux dispersions, que la théorie de l'orientation explique aisément, ne nous paraît pas constituer en sa faveur un argument tout à fait décisif.

En effet, les physiciens américains trouvent cette même concordance entre les deux dispersions dans le cas du sulfure de carbone pour lequel les deux biréfringences sont de signe opposé, et pour lequel on ne peut pas admettre, par conséquent, que les molécules s'orientent de la même façon dans les deux champs. D'autre part, nous avons trouvé dans le cas du nitrobenzène, et Skinner et Mc Comb ont trouvé de leur côté dans le cas des corps qu'ils ont étudiés, que les variations avec la longueur d'onde des biréfringences électrique et magnétique sont liées aux variations de l'indice de réfraction du liquide soustrait à l'action du champ directeur. Ce lien est exprimé par une relation que Havelock avait prévue dans un travail sur lequel nous reviendrons plus loin. Or, on a pu obtenir, nous le verrons, cette relation en partant d'autres théories.

RAPPORTS AVEC LA CONSTITUTION CHIMIQUE.

La biréfringence magnétique varie beaucoup avec la structure chimique des corps qui présentent cette propriété. Le nitrobenzène dont il a été surtout question jusqu'ici est un des corps dont la biréfringence magnétique est le plus élevée. Les rapports de cette propriété avec la structure chimique se sont manifestés dès les premières recherches faites dans un champ magnétique peu puissant et de peu d'étendue. La biréfringence était très nette et positive pour tous les corps organiques à noyau benzénique ou naphtalénique; elle était au contraire douteuse ou tout à fait impossible à déceler pour les corps de la série grasse ainsi que pour les substances minérales, à l'exception du sulfure de carbone qui seul possédait une biréfringence négative.

Dans de meilleures conditions expérimentales, cette propriété s'est manifestée dans un plus grand nombre de composés organiques liquides. Nous en avons inscrit les noms sur les Tableaux suivants en les classant par séries. Dans chaque Tableau [1] nous avons fait figurer, avec le nom du corps et sa formule de constitution, le rapport multiplié par 100 de sa biréfringence dans les conditions où elle a été mesurée avec celle d'une égale épaisseur de nitrobenzène (colonne b); puis une quantité désignée par b_s qui est la biréfringence spécifique, ou biréfringence rapportée à l'unité de masse du corps; elle est obtenue en divisant b par la densité d du corps : c'est celle que donnerait chaque corps dans des conditions où le nitrobenzène aurait à une température peu différente une biréfringence de 83,5, si les corps étaient observés non dans des tubes de même longueur, mais à égalité de masse dans des tubes de même section. La définition de cette quantité est en somme analogue à celle qu'on donne du pouvoir rotatoire spécifique. La température t écrite dans une colonne voisine permettrait de faire la légère correction nécessaire pour comparer rigoureusement la biréfringence du corps à celle du nitrobenzène pris à la même température, mais il n'était pas nécessaire de faire cette réduction pour les comparaisons qui étaient notre but. On peut aisément calculer la biréfringence moléculaire qui n'est que le nombre b_s multiplié par la masse moléculaire correspondante. Cette grandeur nous a paru moins intéressante à considérer, les recherches ayant montré rapidement que la biréfringence magnétique n'était nullement une propriété additive.

C'est d'ailleurs ce que permet d'attendre la théorie de l'orientation moléculaire si l'on admet que l'anisotropie magnétique, par exemple, est une propriété des atomes mêmes de chaque molécule. Le couple d'orientation qui s'exerce sur chacun d'eux est naturellement alors une grandeur vectorielle; si nous supposons qu'entre les atomes d'une même molécule les liaisons sont rigides, les couples qui s'exercent sur les atomes doivent non s'ajouter, mais se composer, et le couple d'orientation de la molécule n'est pas la somme, mais la résultante des couples qui s'exercent sur ses différentes parties. Il est donc à prévoir que ces couples puissent, dans certaines conditions de symétrie de la molécule, se compenser les uns les autres d'une façon plus ou moins complète. L'anisotropie optique d'une molécule doit d'ailleurs d'une manière analogue dépendre de sa structure. La biréfringence, elle aussi, dépendra donc beaucoup de la structure moléculaire.

[1] Dans ces Tableaux les initiales qui suivent les noms des corps indiquent l'origine des produits. Ceux qui portent la lettre (P) nous ont été aimablement fournis par M. Pascal, ceux qui portent la lettre (L) par M. Lemoult.

TABLEAU I. — *Biréfringences magnétiques : dérivés monosubstitués du benzène.*

	t.	*b.*	*d.*	*b.*	
Benzène	18,3	23,3	0,88	26,5	C^6H^6
Benzène monofluoré (P)	13	25,5	1,03	24,8	C^6H^5F
Benzène monochloré	20	28,8	1,11	26,0	C^6H^5Cl
Benzène monobromé	15,7	25,7	1,50	17,1	C^6H^5Br
Benzène monoiodé	16,4	24,8	1,84	13,5	C^6H^5I
Cyanure de phényle (P)	14	39,5	1,01	39,0	$C^6H^5—CN$
Aniline	13,4	16,0	1,02	15,6	$C^6H^5—NH^2$
Nitrobenzène	»	100	1,20	83,5	$C^6H^5—NO^2$
Toluène	17,5	24,5	0,87	28,2	$C^6H^5—CH^3$
Chlorure de benzyle (P)	16,6	24,2	1,10	21,8	$C^6H^5—CH^2Cl$
Chlorure de benzylidène (P)	16,6	23,8	1,25	19,0	$C^6H^5—CHCl^2$
Phénylchloroforme (P)	17	25,4	1,38	18,4	$C^6H^5—CCl^3$
Phénylfluoroforme (P)	16,8	26,7	1,18	22,5	$C^6H^5—CF^3$
Cyanure de benzyle (P)	14,2	22,5	1,01	22,2	$C^6H^5—CH^2CN$
Alcool benzylique (K)	15,8	26,0	1,05	24,8	$C^6H^5—CH^2OH$
Ethylbenzène	17,4	21,5	0,87	24,8	$C^6H^5—CH^2CH^3$
Alcool phényléthylique (D)	13,8	19,0	1,02	18,5	$C^6H^5—CH^2CH^2OH$
Propylbenzène	18,3	20,3	0,86	23,6	$C^6H^5—CH^2CH^2CH^3$
Isopropylbenzène (*Cumol* K)	14,5	26,0	0,87	29,2	$C^6H^5—CH(CH^3)^2$
Cinnamène (P. *après dist.*)	15,2	36,8	0,91	40,5	$C^6H^5—CH=CH^2$
Phénylbutadiène (L)	15,4	64	0,97	66	$C^6H^5—CH=CHCH=CH^2$
Phénylacétylène (P)	14,1	27,5	0,93	29,5	$C^6H^5—C \equiv CH$
Anisol (K)	16,5	22,2	0,99	22,4	$C^6H^5—OCH^3$
Phénétol (P)	14,8	21,8	0,97	22,5	$C^6H^5—OC^2H^5$
Aldéhyde benzylique	15,2	39,5	1,05	36,6	$C^6H^5—CHO$
Chlorure de benzoyle (K)	13,6	66	1,22	54	$C^6H^5—COCl$
Acétophénone (*surf.*)	21,7	49	1,03	47,5	$C^6H^5—COCH^3$
Benzoate de méthyle (P)	14,8	40,3	1,09	37,0	$C^6H^5—CO^2CH^3$
Benzoate d'éthyle (P)	16	37	1,05	35	$C^6H^5—CO^2C^2H^5$
Benzoate de propyle (K)	13,4	33	1,03	32	$C^6H^5—CO^2C^3H^7$
Benzoate d'amyle	19,7	(27)	1,00	(27)	$C^6H^5—CO^2C^5H^{11}$
Acétate de benzyle	?	(33)	1,04	(32)	$C^6H^5—CH^2OCOCH^3$
Cinnamate d'éthyle	17	(60)	1,05	(57)	$C^6H^5—CH=CH—CO^2C^2H^5$
Benzylidène-méthylamine (P)	13,6	45,8	0,98	46,5	$C^6H^5—CH=NCH^3$
α-Benzaldoxime (*surf.*) (P)	12,5	67,6	1,02	66,3	$C^6H^5—CH=NOH$
Phénylhydrazine (*surf.*)	20,4	29,6	1,09	27,2	$C^6H^5—NH—NH^2$

Tableau II. — *Dérivés disubstitués du benzène.*

	t.	*b*.	*d*.	b_1.	
Orthoxylène (K)	14	27,8	0,88	31,6	$C^6H^4(CH^3)^2_{1,2}$
Métaxylène (K)	16,2	25.0	0,87	28.8	$C^6H^4(CH^3)^2_{1,3}$
Paraxylène (K)	20	26,6	0,86	31,0	$C^6H^4(CH^3)^2_{1,4}$
Orthonitrotoluène	16,5	(58)	1,16	(50)	$C^6H^4(CH^3)_1(NO^2)_2$
Métanitrotoluène	22	(77)	1,17	(67)	$C^6H^4(CH^3)_1(NO^2)_3$
Anéthol (P)	21,4	74,1	0,99	75,0	$C^6H^4(OCH^3)_1(CH = CH - CH^3)_4$
Phénylfluoroforme *p*-nitré	15	58,0	1,45	40,0	$C^6H^4(CF^3)_1(NO^2)_4$
Parafluophénétol (P)	17,8	30,8	1,11	26.3	$C^6H^4(F)_1(OC^2H^5)_4$
Parachlorophénétol (P)	15,1	26,4	1,11	23,8	$C^6H^4(Cl)_1(OC^2H^5)_4$

Tableau III. — *Dérivés trisubstitués du benzène.*

	t.	*b*.	*d*.	b_1.	
Pseudocumène (K)	15.6	28.0	0,88	31,8	$C^6H^3\begin{cases}(CH^3)_1\\(CH^3)_2\\(CH^3)_4\end{cases}$
Mésytilène (K)	16	22.2	0,86	23,8	$C^6H^3\begin{cases}(CH^3)_1\\(CH^3)_3\\(CH^3)_5\end{cases}$
Chlorodinitrobenzène (P. *fondu*)	?	108	(1,5)	(70)	$C^6H^3\begin{cases}(Cl)_1\\(NO^2)_2\\(NO^2)_4\end{cases}$
Safrol (P)	17,2	24.1	1,10	21,9	$C^6H^3\begin{cases}(CH^2 - CH = CH^2)_1\\(O)_3\\(O)_4\end{cases}$ $(O)_3$, $(O)_4$ $>CH^2$
Isosafrol (P)	17.2	49.5	1,13	43.8	$C^6H^3\begin{cases}(CH = CH - CH^3)_1\\(O)_3\\(O)_4\end{cases}$ $(O)_3$, $(O)_4$ $>CH^2$
Eugénol (P)	15,8	20,9	1,07	19.5	$C^6H^3\begin{cases}(CH^2 - CH = CH^2)_1\\(OCH^3)_3\\(OH)_4\end{cases}$
Isoeugénol (P)	16,8	36.0	1.09	33.0	$C^6H^3\begin{cases}(CH = CH - CH^3)_1\\(OCH^3)_3\\(OH)_4\end{cases}$
Carvacrol (P)	13	15.1	0,98	15,5	$C^6H^3\begin{cases}(C^3H^7)_1\\(OH)_3\\(CH^3)_4\end{cases}$
Thymol (*surf.*)	13,4	17.7	0.97	18.3	$C^6H^3\begin{cases}(C^3H^7)_1\\(OH)_2\\(CH^3)_5\end{cases}$

TABLEAU IV. — *Corps à plusieurs noyaux benzéniques.*

	t.	*b.*	*d.*	b_1.	
Diphényléthylène (P)	16,4	48	1,03	46,5	$(C^6H^5)^2 - C = CH^2$
Benzophénone (*surf.*)	14	57,2	1,12	51,2	$C^6H^5 - CO - C^6H^5$
Benzoate de benzyle (P)	15,8	38,4	1,12	34,3	$C^6H^5 - CO^2 - CH^2 - C^6H^5$
Salicylate de phényle (salol, *surf.*)	16	(62)	»	»	$C^6H^4(OH)_1(CO^2C^6H^5)_2$

TABLEAU V. — *Noyau naphtalénique. — Noyaux complexes et hétérocycliques.*

	t.	*b.*	*d.*	b_1.	
Naphtalène monochloré α	15	108	1,2	90	$C^{10}H^7Cl$
Naphtalène monobromé α	17	99	1,49	66,5	$C^{10}H^7Br$
Naphtonitrile α (K) (*surf.*)	17	166	1,11	149	$C^{10}H^7CN$
Naphtalène mononitré α	D'après les solutions.			173,5	$C^{10}H^7NO^2$
Salicylate de naphtyle (bétol, *surf.*)	18	(160)	»	»	$(C^{10}H^7 - CO^2)_2 - C^6H^4 - (OH)_1$
Indène (P)	15,8	44,6	1,02	43,8	C^9H^8
Hydrindène (P)	15,2	28,4	0,98	29,1	C^9H^{10}
Quinoléine (P)	14,9	83,0	1,09	75,8	C^9H^7N
Tétrahydroquinoléine (P)	16,8	36,5	1,06	34,3	$C^9H^{11}N$
Méthylquinoléine α (P)	16,5	93,6	1,09	86,2	$C^{10}H^9N$

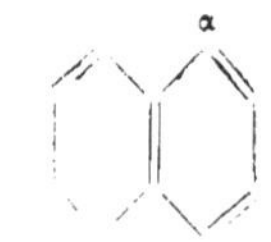

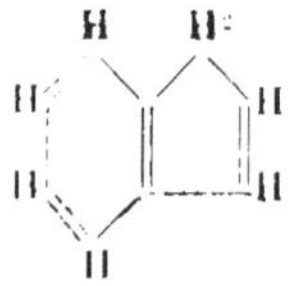

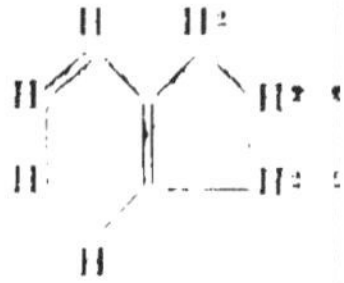

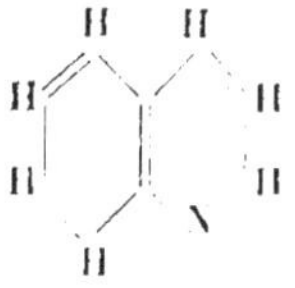

TABLEAU V (suite). — *Noyau naphtalénique. — Noyaux complexes et hétérocycliques*

	t.	b.	d.	b_c.	
Pyridine	18,5	(27)	0,98	(27)	C^5H^5N... 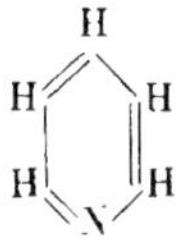
Thiophène (P)	14,8	15,6	1,06	14,7	C^4H^4S.... 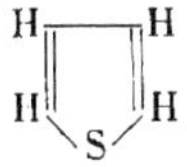
Pyrrol	16	(7)	0,97	(7)	C^4H^5N.... 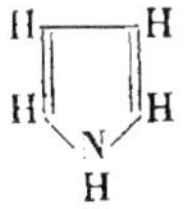
Furfurol	17	(45)	1,14	(39)	$C^5H^4O^2$... 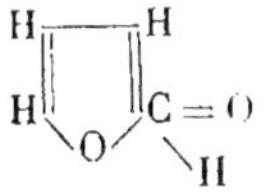

TABLEAU VI. — *Biréfringences magnétiques de composés de la série grasse* (1).

		t.	β.	b.	d.	b_c.
(1)	Nitrométhane (P) ; CH^3NO^2.	18,4	+ 9,6	+ 3,6	1,02	+ 3,5
(2)	Tétranitrométhane (P) ; $C(NO^2)^4$.	14,2	+ 2,9	+ 1,0	1,65	+ 0,6
(3)	Chloropicrine (P) ; CCl^3NO^2.	»	+ 9,3	+ 3,4	1,65	+ 2,1
(4)	Acétone (du bisulfite) ; CH^3COCH^3.	20,2	+ 4,5	+ 1,6	0,80	+ 2,0
(5)	Acétylacétone (K) ; $CH^3-CO-CH^2-CO-CH^3$.	16,3	+ 13	+ 4,2	0,98	+ 4,3
(6)	Isoprène (D) ; $CH^2=(C-CH^3)-CH=CH^2$.	»	+ 3,6	+ 2,7	0,68	+ 4,0
(7)	Chloroforme ; $CHCl^3$.	17,2	− 7,8	− 2,8	1,49	− 1,9
(8)	Tétrachlorure de carbone (P) ; CCl^4.			Insensible.		

(1) Ce Tableau est disposé comme les précédents; on y a seulement ajouté une colonne renfermant les angles β mesurés qui ont servi à calculer les biréfringences. Ces valeurs de β ne sont pas directement comparables entre elles : elles ont été obtenues, en effet, avec des tubes de longueurs inégales. Si nous les avons fait figurer dans le Tableau, c'est que souvent ces angles mesurés ont été très petits : dans ces

Tableau VI (suite). — *Biréfringences magnétiques de composés de la série grasse.*

		t.	β.	b.	d.	b_c.
(9)	Chlorure d'éthylidène (P)...... $CH^3 - CHCl^2$.	14	−5	1,8	1,18	−1,5
(10)	Dichlorure d'éthylène......... $CH^2Cl - CH^2Cl$.	14	−5,9	−2,1	1,25	−1,7
(11)	Tétrachlorure d'acétylène (P).. $CHCl^2 - CHCl^2$.	16	−3,5	−1,3	1,59	−0,8
(12)	Bromoforme.................. $CHBr^3$.	14,6	−19	−6,8	2,9	−2,3
(13)	Dibromure d'éthylène.......... $CH^2Br - CH^2Br$.	16,4	−19,6	−7,1	2,18	−3,2
(14)	Tribromacétate d'éthyle (P).... $CBr^3 - CO^2C^2H^5$.	16	−6	−2,2	2,24	−1,0
(15)	Iodure de méthyle............. CH^3I.	14	−8	−2,9	2,20	−1,3
(16)	Diiodure de méthylène......... CH^2I^2.	16	−34	−12,3	3,34	−3,7
(17)	Sulfure de carbone........... CS^2.	15,5	−74	19,6	1,26	15,6
(18)	Isosulfocyanate d'éthyle (P)... $S = C = N - C^2H^5$.	14,6	−23,7	8,4	1,01	8,3

cas, les valeurs calculées pour b et b_c ont nécessairement une précision médiocre sur laquelle l'examen des valeurs de β renseignera aussitôt.

Les notes suivantes se rapportent aux corps désignés par les mêmes numéros dans le Tableau.

(1) Indices de réfraction à 18°,8 : $n_C = 1,37997$; $n_D =$ [illegible] ; $n_F = 1,38884$.

(3) Dichroïsme positif (vibrations parallèles au champ plus absorbées).

(5) Dichroïsme de + 3'.

(9) (10) Redistillés avant les mesures.

(11) Redistillé. Indices à 18°,5 : $n_C = 1,49209$; $n_D = 1,49490$; $n_F = 1,50188$.

(12) Redistillé. Dichroïsme de + 4'.

(13) Redistillé.

(14) Traces de dichroïsme négatif.

(15) Décoloré par le mercure, puis distillé. Indices à 14°,8 : $n_C = 1,52928$; $n_D = 1,53464$; $n_F = 1,54750$.

(16) Décoloré par Hg.

(18) Dichroïsme de + 3'.

Rôle de certains atomes ou groupements d'atomes. — La comparaison des mesures, en mettant en évidence l'influence très nette de certains atomes (ou groupements d'atomes) sur la biréfringence spécifique des corps, appuiera l'hypothèse que nous avons faite de l'anisotropie, propriété atomique. La biréfringence relativement considérable que possèdent tous les composés à noyau benzénique ou naphtalénique nous donnera un premier exemple de l'influence d'un groupe d'atomes. Considérons maintenant les dérivés monosubstitués du benzène : certaines substitutions y font croître la biréfringence spécifique, d'autres la diminuent. Classons les groupes substitués selon l'effet plus ou moins considérable qu'ils exercent, et écrivons au-dessous de chaque groupe la quantité dont il fait croître ou diminuer la biréfringence spécifique (26,5) du benzène. Nous obtenons la liste suivante :

NO^2.	★.	CN.	$C \equiv CH$.	CH^3.
+83,5	...	+39	+29,5	+28,2

I.	NH^2.	Br.	CCl^3.	CF^3.	OC^2H^5.	C^3H^5.	F.	Cl.
−13,5	−15,6	−17,1	−18,4	−22,5	−22,5	−23,6	−24,8	−26,0

Nous appellerons *groupements additifs* ceux de la première ligne, *soustractifs* ceux de la deuxième. Entre NO^2 et CN une place marquée d'un astérisque a été réservée ; là se placerait toute une série de groupements qui ont en commun un carbone rattaché, d'une part, au noyau et, d'autre part, portant une double valence $-C\overset{/\!/}{\underset{\diagdown}{<}}$, tels que $-CH=C\begin{smallmatrix}H\\R\end{smallmatrix}$, $-C\begin{smallmatrix}/\!/O\\ \diagdown R\end{smallmatrix}$, $-CH=NR$. A ces groupes sont attachés des coefficients tous supérieurs à +40 [1], plus élevés donc que tous les autres, celui de NO^2 excepté. Le carbone à double liaison rattaché au noyau nous fournit ainsi un premier exemple d'un groupement jouissant sous certaines conditions d'une action toujours semblable. Cette influence du carbone à double liaison se fait voir encore dans des composés bisubstitués comme l'isosafrol et l'isoeugénol, sur lesquels se marque en même temps l'importance du rattachement direct au noyau du carbone considéré (comparer le safrol et l'eugénol qui ne diffèrent des corps précédents que par la disposition de la double liaison). Nous n'avons malheureusement pu mettre en évi-

[1] Exception faite pour les éthers de l'acide benzoïque dont la chaîne latérale s'allonge.

dence le fait sur des dérivés monosubstitués du benzène, faute d'avoir pu nous procurer les carbures convenables.

Les autres groupements, transportés du noyau benzénique au noyau analogue du napthalène, donneront des dérivés qui se classeront par ordre de biréfringence spécifique croissante dans le même ordre que ceux du benzène. On obtient en effet les biréfringences suivantes [1] :

	Dérivé		
	chloré.	bromé.	cyanuré.
Naphtalène	90	66	149
Benzène	26	17	39

De même, avec un autre noyau cyclique, le noyau quinoléique, la méthylquinoléine se montrera plus active (86) que la quinoléine (76), comme le toluène se montre plus actif (28,2) que le benzène (26,5). C'est par des faits de cette nature que se justifie la considération que nous avons faite de la biréfringence spécifique d'une part, et d'autre part des groupements additifs et soustractifs.

Ces faits s'expliquent aisément si l'on admet, comme le font volontiers les chimistes, certaines analogies de structure des noyaux moléculaires, par exemple, du noyau naphtalénique et du noyau benzénique : tenons un instant pour étroitement liée à la réalité la représentation de Kékulé, qui fait du noyau naphtalénique un ensemble de deux noyaux benzéniques possédant une partie commune et placés côte à côte : il est alors presque évident que les couples d'orientation sur les deux parties du noyau se renforceront, et que si de plus un groupement vient s'accrocher de manière semblable sur le noyau benzénique ou naphtalénique, s'y oriente de la même manière, il renforcera ou affaiblira de la même manière dans les deux cas le couple qui agit sur le noyau.

Rôle des substitutions multiples. — Il n'en sera plus forcément de même si le même groupement substitué se retrouve plusieurs fois joint à un même noyau. Les couples qui s'exercent sur les groupes substitués diversement orientés auront une influence qui dépendra de cette orientation respective. Si les trois xylènes ont des biréfringences différentes, quoique toutes plus élevées que celle du benzène

---

(1) On doit s'attendre à ce que la biréfringence spécifique du nitronaphtalène soit très élevée; elle n'a pu être mesurée directement. La valeur approchée qu'on tire de mesures sur des solutions dans le nitrobenzène est 173,5.

(*o*, 31,6; *m*, 28,8; *p*, 31), une différence plus considérable se montre entre les composés trisubstitués isomères, entre le pseudocumène (pos. 1, 2, 4), $b_s = 31,8$, et le mésitylène (pos. 1, 3, 5), $b_s = 25,8$, qui sont deux triméthylbenzènes.

Des composés à plusieurs noyaux benzéniques non intimement soudés comme dans le naphtalène, mais unis par une chaîne grasse, pourront de même fournir une biréfringence à peine plus élevée ou même plus petite que ceux qui ne possèdent qu'un noyau benzénique. On comparera à ce sujet dans les Tableaux la biréfringence du diphényléthylène (46,5) à celle du cinnamène (40,5), celle du benzoate de benzyle (34,4) à celle du benzoate de méthyle (37,0); enfin celle de la benzophénone (51) à celle de l'acétophénone (47,5) et de l'aldéhyde benzylique (56,6).

Rôle des liaisons doubles dans les noyaux cycliques. — Tous les corps dont nous venons de parler ont une biréfringence spécifique élevée; tous contiennent des noyaux cycliques à doubles liaisons auxquels il faut, semble-t-il, rapporter une grande part de l' « activité » de ces substances. Les doubles liaisons du schéma de Kékulé (ou ce qui en tient lieu dans d'autres modes de représentation) jouent donc un rôle fondamental dont la théorie de l'orientation rend compte aisément, car on voit aussitôt que l'orientation relative de deux carbones voisins n'est pas la même suivant qu'ils sont unis par une liaison simple ou double. Il suffit, en fait, qu'une transformation chimique supprime de la formule les doubles liaisons ou en réduise le nombre pour que la biréfringence spécifique tombe à zéro ou à une valeur très petite. Ainsi le cyclohexane ne montre aucune biréfringence sensible, et celle du cyclohexène qui n'a qu'une double liaison (C^6H^{10}) est de 2′ dans les conditions où celle du benzène est de 288′ [1].

Biréfringence magnétique des composés non cycliques. — La plupart des corps organiques de la série grasse ne nous ont montré aucune biréfringence magnétique : l'éther de pétrole, l'alcool éthylique, l'acide

---

[1] On peut voir également dans les substances à noyaux hétérocycliques des disparitions ou des diminutions analogues de biréfringence lorsque, par hydrogénation, on fait disparaître tout ou partie des doubles liaisons. Voici quelques exemples de couples de corps avec leurs biréfringences spécifiques : quinoléine 76 et tétrahydrure de quinoléine 34, indène 44 et hydrindène 29, pyridine 27 et pipéridine 0. La paraldéhyde, l'eucalyptol, les hydrures de pinène et de limonène fourniraient d'autres exemples de noyaux cycliques sans doubles liaisons et de biréfringence magnétique insensible.

oléique, le cyanacétate d'éthyle sont dans ce cas. D'autres (Tableau VI) manifestent une biréfringence faible, jamais supérieure à $\frac{1}{100}$ de celle du nitrobenzène et qu'on ne peut par suite mesurer, même avec les appareils dont nous disposons, sans quelques précautions.

Conformément aux prévisions de la théorie de l'orientation, l'expérience met nettement en évidence l'influence sur la biréfringence magnétique des atomes ou des groupes d'atomes dont l'activité s'est révélée dans les corps à noyau cyclique. En fait, les groupes que nous avons appelés *additifs*, introduits dans des molécules à chaîne ouverte, donnent des corps dont la biréfringence est positive; aux groupes soustractifs correspondent des biréfringences négatives : le nitrométhane (+ 3,5), l'acétone (+ 2,0), la chloropicrine (+ 2,1), l'isoprène (+ 4) d'une part, et de l'autre, le chloroforme (— 1,9), le bromoforme (— 2,3), l'iodure de méthylène (— 3,7) en fournissent des exemples.

Les substitutions multiples d'un même groupe peuvent ici, comme avec les noyaux cycliques, compenser plus ou moins complètement leurs effets : le tétranitrométhane $C(NO^2)^4$ est beaucoup moins actif (0,6) que le nitrométhane, et le tétrachlorure de carbone ne montre aucune biréfringence décelable; d'autre part, un composé sulfuré, l'isosulfocyanate d'éthyle a fourni la seule biréfringence négative (— 8,3) qui s'approche de celle du sulfure de carbone et laisse prévoir que les composés sulfurés doivent souvent posséder une biréfringence négative.

Tous les corps de la Chimie minérale que nous avons étudiés d'abord (eau oxygénée, acide sulfurique, etc.) ne nous avaient fourni aucune biréfringence appréciable. L'importance considérable du groupe NO^2 nous a poussés à étudier spécialement les corps non organiques qui possèdent ce groupement. Nous aurions pris volontiers comme sujet d'expériences le peroxyde d'azote coloré NO^2 dont les propriétés magnéto-optiques à l'état gazeux sont remarquables, mais il possède un spectre d'absorption à raies nombreuses dont la présence eût rendu difficile l'interprétation des résultats. Le polymère incolore N^2O^4 n'existe qu'à basse température; c'est pourquoi, nous avons préféré examiner l'acide azotique : il a une biréfringence spécifique petite, mais non douteuse, égale à + 1,6. Il serait intéressant de suivre dans les composés de ce corps, dans les nitrates en solution en particulier, les variations de cette biréfringence. Mais avec l'intensité et l'étendue des champs actuels, on doit s'attendre à des nombres trop petits pour que cette étude soit encore abordable.

La théorie de l'orientation conduit naturellement à penser que les corps paramagnétiques, si leur molécule possède une anisotropie optique suffisante, manifesteront de la biréfringence magnétique. Langevin a fait cette remarque. Au laboratoire de Du Bois, Elias a fait des recherches dans cette direction (1). Avec une solution concentrée de nitrate d'erbium (à $0^{g},56$ d'oxyde par centimètre cube), il a obtenu une biréfringence magnétique positive. Elle ne présente au voisinage des bandes (490) et (540) que des anomalies moins marquées (20 pour 100 environ) que celles auxquelles on pouvait s'attendre (la biréfringence était de 87′ pour $\lambda = 503$ sous 6^{mm} d'épaisseur avec 26 300 gauss).

L'accord entre la théorie et les faits relatifs à la constitution chimique nous engage à considérer comme vraisemblables quelques prévisions théoriques assez immédiates. Il n'est pas de molécule qui, étant constituée d'atomes, ne présente une certaine anisotropie; il n'y a même pas d'atomes, sauf peut-être les atomes « zérovalents », qui puissent être considérés comme isotropes. La biréfringence magnétique doit donc être une propriété très répandue dans les corps liquides, mais sa grandeur est certainement très variable de l'un à l'autre, et la faiblesse de nos moyens expérimentaux doit seule expliquer le nombre restreint de corps chez lesquels on la constate.

MÉLANGES LIQUIDES.

L'impossibilité d'étudier certains corps autrement qu'à l'état dissous nous a amenés à nous intéresser à la question de la biréfringence magnétique des solutions et des mélanges. La question est d'ailleurs importante par ailleurs; on peut se demander si les molécules des liquides mêlés s'orienteront et agiront sur la lumière indépendamment les unes des autres, autrement dit si deux liquides mêlés dans un tube cylindrique et placés dans le champ agiront de la même manière que si les mêmes masses avaient été placées dans deux cylindres de même section mis bout à bout de telle manière que dans les deux cas le rayon lumineux rencontre dans le champ le même nombre de molécules de l'un et de l'autre. Si l'on représente par une courbe la biréfringence d'un mélange en proportions variables

(1) Elias, *Verhandl. d. d. phys. Gesellschaft*, t. XII, 1910, p. 955, et *Phys. Zeits.*, t. XIII, 1912, p. 136.

de deux liquides, l'un « actif », l'autre inactif, et qu'on porte en ordonnées les biréfringences obtenues en observant les mélanges sous une épaisseur donnée, en abscisses le rapport de la masse du composé actif présent dans le mélange à celle du même corps qui remplirait le tube, la règle d'additivité ci-dessus serait représentée par une droite partant de l'origine. Dans aucun cas l'expérience ne nous a fourni un tel résultat :

Le mélange de nitrobenzène et de tétrachlorure de carbone à environ 50 pour 100 en volumes ne donne qu'une biréfringence égale à moins des $\frac{2}{3}$ de ce qu'on pouvait prévoir de cette manière. Les mélanges du nitrobenzène avec l'alcool ou l'acétone donnent des résultats analogues.

Le naphtalène monobromé α donne au contraire avec le tétrachlorure de carbone une biréfringence certainement un peu plus élevée que celle que l'on pouvait prévoir. Il en va de même lorsqu'on le mélange au cyclohexane.

Une étude plus complète pourrait seule nous faire connaître à quoi sont dus ces écarts de la biréfringence avec ce qu'aurait permis de prévoir la règle d'additivité. Deux explications se présentent : la première est d'ordre physique, elle se rattache aux idées de van der Waals et de son école, et fait intervenir les actions mutuelles qui s'exercent entre les molécules d'un liquide et que l'on considère dans les questions de miscibilité des liquides, de viscosité, etc. On conçoit que ces actions peuvent être fortement changées si les molécules du corps actif sont plongées dans un milieu fait, non de molécules semblables, mais de molécules en partie d'espèce différente.

L'autre explication consiste à admettre que les molécules même des corps peuvent être modifiées, soit par combinaison, soit encore si les molécules des corps primitifs sont associées, par une modification de cet état d'association. Cette théorie « chimique » a été récemment appliquée par Dolezalek et A. Schulze à l'étude de mélanges liquides et les a conduits à déduire des propriétés d'un mélange d'éther et de chloroforme l'existence dans ce mélange d'une combinaison en équilibre avec les composants et qu'ils ont pu isoler à basse température.

Nous avons montré, dans notre Travail sur ce sujet, que des études faites avec diverses longueurs d'onde permettraient de savoir si une théorie chimique semblable suffirait à elle seule à expliquer, pour les mélanges que nous avons étudiés, les faits observés. Mais ici encore les mesures précises, dans le cas de liquides peu actifs, nécessiteraient des moyens d'action plus puissants.

EXAMEN DE QUELQUES THÉORIES.

Bien que la théorie de l'orientation suffise à expliquer les phénomènes de biréfringence magnétique, on en a proposé d'autres que nous devons examiner ici rapidement.

Théorie de Havelock. — Havelock ([1]), qui avait cherché à expliquer la biréfringence, telle qu'elle se présente naturellement dans les cristaux, par une *distribution* anisotrope dans l'espace de particules isotropes, et non comme nous le faisons par l'*orientation* de particules anisotropes, voulut appliquer sa théorie aux biréfringences produites artificiellement dans les liquides. Sa conception revient donc à supposer aux molécules une *distribution anisotrope*, à admettre, par exemple, qu'elles sont plus rapprochées les unes des autres dans la direction du champ que dans la direction perpendiculaire, de même que, dans le cas des cristaux, les dimensions inégales de la maille dans les différentes directions sont pour lui la cause de la biréfringence. Il avait lui-même fait observer que son hypothèse et la nôtre étaient bien distinctes, et il s'était déjà demandé si toutes deux conduiraient à la même loi de variation de la biréfringence en fonction de l'indice. Sa théorie l'avait en effet conduit à trouver entre l'indice normal n pour une lumière donnée de la substance isotrope et les indices ordinaire et extraordinaire n' et n'' de la même substance devenue biréfringente la relation $(n'-n'')\frac{n}{(n^2-1)^2}=$ const., cette constante étant indépendante de la longueur d'onde de la lumière considérée. Nous avons indiqué plus haut que cette formule est vérifiée par nos mesures, ainsi que par celles de Skinner et de Mc Comb.

Mais la formule de Havelock n'était pas caractéristique de son hypothèse : nous l'avons retrouvée en partant de l'hypothèse de l'orientation. Pour cela, nous avons repris son calcul. Nous montrerons ici seulement comment les deux hypothèses distinctes conduisent au même résultat.

On sait, en effet, que pour avoir les indices d'un milieu biréfringent dans les directions principales, on est amené à écrire les équations

([1]) HAVELOCK, *Proc. Roy. Soc.*, A, t. LXXVII, 1906, p. 170-182, et t. LXXX, 1908, p. 28-44; *Physical. Rev.*, t. XXVIII, 1909, p. 136.

du mouvement d'un électron de masse m, de charge e appartenant à une molécule du milieu traversé par l'onde lumineuse. Ces équations s'écrivent

$$m\frac{\partial^2 \varphi}{\partial t^2} = -k^2\varphi + e(X + X_1),$$

. . . .

φ, χ, ψ étant les écarts subis par l'électron depuis sa position moyenne, et ces quantités multipliées par k^2 les composantes de la force qui tend à le ramener à cette position, X, Y, Z et X_1, Y_1, Z_1 étant respectivement les composantes des forces électriques dues à l'onde lumineuse et à l'ensemble des autres électrons déplacés de leur position d'équilibre.

Havelock, pour traiter le problème de la distribution anisotrope de particules isotropes, modifie la méthode que Lorentz avait appliquée aux milieux isotropes. Il divise, au point de vue de leur action sur l'électron considéré, les autres électrons en deux groupes : ceux qui sont éloignés et dont l'action se réduit à celle d'un milieu uniformément polarisé; ceux qui sont rapprochés, et pour ceux-ci on peut considérer, non comme dans le cas des corps isotropes, ceux qui sont contenus dans une sphère centrée sur la position moyenne de l'électron, mais ceux qui sont à l'intérieur d'un ellipsoïde de même centre. Il en résulte, N étant le nombre de molécules par unité de volume, pour les valeurs de X_1, Y_1, Z_1, des expressions de la forme

$$4\pi\left(\frac{1}{3} - s_1\right)Ne\varphi,$$

où les s ont des valeurs différentes pour les trois directions principales, ce qui reporté dans les équations ci-dessus fournit des valeurs de φ et, par suite, de l'indice différent dans les différentes directions.

De notre côté, considérant que les molécules étant plus ou moins orientées dans notre hypothèse, nous devions penser que les électrons voisins d'un électron donné, *en particulier ceux qui sont dans la même molécule*, ne sont pas distribués en moyenne autour de lui dans des directions quelconques et que, par suite, le champ électrique qu'ils créent n'est pas le même suivant les différents axes. Nous donnons donc *a priori* aux quantités X_1, Y_1, Z_1 des valeurs semblables à celles que Havelock leur attribue. C'est donc pour nous la valeur différente suivant les directions considérées du champ auxiliaire dû aux électrons qui crée l'anisotropie optique, et cette différence de valeur suivant les directions résulte de l'orientation.

L'hypothèse de Havelock se heurte d'ailleurs, en ce qui concerne les liquides, à des objections que nous avons exposées et qui n'ont pas été levées : comment des corps tels que le sulfure de carbone et le chloroforme prennent-ils, sous l'influence du champ électrique, des biréfringences de signe opposé, positive pour le premier et négative pour le second ? Quelle différence de distribution des molécules peut expliquer que deux corps, *tous deux diamagnétiques*, comme le nitrobenzène et le sulfure de carbone, soient dans le champ magnétique, le premier positivement et le second négativement biréfringent ?

Théorie de Voigt. — Au reste, la formule de Havelock s'obtient assez aisément en partant d'hypothèses assez diverses. C'est ainsi que Natanson (1) l'a retrouvée dans une tout autre théorie. Il s'agit de celle qui avait conduit Voigt à chercher et à trouver une biréfringence magnétique des flammes colorées par le sodium au voisinage de la raie D. Voigt a voulu considérer cette théorie comme générale et l'appliquer à la biréfringence magnétique des liquides que nous avons étudiés. Pour Voigt, la biréfringence magnétique était *directement* liée aux modifications survenant dans les orbites des électrons placés dans le champ ; elle serait ainsi étroitement rattachée au phénomène de Zeeman. Comme d'après l'auteur de la théorie celle-ci ne permettait de rien prévoir d'autre que l'existence même du phénomène, ne se prêtait à aucune vérification expérimentale quantitative, nous avions préféré poursuivre la théorie de l'orientation qui se montrait plus apte à suggérer des recherches. La théorie de Voigt n'était pourtant pas aussi impossible à soumettre aux vérifications expérimentales que le pensait son auteur. Langevin fit la remarque que dans cette théorie la biréfringence magnétique n'étant autre chose que le phénomène transversal correspondant au pouvoir rotatoire magnétique, il y avait entre les deux phénomènes une liaison qui permettait de calculer l'un connaissant l'autre. La vérification faite par Langevin ne fut pas favorable à la théorie de Voigt qui, dans les cas examinés, fournit pour la biréfringence magnétique une valeur de l'ordre de mille fois plus petite que celle que l'expérience avait fait connaître. Cette théorie de Voigt était donc inapplicable aux liquides dont nous avons fait l'étude.

---

(1) L. Natanson, *On the Theory of Double Refraction induced by an Electric or a Magnetic Field* (*Bull. Ac. Sc. Cracovie*, juin 1910, p. 256-277).

Depuis, Voigt est revenu sur cette question dans plusieurs Mémoires (¹), et a introduit dans ses calculs, outre le phénomène de Zeeman, c'est-à-dire le changement de période des électrons lumineux, la considération de molécules anisotropes s'orientant sous l'action du champ. Loin des bandes d'absorption, l'effet de l'anisotropie serait d'après lui plus grand que celui qui résulte du phénomène de Zeeman. Or, c'est seulement ce cas dont nous nous sommes occupés. Il est certain que l'étude de la biréfringence magnétique au voisinage immédiat des bandes d'absorption serait très intéressante : mais elle serait aussi plus difficile et nécessiterait l'emploi de champs magnétiques plus intenses.

Théorie de l'orientation développée par Langevin. — Langevin reprenant pour son compte la théorie de l'orientation entreprit de la développer par le calcul et compara les résultats de cette analyse à ceux que l'expérience avait fournis (²).

J'indiquerai en deux mots la marche qu'il a suivie. Les molécules sont supposées avoir la symétrie d'un ellipsoïde de révolution; elles sont donc caractérisées, tant au point de vue magnétique ou électrique qu'au point de vue optique, par deux paramètres, l'un relatif à la direction de l'axe, l'autre aux directions normales à l'axe : ces paramètres représentent dans les deux premiers cas des moments (magnétique ou électrique), dans l'autre des périodes de vibration propre des électrons. Sous l'influence combinée du champ et de l'agitation thermique, les molécules répartissent leurs axes suivant une loi analogue à la loi fondamentale de la théorie cinétique donnée par Boltzmann. Le calcul est semblable à celui qui a servi à Langevin à étudier la distribution dans l'espace des axes des molécules paramagnétiques placées dans un champ. D'autre part, au moyen d'équations analogues à celles qui ont été rappelées précédemment, on peut calculer la contribution qu'une molécule d'une orientation donnée apporte à la polarisation du milieu. La sommation de cette quantité, étendue à l'ensemble des molécules réparties suivant la loi de Boltzmann, permet le calcul des indices moyen n, ordinaire n' et extraordinaire n'' de la substance.

Les principaux résultats de cette analyse sont les suivants :

1° La biréfringence est proportionnelle au carré du champ, comme le montre l'expérience.

(¹) VOIGT, *Gött. Nachr.*, 1912, p. 577, 832 et 861, et 1913, p. 215.

(²) LANGEVIN, *Le Radium*, t. VII, septembre 1910, p. 249-260.

2° Les deux indices de la substance biréfringente sont l'un plus grand, l'autre plus petit que l'indice moyen de la substance isotrope, et le rapport $\frac{n'-n}{n''-n}$ des retards absolus est égal à -2. Nous reviendrons bientôt sur ce point.

3° La relation entre la valeur de la biréfringence et l'indice obéit à la loi de Havelock, du moins si l'on ne suppose dans la molécule qu'une seule espèce d'électrons (ayant deux périodes propres caractéristiques, l'une dans le sens de l'axe et l'autre normalement à l'axe).

4° Dans le cas où, comme pour le benzol et le sulfure de carbone, on peut admettre que le carré de l'indice se confond avec la constante diélectrique, il est possible de calculer des grandeurs que Langevin appelle *dissymétrie électrique* et *dissymétrie magnétique* de la substance, quantités qui en fonction des paramètres a_1 et a_2 (suivant l'axe et normalement à l'axe) s'expriment par $\frac{a_1 - a_2}{a_1 + 2a_2}$ et qui, par suite, doivent être plus petites que l'unité, ce que le calcul vérifie.

5° Enfin, bien entendu, la théorie ainsi développée, amène à cette conséquence que les deux biréfringences décroissent quand la température s'élève et de manière inégale pour les raisons que nous avons développées plus haut. Elle aboutit même à une relation entre les biréfringences électrique et magnétique et la constante diélectrique qui est voisine de celle que nous avons indiquée. Lorsque la température varie, la quantité $\frac{\beta_e}{(K+2)\beta_m}$ devrait rester constante pour un liquide donné, tandis que nous admettions la constance de $\frac{\beta_e}{K\beta_m}$. La relation, prévue par Langevin, bien qu'obtenue par une analyse beaucoup plus rigoureuse que la nôtre, se montre cependant moins bien vérifiée par les données expérimentales. Faut-il en accuser seulement l'imprécision de celles-ci, notamment en ce qui concerne la constante diélectrique ? Nous ne le pensons pas. Il ne faut pas oublier que cette théorie, si ingénieusement qu'elle ait été développée, traite les liquides comme elle le ferait de gaz : elle ne tient aucun compte des relations mutuelles des molécules : on ne saurait le lui reprocher, puisqu'il faut bien dans des problèmes aussi difficiles commencer par traiter des cas relativement simples; mais l'application des théories cinétiques faites pour les gaz aux liquides réels comporte toujours une certaine incertitude.

LA QUESTION DES RETARDS ABSOLUS.

Nous avons résumé les expériences ainsi que les travaux théoriques auxquelles elles ont donné naissance. Nous avons vu qu'il reste encore des expériences à poursuivre : sur beaucoup de solutions diamagnétiques ou paramagnétiques, sur des mélanges, sur les corps possédant des bandes d'absorption, etc. Je voudrais signaler maintenant en terminant une question importante à résoudre : c'est celle des *retards absolus*.

Données expérimentales. — Il s'agit de savoir si les deux indices n' et n'' du milieu devenu biréfringent sont tous deux différents de l'indice n du milieu isotrope, et de déterminer dans quel sens et de combien ils s'en écartent. Cette question, comme on le sait, a déjà fait l'objet de plusieurs travaux dans le cas de la biréfringence électrique. Kerr a trouvé que, pour le sulfure de carbone, l'indice extraordinaire est égal à l'indice primitif n. Ces expériences qui ont été faites avec grand soin n'ont pas été reprises. Nous avions trouvé d'autre part que dans le cas des colloïdes d'hydroxyde ferrique placés dans le champ magnétique, les deux indices s'écartaient en sens contraire et inégalement de l'indice primitif, l'écart de l'indice extraordinaire étant double de l'autre. Aeckerlein, qui a fait sur le nitrobenzène des mesures dans le champ électrique, est arrivé au même résultat. Enfin, dans le cas du cumène, étudié à Marseille par J. Cabannes (1), les résultats qui sont seulement qualitatifs sont d'accord avec ceux d'Aeckerlein et avec les nôtres.

Nous étions conduits à penser que la théorie de l'orientation amènerait, dans tous les cas, à cette conclusion et nous avions signalé que le résultat de Kerr était en désaccord avec cette prévision. C'est pour cette seule raison que nous avons fait quelques réserves sur l'extension de la théorie de l'orientation à tous les cas du phénomène électro-optique. Nous allons voir que, d'après Pockels, ce résultat pourrait s'expliquer même dans la théorie de l'orientation.

---

(1) J. CABANNES, *Sur la biréfringence électrique des liquides homogènes. Étude des retards absolus* (*Le Radium*, t. VII, décembre 1910, et *Ann. de la Fac. des Sc. de Marseille*, t. XVIII, fasc. II, 1909, p. 25-55).

L'expérience correspondante dans le cas du champ magnétique n'a pu encore être faite. On en comprend aussitôt la raison. Si l'on considère les deux vibrations principales parallèle et perpendiculaire aux lignes de force, et qu'on évalue en longueurs d'onde les retards éprouvés par chacune d'elles en traversant le liquide, on trouve que cette différence pour le nitrobenzène, dans les conditions de nos expériences, n'est guère que de $\frac{\lambda}{30}$. On peut mesurer cette différence avec précision grâce à la sensibilité des mesures polarimétriques. Mais s'il s'agit de comparer l'un des indices à l'indice primitif, on voit qu'il faut mesurer les retards absolus eux-mêmes, c'est-à-dire les changements des retards correspondant à chacune des catégories de vibrations, et ces changements sont plus petits que $\frac{\lambda}{30}$. Il faut pour les constater, comme dans les recherches absolues sur la biréfringence électrique, employer un interféromètre avec deux faisceaux distincts traversant tous deux des épaisseurs égales de liquide et faire agir le champ sur l'un des liquides seulement. L'expérience se présente comme plus simple que dans le cas de la biréfringence électrique, parce qu'on ne rencontre pas ici la complication de l'effet Joule qui n'agit que sur le condensateur électrisé, mais on a encore affaire à la difficulté de maintenir avec un interféromètre à deux faisceaux distincts la température bien constante de part et d'autre. Cette difficulté pourrait être levée. Mais actuellement les retards absolus à mettre en évidence sont trop petits pour qu'on puisse avec les appareils actuels répondre à la question d'une façon sûre.

Il y a deux façons d'aller plus loin : ou bien augmenter la sensibilité des méthodes interférentielles ordinaires de façon à pouvoir mesurer des retards avec une erreur absolue plus petite que $\frac{1}{100}\lambda$. M. Cotton a proposé un procédé pour arriver à ce résultat. Dans des expériences inédites faites en collaboration avec M. Dufour, il a réalisé les appareils proposés : les résultats sont encourageants, mais les essais ne sont pas encore terminés. L'autre méthode consisterait à augmenter les retards absolus; dans ce but encore, la construction du gros électro-aimant s'impose.

Les retards absolus et les théories. — La question a un grand intérêt au point de vue de la théorie de ces phénomènes. Langevin avait indiqué, dans le Mémoire dont nous avons déjà parlé, qu'avec la théorie de l'orientation et pour des molécules uniaxes le rapport des retards absolus devait être —2. Dans un intéressant travail publié dans *Le Radium* (1), Pockels est revenu sur cette question. Il rappelle d'abord les résultats obtenus par Enderle. Dans la théorie de l'orientation, si l'on suppose aux molécules la symétrie orthorhombique, on retrouve la valeur —2 pour ce rapport. Au contraire, dans la théorie de Voigt, la valeur prévue pour le rapport des deux retards est +3 si le champ élastique qui agit sur les électrons est isotrope, il n'aurait plus la même valeur simple si le champ élastique avait une symétrie moins élevée : il pourrait s'en rapprocher dans des cas particuliers. Il serait d'après cela possible, dit Pockels, de vérifier si la théorie de l'orientation est suffisante pour expliquer les faits envisagés.

Pockels a, d'autre part, attiré l'attention sur un phénomène qui pourrait d'après lui intervenir dans les mesures et jouer dans le résultat final un rôle important. Un liquide placé dans un champ magnétique ou électrique subirait, selon lui, cette dilatation proportionnelle au carré du champ (magnétostriction ou électrostriction) que plusieurs physiciens ont envisagée. Si le liquide est soumis à une action de ce genre, comme il est un peu compressible, on n'aurait plus le même nombre de molécules par unité de volume et cela changerait naturellement l'indice.

Pockels montre que les données actuelles ne permettent pas de calculer rigoureusement l'importance de cette action, mais faisant quelques hypothèses, il est conduit à admettre que dans le cas du sulfure de carbone, pour lequel on connaît un des coefficients, la compressibilité, le changement des indices produit par l'électrostriction est du même ordre que celui que produirait le champ seul si la densité était maintenue constante dans le champ électrique. La magnétostriction jouerait bien entendu un rôle analogue.

Nous ne sommes pas sûrs que cette seconde remarque de Pockels soit bien fondée. Dans les théories relatives à la magnéto- et à l'électrostriction et dans les expériences qui tendaient à en vérifier les conclusions, on n'a pas fait une distinction essentielle à notre avis : c'est celle du cas où la masse liquide étudiée est tout entière dans un champ uniforme et de celui où une partie du liquide est en dehors du champ. Dans le cas des expériences sur un liquide placé dans un champ magnétique, cas où la première condition peut être remplie en toute rigueur, on s'expliquerait difficilement qu'un tel effet intervienne. Lorsqu'on

(1) Pockels, *Le Radium*, t. IX, avril 1912, p. 148-150. — Enderle, *Inaugural Dissert.*, Freiburg, 1912.

a étudié le phénomène de Kerr, la condition n'a pas toujours été remplie et ne peut pas toujours l'être.

Il est possible que dans ce cas la remarque de Pockels puisse s'appliquer, et qu'elle rende compte des résultats divergents obtenus par Kerr d'une part, par ses successeurs de l'autre, dans l'étude de cette question délicate des retards absolus pour le phénomène électro-optique. De toute façon, on voit que cette question des retards absolus, aussi bien pour la biréfringence électrique que pour la biréfringence magnétique, présente un intérêt théorique considérable, bien que l'ensemble des faits expérimentaux aujourd'hui connus et relatifs à ces deux phénomènes se groupe très simplement autour de la théorie de l'orientation moléculaire.

SYMÉTRIE DES CRISTAUX

ET

SYMÉTRIE MOLÉCULAIRE,

Par M. A. COTTON.

La question que je me propose d'étudier dans cette conférence est la suivante : Est-il possible d'avoir des renseignements sur les propriétés des molécules au point de vue de leur symétrie? Nous avons déjà des données sur les molécules : nous savons les compter, nous connaissons leur masse, nous pouvons calculer les vitesses qui les animent dans le cas où ces molécules sont dans un gaz; nous savons enfin quelle est leur composition, quels sont le nombre et la nature des atomes qui les constituent; enfin nous savons que ces atomes sont réunis par des liens, parfois difficiles à rompre. Mais nous ne savons en général rien sur la façon dont ces atomes sont disposés et il serait important de chercher d'abord à savoir si une molécule donnée admet des éléments de symétrie et, dans le cas où elle en possède, d'en déterminer le nombre et la nature.

Dans ce qui va suivre je parlerai le plus souvent des molécules comme si elles constituaient des objets rigides. Sans doute il est probable que les atomes présents dans une même molécule ne sont pas au repos, et l'on admet que dans les atomes eux-mêmes, qui constituent eux aussi des mondes compliqués, certaines parties au moins peuvent être animées de mouvements rapides. Mais il importe de remarquer que malgré cette complexité on peut admettre, pour de tels objets, des éléments de symétrie. Imaginons un soleil entouré de planètes et supposons que, pour toutes ces planètes, le plan de l'écliptique coïncide avec l'équateur solaire : ce sera un plan de symétrie pour l'ensemble. De même si ces planètes tournent assez vite et qu'on les observe pendant un temps très long vis-à-vis des durées de révolution, l'axe normal à l'équateur jouera le même rôle pour le système qu'un axe de révolution véritable. On peut donc admettre dans les molécules et les atomes des déformations, des mouvements variés et cependant chercher à étudier leur symétrie.

Que certaines molécules possèdent des éléments de symétrie cela résulte, ce me semble, de simples considérations d'ordre chimique. Imaginons un atome polyvalent, par exemple un atome tétravalent de carbone. Nous pouvons attacher à cet atome quatre atomes monovalents identiques, par exemple quatre atomes d'hydrogène. Ces atomes, quand ils sont tous présents, jouent exactement le même rôle, les quatre places qu'ils occupent doivent donc être tout à fait pareilles. Considérons dans chacun d'eux un point déterminé, par exemple son centre de gravité G et le tétraèdre qui a pour sommets les quatre points G_1, G_2, G_3, G_4 (1). Si ce tétraèdre n'était pas régulier, on pourrait distinguer entre eux les différents sommets (par exemple par les valeurs des angles solides correspondants) et les quatre atomes d'hydrogène pourraient être distingués les uns des autres.

Si le tétraèdre est régulier, au contraire, comme l'ont admis Le Bel et Van't Hoff, et si les quatre atomes d'hydrogène sont orientés, *par rapport à ce tétraèdre*, de la même façon, la condition d'identité est remplie. Le schéma de Le Bel et Van't Hoff doit donc correspondre à quelque chose de réel, la molécule de méthane et l'atome de carbone lui-même doivent avoir les éléments de symétrie d'un tétraèdre régulier.

Nous avons admis, dans ce qui précède, que les quatre valences du carbone étaient identiques. Il est facile de voir que, s'il en était autrement, le nombre des isomères possibles serait considérablement plus grand que celui que l'on connaît (2). On peut dans le méthane remplacer tous les atomes d'hydrogène par un atome de chlore puisqu'on peut arriver au tétrachlorure de carbone : si la condition de symétrie indiquée n'était pas satisfaite, il y aurait quatre dérivés monochlorés possibles qui ne seraient pas identiques les uns aux autres : dans l'un, par exemple, l'atome de chlore se trouverait à la pointe la plus aiguë,

---

(1) Si ces quatre points étaient dans un même plan, ils devraient être aux sommets d'un carré. Mais il serait alors possible de remplacer les quatre atomes d'hydrogène par quatre atomes ou groupements *tous différents*, ayant séparément un plan de symétrie, et d'obtenir une molécule ayant elle-même un plan de symétrie et inactive sur la lumière polarisée.

(2) La possibilité de tels isomères apparaîtrait même dans des cas plus simples encore. Un atome bivalent comme l'oxygène peut donner les deux molécules KOK et HOH. Si les deux valences ne jouaient pas le même rôle, on pourrait imaginer deux molécules de KOH distinctes l'une de l'autre.

dans un autre, à la pointe au contraire la plus obtuse. L'hypothèse de l'identité complète des quatre valences est celle qui rend compte, le plus simplement possible, de l'ensemble des faits expérimentaux. Elle permet, dans certains cas au moins, d'indiquer *a priori* des conditions de symétrie auxquelles les molécules doivent satisfaire. L'existence de quatre axes ternaires peut être prévue non seulement pour le méthane, mais pour les molécules de la forme CX^4, où X est un atome ou un radical monovalent quelconque. De même la molécule d'éthane C^2H^6 ou celle des composés C^2X^6 doit posséder en particulier, outre un axe ternaire, un centre de symétrie ou un plan normal à l'axe. Une molécule d'éthane monochloré doit avoir une symétrie moins élevée, elle ne peut avoir, de même que celle du pentabromoéthane, qu'un plan de symétrie, etc.

Ces considérations montrent qu'on a le droit de rechercher dans les molécules des éléments de symétrie. Quels sont ceux qu'on peut s'attendre à trouver? Tous ceux qui peuvent exister dans des systèmes limités. On peut très bien imaginer qu'une molécule possède par exemple un axe de répétition d'ordre 5, axe qui ne peut exister dans un cristal. Mais une molécule peut aussi posséder les éléments de symétrie, moins nombreux, qu'on rencontre dans les milieux cristallisés. Il est utile, pour ce qui suivra, de dire quelques mots de l'étude de la symétrie des cristaux eux-mêmes. Non seulement certaines méthodes, applicables aux cristaux, pourront être utiles pour des recherches sur la symétrie moléculaire, mais encore il conviendra de se demander si l'étude des cristaux ne peut fournir elle-même une réponse à la question qui nous occupe.

SYMÉTRIE DES CRISTAUX. QUELQUES MÉTHODES D'ÉTUDE.

Parmi les propriétés qui mettent en évidence la symétrie cristalline, j'en considérerai trois seulement. Je choisirai en effet celles qui ne dépendent pas, en première approximation au moins, de la structure réticulaire, mais de l'orientation commune des éléments cristallins.

Propriétés optiques. — On sait que toutes les propriétés optiques d'un cristal transparent sont représentées *pour des rayons de couleur déterminée* par un ellipsoïde, ellipsoïde des indices E... D'après la règle de Neuman les propriétés physiques d'un milieu cristallisé indiquent une symétrie au moins égale à celle de ce milieu. Par suite, les cristaux du système cubique seront nécessairement isotropes au point de vue optique; les cristaux à un axe principal (quadratiques, hexagonaux, rhomboédriques) seront tous optiquement uniaxes, c'est-à-dire que pour toutes les radiations l'ellipsoïde optique est de révolution autour de l'axe principal. L'apparition des figures caractéristiques des uniaxes en lumière convergente montrera que le cristal étudié appartient à un des systèmes qui possèdent un axe principal.

Dans les cristaux orthorhombiques, l'ellipsoïde E_o a ses trois axes principaux inégaux dirigés suivant les trois axes binaires du cristal. Cette condition doit être remplie pour toutes les couleurs. Ici encore les observations en lumière convergente suffiront à montrer que tous les ellipsoïdes optiques relatifs aux diverses couleurs ont les mêmes plans de symétrie et les mêmes axes principaux. Dans les cristaux clinorhombiques qui n'ont plus qu'un plan de symétrie et un axe binaire qui lui est perpendiculaire, ce plan de symétrie est nécessairement l'un des plans principaux de l'ellipsoïde E_o, et l'axe binaire est l'un ou l'autre, suivant les cas, des axes principaux de cet ellipsoïde. Les figures obtenues en lumière convergente sur des lames convenablement taillées ne présentent plus qu'un plan ou qu'un axe de symétrie, et révèlent au premier coup d'œil non seulement le caractère clinorhombique du cristal, mais le groupe auquel il appartient dans la classification fondée sur la dispersion des axes optiques. Enfin, dans le cas des cristaux tricliniques qui n'ont plus qu'un centre de symétrie, les différents ellipsoïdes optiques ne présentent plus entre eux aucune relation nécessaire.

Propriétés magnétiques. — La susceptibilité magnétique $\varkappa$, par suite aussi la perméabilité $\mu = 1 + 4\pi\varkappa$, varient en général dans un cristal avec la direction, mais reprennent la même valeur quand il s'agit de directions placées symétriquement dans le cristal.

Il n'est pas inutile de montrer par quelques expériences cette anisotropie magnétique des cristaux. Entre les pièces polaires planes d'un électro-aimant (capable de donner un champ uniforme de 2000 unités par exemple) suspendons par un fil fin une plaque de sidérose (CO^3Fe rhomboédrique) taillée normalement à l'axe optique. Aussitôt qu'on lance le courant, la plaque s'oriente parallèlement aux pièces polaires, c'est-à-dire que l'axe cristallographique se dispose parallèlement aux lignes de force. L'expérience réussit même avec un champ qui n'est pas rigoureusement uniforme, et il est même frappant de constater alors que cette plaque qui est fortement paramagnétique se dispose dans ce champ, par suite de sa forte anisotropie magnétique[1], tout autrement que ne le ferait une plaque isotrope d'une substance aussi fortement paramagnétique. On peut répéter l'expérience en suspendant à un fil, de façon que l'axe soit horizontal, un petit rhomboèdre de sidérose obtenu par clivage. Dans ce cas encore l'axe cristallographique tend à se mettre parallèlement aux lignes de force et s'y mettrait rigoureusement si le couple de torsion du fil de suspension pouvait être entièrement négligé.

Dans le cas du spath d'Islande, qui est diamagnétique et dont l'anisotropie magnétique est moins marquée[2], l'expérience exige des champs magnétiques plus élevés, mais elle est néanmoins très facile à faire. On peut opérer comme précédemment : cette fois l'axe du cristal s'oriente perpendiculairement aux lignes de force. On peut aussi plonger des fragments cristallins clivés dans un liquide de même densité (bromoforme additionné d'un peu de tétrachlorure de carbone). Dès qu'on produit le champ, tous ces fragments s'orientent de façon que l'axe ternaire soit normal aux lignes de force. En faisant l'expérience de cette façon, on voit qu'il y a une différence très nette entre le cas du spath et celui de la sidérose. Dans le cas de la sidérose, les axes de tous les fragments cristallins tendent à se placer parallèlement entre eux (et parallèlement aux lignes de force). Dans le cas du spath, ces axes sont assujettis à la condition commune d'être normaux aux lignes de force; ils se disposent tous parallèlement au plan équatorial de l'électro-aimant, mais prennent dans ce plan une orientation arbitraire.

Cette expérience que nous venons de faire sur la sidérose et sur le spath peut être répétée sur une foule de cristaux. L'existence des couples d'orientation est tout à fait générale et on la met très facilement en évidence quand on a un gros électro-aimant donnant un champ à la fois uniforme et intense. Il suffit de prendre, dans un flacon quelconque de produits chimiques, des fragments cristallins assez nets pour qu'on puisse y distinguer des faces ou des arêtes; leur orientation par le champ peut être constatée souvent par les moyens les plus grossiers, par exemple en les plaçant sur un carton ou une lame de verre, installant le tout dans l'entrefer et frappant légèrement

(1) D'après des mesures faites par Foëx au laboratoire de P. Weiss les deux susceptibilités principales (pour $t = 17°$) de la sidérose sont $+ 54,6 \times 10^{-6}$ et $+ 117,4 \times 10^{-6}$.

(2) Voigt et Kinoshita (*Gött. Nach.*, 1907) indiquent pour les deux susceptibilités principales (non corrigées de l'air) $- 1,10 \times 10^{-6}$ et $-$ [illegible]

sur la lame comme lorsqu'on veut faire un spectre magnétique.

Peu après la découverte par Plücker des premiers phénomènes magnéto-cristallins, Faraday a trouvé ce fait très important que l'orientation d'équilibre d'un cristal (non pas la valeur du couple) ne dépend ni de sa forme, ni de la nature du milieu qui l'entoure. Cette remarque est valable toutes les fois que la perméabilité des milieux solides ou liquides employés diffère peu de l'unité, toutes les fois, en d'autres termes, que le champ n'est pas sensiblement troublé par l'introduction des substances soumises à l'expérience; il en est ainsi pour toutes les substances diamagnétiques et pour presque toutes les substances paramagnétiques. Cette remarque simplifie considérablement l'étude des phénomènes magnéto-cristallins. Lord Kelvin a rattaché ces phénomènes à la considération d'un *ellipsoïde d'aimantation* E_m représentant les variations de la susceptibilité avec la direction. Cet ellipsoïde E_m admet encore comme éléments de symétrie ceux du milieu cristallin. Les cristaux cubiques non ferromagnétiques [1] paraissent isotropes au point de vue magnétique comme au point de vue optique; l'ellipsoïde d'aimantation est une sphère. Cet ellipsoïde est de révolution dans les cristaux possédant un axe principal; il est à axes inégaux dans les autres systèmes. Là encore, dans les cristaux orthorhombiques, les trois axes de E_m sont orientés suivant les trois axes binaires du cristal; dans les cristaux clinorhombiques, l'un des trois axes principaux est dirigé suivant l'axe binaire.

La détermination de l'orientation de ces ellipsoïdes peut être faite très simplement par des expériences qualitatives, si l'on dispose d'un champ magnétique à la fois assez intense et assez étendu. Le couple d'orientation, toutes choses égales d'ailleurs, varie en effet proportionnellement au carré du champ et au volume de l'échantillon. Si le cristal est entièrement libre de se mouvoir, il se place de façon que la direction A_m de l'axe le plus perméable [2] de l'ellipsoïde d'aimantation s'oriente parallèlement aux lignes de force. Cette direction une fois reconnue, on déterminerait facilement les autres axes en assujettissant le cristal à tourner autour d'un axe fixe parallèle à A_m et placé normalement au champ.

Ces données purement qualitatives, jointes à celles que fournit

---

(1) On sait que Weiss a montré que les cristaux cubiques ferromagnétiques ont des propriétés qui ne sont pas représentées par une sphère, mais par une surface plus compliquée qui admet d'ailleurs les éléments de symétrie du cube.

(2) C'est pour avoir un énoncé valable à la fois pour les cristaux dia- et paramagnétique que nous considérons cette droite particulière.

l'étude optique, suffisent donc à donner des renseignements sur la symétrie du milieu cristallisé. Sans doute elles sont à certains égards moins complètes que celles que fournit l'étude cristallographique. C'est ainsi qu'elles ne permettent pas de distinguer un cristal quadratique d'un cristal rhomboédrique. Mais elles fournissent cependant les éléments d'une classification différente des cristaux fondée sur la comparaison des deux ellipsoïdes E_o et E_m : de même qu'il y a des cristaux uniaxes « positifs » ou « négatifs » au point de vue optique, de même dans ces cristaux l'ellipsoïde d'aimantation, de révolution, peut être allongé ou aplati. La considération de l'ensemble des deux propriétés permettra donc de distinguer quatre groupes de cristaux uniaxes. Dans le cas des cristaux orthorhombiques (qui se reconnaîtront à ce que les deux ellipsoïdes E_o et E_m ont les mêmes éléments de symétrie), on pourrait distinguer autant de groupes qu'il y a de façons d'orienter, l'un par rapport à l'autre, deux ellipsoïdes dont les plans principaux coïncident, c'est-à-dire six, etc.

A ce point de vue, on est conduit à regretter que l'étude des variations des propriétés magnétiques avec la direction dans les cristaux soit encore aujourd'hui très peu avancée. Les données, même qualitatives, manquent le plus souvent tout à fait, et ce n'est que dans un très petit nombre de cas (mesures de Voigt et Kinoshita) que l'on a déterminé en valeur absolue les valeurs principales des coefficients.

Propriétés électriques. — Tout ce que nous venons de dire pour les propriétés magnétiques des cristaux peut être répété pour leurs propriétés électrostatiques, variables également avec leur direction, et l'on considère de même un ellipsoïde *électrique* E_e qui représente les variations de la susceptibilité diélectrique k avec la direction. Ces susceptibilités permettent de calculer immédiatement les constantes diélectriques $K = 1 + 4\pi k$.

Il est facile de montrer expérimentalement l'orientation des cristaux isolants par un champ électrostatique. Pour faire l'expérience, on opérera comme dans le cas du champ magnétique, en remplaçant l'électro-aimant par un condensateur à deux plateaux parallèles distants d'environ 1^{cm} et chargés, par exemple, à 3000 volts avec un transformateur alternatif. Un cristal convenant très bien est le soufre (octaèdres orthorhombiques) qui est un très bon isolant. On le suspend de façon que l'axe binaire qui passe par les pointes les plus aiguës des octaèdres puisse tourner dans un plan horizontal. Lorsqu'on établit le champ, cet axe binaire se dirige nettement suivant les lignes de force [1]. C'est en effet cette direction A_r qui est la plus *perméable*.

Un rhomboèdre de spath, placé de même dans le champ alternatif, s'oriente de façon que l'axe se place normalement aux lignes de force [2]. Dans un champ électrique comme dans un champ magnétique, l'orientation d'un petit rhomboèdre de spath complètement libre (en suspension par exemple dans un liquide de même densité) n'est pas fixée de façon complète, mais si l'on employait à la fois un champ électrique et un champ magnétique non parallèles, cette orientation serait définie : tous les cristaux étudiés se disposeraient toujours de façon que l'axe optique soit perpendiculaire au plan des deux champs. Cette remarque sera utilisée par la suite.

Les données numériques qu'on possède aujourd'hui sur les propriétés électriques des cristaux sont, comme c'était déjà le cas pour les propriétés magnétiques, bien insuffisantes. Leur détermination est à la vérité plus difficile : il y a, en effet, entre les deux phénomènes, des différences très nettes. Les constantes diélectriques différant notablement de l'unité, un corps quelconque mis dans le champ trouble d'une façon sensible la direction des lignes de force; par suite l'orientation prise par un cristal n'est indépendante de la forme du fragment cristallin que si cette forme ne s'écarte pas trop de celle d'une sphère . De même, le milieu ambiant peut jouer un rôle si sa constance diélectrique diffère sensiblement de l'unité. Une autre difficulté qui n'existait pas dans le cas des mesures magnétiques résulte de la conductibilité soit de la matière même du cristal, soit d'impuretés superficielles. Si le cristal est conducteur et s'il est placé dans un champ électrique constant, il se chargera à ses deux extrémités, pour peu qu'il ait une forme allongée, comme le ferait une baguette de métal. C'est cette intervention de la conductibilité qui nécessite l'emploi dans les expériences de champs alternatifs de fréquence suffisamment élevée.

L'étude même simplement qualitative des propriétés diélectriques des cristaux nécessite donc, on le voit, certaines précautions. A la condition de prendre ces précautions, on pourrait l'utiliser, elle aussi, pour déterminer la symétrie des cristaux et pour pousser plus avant leur classification. Le nombre des groupes considérés tout à l'heure

---

(1) D'après W. Schmitt les trois constantes diélectriques du soufre ont pour valeurs 3,6; 3,8; 4,6.

(2) Les valeurs des deux constantes diélectriques principales du spath sont 8.5 et 8.0.

va évidemment croître si l'on fait intervenir en outre les propriétés diélectriques. Pour chacun des groupes d'uniaxes que nous avions distingués, nous pouvons supposer que l'ellipsoïde électrique est allongé ou aplati, ce qui porte à huit le nombre des groupes. Dans le cas des cristaux orthorhombiques, pour chacun des six groupes déjà considérés, on peut envisager les six orientations que peut prendre dans l'espace, lorsque les plans de symétrie sont conservés, un ellipsoïde électrique à trois axes inégaux. Cela fait 36 groupes de cristaux orthorhombiques, etc. Une telle classification des cristaux aurait d'abord l'utilité d'apporter plus de concision dans le langage. En disant à quel groupe le cristal appartient, on indiquerait immédiatement les orientations relatives des ellipsoïdes caractéristiques. En outre il y aurait quelque intérêt à examiner les places que prendraient, dans une telle classification, les cristaux de même système formés de substances ayant entre elles des relations chimiques simples. A ce point de vue il serait très utile qu'on ne se contentât pas d'une étude qualitative des propriétés en question, mais qu'on fît, ici encore, des déterminations des valeurs principales des coefficients.

Dans ce qui précède nous avons admis que chacune des propriétés physiques étudiées était caractérisée par un ellipsoïde unique. Or l'ellipsoïde optique change avec la radiation utilisée : suivant la place que celle-ci occupe vis-à-vis des bandes constituant les spectres d'absorption principaux du cristal étudié, cet ellipsoïde prend des formes et des orientations différentes. Il faut donc naturellement préciser quelle radiation on emploie pour le mesurer : son choix reste d'ailleurs arbitraire. L'ellipsoïde électrique n'est lui aussi entièrement défini que si on le détermine à l'aide d'un champ constant, ou un champ alternatif à basse fréquence. Dans le cas où il faudrait employer des champs hertziens de fréquence élevée, ce sera en somme une autre mesure optique que l'on fera, avec une autre radiation, dont la longueur d'onde choisie arbitrairement, influera encore sur le résultat. L'ellipsoïde magnétique est le seul qui puisse être mesuré en employant un champ constant et qui est défini par lui-même sans qu'on ait à indiquer les conditions de l'expérience.

Pourvu qu'on précise les longueurs d'onde des radiations utilisées, on peut, dans chaque cas, déterminer les trois ellipsoïdes $E_{,}, E_{,,}, E_{,,,}$ et une classification, telle qu'on l'a esquissée plus haut, est possible. Ces ellipsoïdes n'ont entre eux (l'expérience l'a montré dans les cas où les mesures ont été faites) aucune relation nécessaire, autre que celles qu'impose la symétrie du cristal. Mais une telle classification ne peut avoir qu'un intérêt d'ordre pratique. On ne peut attendre, de telles mesures, des résultats *généraux* reliant les propriétés des cristaux étudiés avec leur constitution chimique, parce que le choix de la radiation commune pour laquelle on compare les différents corps reste arbitraire.

Lorsque la longueur d'onde croît indéfiniment, l'ellipsoïde optique et électrique se confondent en un ellipsoïde unique, celui qui se rapporterait à un champ électrique constant. Cet ellipsoïde limite serait particulièrement intéressant à connaître dans chaque cas ; on pourrait le déduire d'une étude complète de la dispersion. Mais l'ellipsoïde magnétique, beaucoup plus facile à déterminer, est lui aussi indépendant de toute convention arbitraire. C'est donc de l'étude des propriétés magnétiques qu'on peut attendre tout d'abord des résultats intéressants d'ordre physico-chimique.

L'ÉTUDE DES CRISTAUX PEUT-ELLE RENSEIGNER SUR LA SYMÉTRIE MOLÉCULAIRE ?

L'existence des molécules dans les solides. — Par les procédés que nous venons d'indiquer et par d'autres encore qui fournissent souvent des renseignements plus complets, on peut être fixé sur la symétrie d'un cristal donné. On est alors conduit à se demander si les données recueillies sur la symétrie des cristaux ne peuvent pas être utilisées à la détermination des éléments de symétrie des molécules elles-mêmes.

Se poser cette question c'est admettre qu'il y a des molécules dans les cristaux. Cela n'est pas évident pour tous les physiciens. Dans beaucoup de travaux récents, non seulement sur les cristaux, mais sur les solides en général, il n'est plus question de molécules, mais seulement d'atomes. Par exemple, on sait qu'à des températures élevées les chaleurs spécifiques des corps solides cristallisés ou non obéissent à peu près aux lois de Dulong et Petit, Kopp et Woestyn. Partant de là, on a été conduit à admettre que l'agitation thermique dans les solides intéresse les atomes et non les molécules, que les périodes propres mises en évidence par les rayons restants sont les périodes propres atomiques, etc. De même dans les travaux récents sur la diffraction des rayons de Röntgen par les cristaux, ce sont les atomes que l'on considère, car ce sont les atomes qui diffractent ces rayons.

Sans discuter ces conclusions qui ne me paraissent pas toutes solidement établies (1), je ferai remarquer qu'à côté de ces phénomènes où les atomes paraissent jouer le rôle essentiel, sinon le rôle unique, il y en a d'autres qu'on ne peut pas expliquer sans admettre l'existence de molécules dans les solides. Il en est ainsi pour les propriétés des substances isomères, pour le pouvoir rotatoire, pour les propriétés chimiques, pour les propriétés magnétiques, pour la biréfringence magnétique.

Deux substances isomères ont des propriétés physiques et chimiques différentes lorsqu'elles sont à l'état fluide. On l'explique en admettant que les atomes peuvent former autant de configurations stables distinctes qu'il y a d'isomères. Ces isomères considérés à l'état cristallisé conservent leurs caractères distinctifs. Le plus simple est donc d'admettre que les configurations stables constituant les molécules à l'état fluide existent encore à l'état solide. Le cas particulier de deux isomères optiques, c'est-à-dire de deux molécules qui sont symétriques l'une de l'autre par rapport à un miroir, est particulièrement intéressant. Les pouvoirs rotatoires égaux et de signes contraires qu'on observe sur les corps à l'état fluide se retrouvent encore lorsqu'on les étudie à l'état vitreux, et l'activité optique de la molécule se traduit même toujours par une propriété correspondante du corps à l'état cristallisé. Tous les cristaux dont la molécule est active ne présentent pas de facettes hémiédriques ou des figures de corrosion dissymétriques, mais tous se montrent pyroélectriques. En outre, l'étude des propriétés optiques de ces cristaux, quand on la pousse assez loin, permet d'y constater encore l'existence du pouvoir rotatoire : Pocklington et Dufet l'ont mis en évidence dans le cas de cristaux biaxes, comme le sucre. Les rotations mesurées suivant les directions des deux axes optiques ne sont pas les mêmes; on ne les a pas encore reliées quantitativement au pouvoir rotatoire dextrogyre du sucre fondu ou

---

(1) Je fais allusion ici non seulement aux exceptions bien connues aux lois expérimentales des chaleurs spécifiques, mais aux difficultés que me paraît soulever l'application du principe de l'équipartition de l'énergie, surtout quand on l'applique non pas à des objets rigides, mais à des corps déformables. On peut se demander si la répartition égale de l'énergie entre les divers degrés de liberté est *la seule* répartition stable et si elle est la plus probable.

dissous [1], mais il n'est pas douteux qu'elles sont dues elles aussi, en dernière analyse, à la dissymétrie de la molécule.

L'ensemble des propriétés chimiques et dans un grand nombre de cas les propriétés magnétiques dépendent certainement, non pas seulement des atomes, mais des liens qui existent entre les atomes d'une même molécule. Puisque ces propriétés se conservent dans les solides, c'est que les mêmes liens y existent encore.

Un autre phénomène qui dépend de la structure de la molécule est la biréfringence magnétique. M. Mouton rappelait dans sa Conférence que nous avons observé cette biréfringence dans un corps surfondu, le bétol, amené par refroidissement à avoir la consistance du verre ordinaire. Cela montre, d'une autre manière, que les molécules existent encore à l'état solide [2], et prouve en outre qu'elles y sont encore capables, au moins quand il s'agit de solides vitreux [3], d'obéir à l'action directrice d'un champ extérieur.

Éléments cristallins et molécules. — Puisque les molécules existent dans les cristaux, on peut espérer que l'étude des cristaux pourra fournir des renseignements sur les molécules. L'état cristallin paraît à première vue devoir être particulièrement avantageux, beaucoup plus que l'état fluide où les molécules se déplacent à chaque instant. D'abord les cristaux représentent l'état ordonné de la matière, leur structure périodique ne fait aucun doute; l'existence du réseau que les cristallographes étaient conduits à admettre peut être considérée aujourd'hui, depuis la découverte de la diffraction des rayons de Röntgen, comme un fait expérimental. Une molécule étant considérée dans un cristal, sa position, tout au moins sa position moyenne, est parfaitement déterminée et l'on retrouve des molécules identiques en effectuant l'une ou l'autre de trois translations déterminées non parallèles à un même plan. En second lieu, pour la même raison, par suite des actions mutuelles des molécules voisines, cette molécule particulière, que nous avons considérée, a dans l'espace une orienta-

(1) Cette étude aurait un grand intérêt : à l'état amorphe les molécules sont orientées au hasard; à l'état cristallin il n'en est plus de même et l'on peut saisir autre chose qu'une valeur moyenne indépendante de la direction d'observation.

(2) La chaleur spécifique des corps solides vitreux ne dépasse que légèrement celle des mêmes corps à l'état cristallisé.

(3) Les essais que nous avons faits, M. Mouton et moi, pour voir si cette orientation moléculaire se manifesterait encore dans les cristaux, n'ont pas permis de trancher la question faute de cristaux bien purs et de champs assez intenses.

tion moyenne déterminée, et toutes les molécules qui se remplacent l'une l'autre par une translation donnée sont orientées de même. Il serait difficile, en effet, si l'on n'admettait pas à la fois l'invariabilité des positions et des orientations moyennes des molécules, d'expliquer l'ensemble des propriétés des cristaux. Cette condition n'est pas incompatible, on le voit, avec la possibilité d'une agitation thermique intéressant les molécules entières, mais restreint seulement l'amplitude des mouvements possibles.

Mais en revanche on rencontre dans l'étude qui nous occupe une difficulté très sérieuse. Si une molécule donnée a une orientation bien déterminée, elle se trouve nécessairement accompagnée d'un grand nombre d'autres molécules orientées de même, mais on ne peut pas admettre, en général, que *toutes* les molécules sont orientées de la même façon. Toutes les mailles du réseau sont parallèles, mais elles renferment, en général, plus d'une molécule. Appelons *élément cristallin* ce qui remplit la maille : cet élément cristallin est un ensemble d'objets réels qui possède lui-même une symétrie plus ou moins élevée. La théorie de Bravais, qui explique comme on sait un grand nombre des propriétés des cristaux, consiste à admettre que le milieu cristallisé possède les éléments de symétrie qui sont communs à l'ensemble de points géométriques constituant le réseau et à l'élément cristallin lui-même. Si un cristal est holoèdre, c'est que cet élément et le réseau ont les mêmes éléments de symétrie. S'il est hémièdre, d'une façon générale mériédre, c'est que tel élément de symétrie qui appartient au réseau n'appartient pas à l'ensemble des objets réels qui se trouvent dans la maille. L'étude des cristaux, l'étude cristallographique en particulier, fournit donc très simplement des renseignements sur la symétrie de l'élément cristallin : dans tous les cas, que le cristal soit holoèdre ou non, l'élément cristallin possède *au moins* tous les éléments de symétrie du cristal lui-même.

Si l'élément cristallin se confondait avec la molécule, on aurait donc immédiatement une réponse à la question qui nous occupe. Mais ce n'est pas le cas, en général. Ce qui le montre, en particulier, c'est l'existence du polymorphisme. Par exemple, le carbonate de calcium est rhomboédrique dans le spath d'Islande, il est orthorhombique dans l'aragonite. On ne peut pas admettre que dans ces deux variétés à la fois les molécules de carbonate de calcium soient disposées parallèlement entre elles, autrement les propriétés qui dépendent essentiellement de l'orientation et non (en première approximation) de la répartition réticulaire, comme la biréfringence optique, devraient être très voisines pour les deux variétés, alors que l'expérience montre qu'elles diffèrent beaucoup.

Ces deux variétés de la même substance, aragonite et spath, sont-elles formées des mêmes molécules? M. Brillouin (¹) s'est posé cette question qu'il serait très important de résoudre pour tous les cas de polymorphisme. Si deux états d'une même substance sont formés des mêmes molécules diversement orientées, il doit y avoir quelque chose de commun entre leurs propriétés. Considérons, en particulier, les propriétés optiques. On sait qu'en *première approximation*, pour une substance isotrope, la quantité $\nu = \frac{n^2-1}{n^2+2} \times \frac{1}{d}$, où n est l'indice de réfraction, d la densité, est sensiblement constante. M. Brillouin a été ainsi conduit à penser que, dans le cas de deux milieux cristallisés formés des mêmes molécules, la somme $\nu_x + \nu_y + \nu_z$ doit avoir la même valeur dans les deux cas, ν_x, ν_y, ν_z se rapportant à trois axes rectangulaires quelconques formant un trièdre trirectangle. Pour avoir la valeur de cette somme on pourra, en particulier, choisir pour axes les axes principaux de l'ellipsoïde optique. Pour l'aragonite et le spath, les propriétés optiques sont connues avec une approximation suffisante. Prenant les valeurs des indices principaux (pour la raie D) et calculant les valeurs des sommes correspondantes, M. Brillouin a obtenu :

Pour le spath...........	$2\nu_o + \nu_e = 0,3639$
Pour l'aragonite........	$\nu_g + \nu_m + \nu_p = 0,3645$

L'accord des deux sommes est suffisant et l'on est ainsi conduit à penser que l'aragonite et le spath sont formés des mêmes molécules dont l'arrangement seul diffère quand on passe d'une des formes cristallines à l'autre. M. Brillouin a alors fait l'hypothèse que dans l'un des cristaux l'élément cristallin se confond avec la molécule. S'il en est ainsi ce doit être le cas du spath, car c'est pour ce cristal que l'on rencontre la valeur la plus grande et la valeur la plus petite des coefficients ν considérés : les molécules dans le spath seraient toutes disposées parallèlement, elles auraient, au point de vue optique, la symétrie d'un ellipsoïde de révolution, tandis que dans l'aragonite elles formeraient des éléments cristallins plus compliqués. Allant plus loin, M. Brillouin a alors cherché comment on pourrait, en groupant ensemble des molécules identiques à celles du spath, constituer

(¹) M. BRILLOUIN, *Comptes rendus Acad. Sc.*, t. 153, 1911, p. 240 et 380.

un cristal ayant les propriétés optiques de l'aragonite. Ce problème admet plusieurs solutions : en particulier l'une d'elle consisterait à grouper, autour de chaque nœud d'un réseau orthorhombique, huit molécules disposées symétriquement dans chacun des huit octants; le calcul indique alors aussitôt les angles que doit former l'axe de chaque molécule avec les axes du réseau.

Telle est la première tentative qu'on ait faite pour obtenir, en partant des propriétés des cristaux, des données sur les molécules. Malheureusement, pour ces deux mêmes cristaux, aragonite et spath, M. Brillouin n'a pas obtenu, par la suite [1], le même résultat simple en considérant les propriétés diélectriques et magnétiques. Toujours *en première approximation*, on est conduit à admettre, pour une substance isotrope, la constance des rapports

$$\frac{K-1}{K+2}\frac{1}{d}, \qquad \frac{\mu-1}{\mu+2}\frac{1}{d},$$

où K est la constante diélectrique, μ la perméabilité. Mais si l'on calcule alors les quantités ν et les sommes correspondantes, on trouve que ces sommes n'ont plus la même valeur pour les deux formes cristallines et que les valeurs extrêmes des ν ne se disposent plus dans le même ordre que précédemment. Les constantes magnétiques sont, il est vrai, connues avec une précision beaucoup moindre que les constantes optiques, et il suffirait de traces de fer dans le spath, par exemple, pour les altérer considérablement. Mais le désaccord, en ce qui concerne les constantes diélectriques, paraît trop marqué pour qu'on puisse l'attribuer à l'incertitude des données expérimentales, et M. Brillouin pense qu'il est dû au défaut de rigueur de la relation même qui sert de point de départ. H.-A. Lorentz a montré que la quantité

$$\frac{K-1}{K+2}\frac{1}{d}$$

doit bien être constante pour un corps où les molécules identiques et identiquement orientées occupant les nœuds d'un réseau cubique; il a donné de bonnes raisons pour admettre qu'elle doit rester encore constante lorsqu'il s'agit d'un corps isotrope, mais il a montré que dans le cas d'un cristal non cubique la quantité qui reste constante

---

(1) BRILLOUIN, *Rapport au deuxième Conseil de physique Solvay* (Bruxelles, 1913). — Ce Volume contiendra en outre des remarques de M. Brillouin faites à la suite de la lecture du Rapport de M. Bragg qui apportait des données nouvelles.

n'est pas $\frac{K-1}{K-2}\frac{1}{d}$, mais une expression plus compliquée. Même dans le cas simple où toutes les molécules sont parallèles, où le réseau est orthorhombique, les termes correctifs dépendent de la maille du réseau; et, dans le cas où l'élément cristallin est plus complexe, ils dépendent de sa structure.

Les remarques de M. Brillouin sont donc seulement utilisables dans les cas où la relation approchée est satisfaite. En outre, les conclusions reposent sur l'hypothèse que dans l'une des formes cristallines l'élément cristallin se confond avec la molécule. Cette hypothèse pourrait être appuyée (dans le cas d'autres substances polymorphes), par la comparaison des constantes ν relatives à l'état cristallin avec celles qui se rapportent à l'état fluide ou dissous de la même substance. Mais si l'étude des substances polymorphes promet certainement d'apporter des renseignements intéressants, et s'il importe de poursuivre sur d'autres corps les recherches de M. Brillouin, il n'en n'est pas moins vrai qu'on ne peut résoudre complètement, par des recherches de cette nature, le problème qui nous occupe. Il faut tout au moins que d'autres procédés d'investigation viennent, d'une autre manière, jeter quelque lumière sur la constitution des éléments cristallins.

La découverte de la diffraction des rayons de Röntgen par les cristaux constitue précisément un procédé nouveau dont on peut attendre des résultats de première importance. MM. Bragg ont déjà été conduits, à la suite de leurs recherches, à proposer des modèles représentant la constitution de quelques cristaux, modèles où sont figurées les positions admises pour les divers atomes présents dans la maille du réseau. Les rayons de Röntgen pénétrant en effet dans les molécules et étant diffractés par les atomes eux-mêmes, c'est sur la place de ces atomes que les maxima de diffraction fournissent des données. Dans les schémas proposés par MM. Bragg, les molécules ont même perdu toute individualité : un atome étant considéré, on ne peut pas dire qu'il fait partie d'une molécule plutôt que d'une autre : par exemple, dans le modèle proposé pour le sel gemme, chaque atome de chlore est entouré par six atomes de sodium qui sont à égale distance de lui.

De tels modèles se rattachent par suite à la théorie de Barlow-Pope, où l'on considère les cristaux comme des agglomérations d'atomes ou plutôt de sphères d'influence atomique impénétrables et contiguës. Il y a cependant des raisons, nous l'avons vu, pour admettre que dans les cristaux les molécules existent encore, distinctes les unes des autres, quoique soumises à des actions mutuelles et à des couples d'orientation. On peut se demander ([1]) si les résultats déjà obtenus par l'étude des spectres de diffraction ne pourront pas être interprétés par des schémas analogues à ceux de MM. Bragg, mais où les molécules seraient conservées.

De toute façon, la diffraction des rayons X fournit un nouveau procédé d'étude qu'il sera particulièrement intéressant d'appliquer aux substances polymorphes et qui pourra donner des renseignements très importants sur la structure des éléments cristallins et, par suite, sur les molécules elles-mêmes.

Les renseignements obtenus seront utilement comparés avec les indications que peut fournir *a priori*, comme nous l'avons vu, la considération des valences. Les recherches sur les relations de la symétrie cristalline avec la structure chimique de la molécule peuvent certainement elles aussi fournir des données utiles. Les composés organiques les plus simples, ceux dont la molécule a la constitution chimique la mieux connue, sont particulièrement intéressants à ce point de vue. Ces corps sont pour la plupart liquides ou gazeux à la température ordinaire, mais récemment ([2]) W. Wahl a déterminé la symétrie des cristaux donnés à basse température par un certain nombre de ces composés. Or il vient de trouver que la forme cristalline, celle au moins qui s'obtient directement à partir de l'état liquide, paraît en relation simple avec la composition chimique ([3]).

SYMÉTRIE MOLÉCULAIRE DÉDUITE DE L'ÉTUDE DES LIQUIDES.

Demandons-nous maintenant comment il est possible en étudiant non plus un cristal, mais un liquide (ou même un gaz), d'avoir des renseignements sur la symétrie des molécules.

([1]) Il ne faut pas oublier que les spectres de diffraction observés ne peuvent être attribués sans ambiguïté à tel ou tel des atomes présents. Une semblable détermination pourra peut-être être faite : on peut s'attendre, semble-t-il, à des spectres plus intenses dans les cas où la *source* elle-même et le *cristal* diffringent ont un atome commun.

([2]) W. Wahl, *Proc. of. Roy. Soc.*, A, t. LXXXVIII, 1913, p. 354; t. LXXXIX, 1913, p. 327.

([3]) *Ibid.*, t. XC, 1914, p. 1. Le méthane CH^4 et les dérivés CX^4 cristallisent dans le système cubique, l'éthane C^2H^6 dans le système hexagonal. Les dérivés de la forme CHX^3 ou CHX^3 ont une symétrie moins élevée que CH^4. Les composés SiI^4, TiI^4, SnI^4, $IrCl^4$, UCl^4 cristallisent aussi dans le système cubique, etc.

Nous venons de voir que, dans le cas des cristaux, les difficultés de l'étude provenaient de ce que les molécules y forment des groupements. Dans le cas d'un gaz dont la densité de vapeur est normale, les molécules sont simples. Dans le cas des liquides, il n'en est pas toujours ainsi. Les physico-chimistes ont été conduits à distinguer, d'une façon plus ou moins nette d'ailleurs, des liquides normaux à molécules simples, et des liquides à molécules associées. Ils utilisent pour cela les relations du poids moléculaire avec les tensions superficielles, ou les chaleurs latentes de vaporisation, etc. Ces diverses méthodes ne conduisent pas toujours aux mêmes résultats, mais il arrive assez souvent qu'elles sont d'accord, et les physico-chimistes admettent aujourd'hui que la benzine, par exemple, est un liquide simple, tandis que pour l'eau les molécules sont en partie associées (1).

L'étude des liquides eux-mêmes ne peut donc fournir directement des renseignements sur la symétrie moléculaire que dans les cas les plus simples où les molécules restent, dans le liquide, isolées les unes des autres. Dans ce qui va suivre, j'admettrai pour simplifier qu'il en est ainsi.

Pouvoir rotatoire. — La recherche du pouvoir rotatoire est un procédé qui fournit alors très facilement un premier renseignement très précieux sur la symétrie moléculaire. Essentiellement distincte du pouvoir rotatoire *cristallin*, que certains cristaux comme le quartz présentent dans certaines directions privilégiées, ce pouvoir rotatoire peut être observé dans tous les états liquides, gazeux, solides, amorphes ou même cristallisés de la substance considérée, et il est bien caractéristique de la molécule elle-même. Les renseignements qu'il fournit sur cette molécule ont un caractère négatif. L'existence du pouvoir rotatoire renseigne sur l'*absence* de certains éléments de symétrie dans la molécule. Lorsqu'il existe, on peut affirmer que la molécule considérée dans son ensemble n'est pas superposable à son image donnée

---

(1) Il y a vraisemblablement des cas où toutes les molécules sont engagées dans des associations : ce doit être celui de certains liquides cristallins de Lehmann, notamment de ceux qui peuvent donner plusieurs liquides anisotropes distincts. Ce fait est à rapprocher du polymorphisme des mêmes substances à l'état cristallisé, et l'on est amené à se demander si les éléments cristallins qui, groupés régulièrement, constituent l'une des formes cristallines, ne sont pas ceux qui, détachés les uns des autres, constituent les éléments mobiles de l'une des phases cristallines. Qu'une même substance puisse exister sous deux variétés biréfringentes distinctes, cela suffit pour montrer que les molécules ne peuvent y être simples, au moins dans les deux cas.

par un miroir plan; qu'elle ne possède, par suite, ni centre de symétrie, ni plans de symétrie, ni ces plans de symétrie alternes dont P. Curie a signalé l'importance ([1]). Il serait superflu d'insister ici sur les services considérables que les mesures de pouvoir rotatoire ont rendus en Chimie surtout depuis que Le Bel et Van't Hoff ont introduit dans ces recherches la considération du carbone asymétrique. Il est plus intéressant, au point de vue qui nous occupe, de remarquer que, si une molécule dont la formule développée renferme un carbone asymétrique est active (si elle ne renferme pas un autre carbone asymétrique image du précédent), la réciproque n'est pas vraie, en ce sens qu'il y a des liquides doués de pouvoir rotatoire dont la molécule ne présente pas de carbone asymétrique. On a signalé le fait pour certains liquides organiques. Dans ces cas deux parties de la molécule, qui se trouvent aux deux extrémités d'une chaîne d'atomes, ont séparément des plans de symétrie, mais ces deux plans ne coïncident pas. La molécule, *considérée dans son ensemble*, n'est pas superposable à son image dans un miroir : or c'est cette condition qui est nécessaire et suffisante pour que la molécule agisse sur la lumière polarisée. La même règle est valable pour les composés dont l'activité optique est produite par d'autres éléments que le carbone, tels que l'azote (Le Bel, Wedeking), le soufre, le sélénium, l'étain, le plomb, le chrome, le cobalt, le rhodium, l'iridium. Dans tous ces derniers cas, découverts par Werner, de composés agissant sur la lumière polarisée, les considérations stéréochimiques ont montré à nouveau toute leur fécondité : l'intérêt de ces recherches sur la symétrie apparaît en pleine lumière.

Une solution possible du problème de la détermination des éléments de symétrie des molécules ([2]). — La recherche du pouvoir rotatoire donne sur la symétrie des renseignements, mais ces renseignements ont un caractère *négatif*. L'existence du pouvoir rotatoire indique que certains éléments de symétrie sont *absents* dans la molécule. Il est facile de comprendre pourquoi des conclusions nettes peuvent alors être obtenues, alors que dans les liquides étudiés les molécules sont orientées au hasard et sont sans cesse en mouvement. Lorsqu'on a un ensemble d'objets *identiques entre eux*, ne possédant *aucun* des éléments de symétrie qui suppriment l'activité optique, on peut les

---

([1]) *Œuvres de P. Curie*, p. 125. Paris, Gauthier-Villars, 1908.
([2]) COTTON, *C. R. Acad. Sc.*, t. 155, 1912, p. 1232.

associer de toutes les façons qu'on voudra : l'ensemble ne pourra pas lui-même posséder ces éléments de symétrie.

Mais le problème se pose autrement si ces éléments de symétrie existent et si l'on veut déterminer leur nature et leur nombre, si l'on veut savoir, par exemple, si une molécule possède trois plans de symétrie à angle droit comme un parallélépipède à base rectangle. Il faut alors, de toute nécessité, chercher à orienter *autant que possible* toutes les molécules de la même façon; plus exactement à obtenir pour l'ensemble des molécules une orientation *moyenne* complètement définie.

L'idée se présente aussitôt à l'esprit d'employer dans ce but un champ magnétique ou électrique puisque les phénomènes de biréfringence magnétique et électrique s'expliquent précisément en admettant que les molécules tendent à s'orienter dans l'un ou l'autre de ces champs. Mais il est facile de voir que chacun de ces champs, employé seul, peut servir à obtenir des renseignements sur l'*anisotropie* des molécules, mais pas du tout sur leurs éléments de symétrie. Considérons en effet le champ magnétique, par exemple, et adoptons le langage employé plus haut pour les cristaux : une certaine droite A_m de la molécule tend bien à se placer parallèlement aux lignes de force, mais autour de cette direction la molécule reste libre de tourner. Il en est de même lorsqu'on place le liquide entre les plateaux d'un condensateur chargé, auquel cas c'est autour de la droite A_e que la molécule peut tourner librement. Dans l'un et l'autre cas, l'orientation d'équilibre stable, qui est l'orientation moyenne des molécules agitées, n'est pas définie d'une façon complète. Le liquide aimanté (ou électrisé) doit prendre nécessairement dans l'un et dans l'autre cas les propriétés optiques d'un milieu uniaxe. C'est ce que montre l'expérience.

Imaginons maintenant qu'on fasse intervenir *simultanément* les deux champs, en supposant que leurs lignes de force fassent entre elles l'angle Θ_0 que forment dans la molécule les droites A_m et A_e. Nous supposerons que cet angle est différent de zéro. Il y a des cas où l'on peut affirmer dès à présent que cet angle n'est pas nul : il y a en effet des liquides, tels que le sulfure de carbone, pour lesquels les biréfringences électriques et magnétiques ont des signes opposés. Dans tous ces cas où les directions privilégiées électrique et magnétique ne coïncident pas, on pourrait de cette manière se rapprocher, dans la mesure où l'agitation thermique le permet, de ce cas théorique où les molécules seraient toutes exactement parallèles entre elles. Malgré l'agitation thermique, en effet, le liquide doit prendre d'une façon plus ou moins marquée les propriétés optiques d'un cristal de même symétrie que les molécules. L'étude systématique de la biréfringence du liquide dans diverses directions permettrait de déterminer ses éléments de symétrie; en même temps, elle indiquerait d'une façon beaucoup plus précise la façon dont leurs propriétés physiques varient dans les diverses directions.

Nous avons supposé qu'on connaisse l'angle Θ_0. Pour le déterminer, on placera le liquide dans l'ensemble des deux champs faisant entre eux un angle Θ qu'on fera varier systématiquement. C'est lorsque Θ passera par la valeur Θ_0 que les molécules seront orientées le mieux possible et que les propriétés optiques s'écarteront le plus de celles d'un milieu isotrope.

On voit sans peine que l'étude de ces propriétés optiques fournirait un procédé de classification des molécules, basé sur la place qu'occupent les grand axes de E_m et E_o par rapport aux trois axes de E_0, ou, dans le cas des uniaxes, sur la forme allongée ou aplatie de ces ellipsoïdes qui seraient alors de révolution. Les groupes ainsi formés sont ceux dont on peut dresser la liste dans le cas des cristaux : les seuls groupes qu'on ne pourrait reconnaître seraient les groupes biaxes pour lesquels Θ_0 serait nul et qui seraient confondus avec des uniaxes.

L'intérêt d'une telle classification des molécules serait évident : on pourrait rapprocher les résultats des propriétés physiques des mêmes substances à l'état cristallisé, et d'autre part, de la structure chimique des molécules.

Essais sur les liqueurs mixtes. — Voilà donc une solution, au moins théorique, du problème que nous nous sommes posé. Sa mise en œuvre paraît, avec les moyens d'action dont nous disposons aujourd'hui, bien difficile à réaliser. Cependant, dès à présent, un pas a été fait dans cette voie. Nous avons en effet, Mouton, Drapier et moi (¹), commencé l'essai de cette méthode non pas sur des liquides purs, mais sur des *liqueurs mixtes*, c'est-à-dire sur des liquides renfermant de très petits fragments cristallins.

Ces liqueurs se préparent généralement en pulvérisant dans un mortier un cristal, puis en passant la poudre obtenue dans un tamis ayant des orifices de quelques dixièmes de millimètre de maille et en agitant fortement la poudre obtenue dans le liquide qui doit

---

(¹) A. COTTON, H. MOUTON et P. DRAPIER, *C. R. Acad. Sc.*, t. 157, 1913, p. 1063 et 1519.

servir de diluant. On peut les préparer également, dans certains cas, par voie chimique, en faisant apparaître au sein d'un liquide un fin précipité cristallin dont les grains d'abord ultramicroscopiques deviennent peu à peu assez gros pour avoir une forme définie au microscope et apparaître enfin à l'œil nu. M. Mouton rappelait dans sa Conférence qu'on rencontre parfois des liquides organiques altérables par l'humidité de l'air, le sulfochlorure de benzoyle, par exemple, qui paraissent à première vue des liquides tout à fait limpides et qui renferment pourtant des particules en suspension.

Le premier procédé a servi à Meslin dans ses recherches sur le dichroïsme magnétique. Dans ses expériences, les particules cristallines étaient relativement grosses. Les recherches de Meslin ont porté sur un grand nombre de liqueurs mixtes. Elles ont mis en évidence dans tous ces cas une différence entre les absorptions qu'éprouvent les vibrations parallèles et perpendiculaires au champ magnétique, lorsqu'un faisceau de lumière polarisée traverse, normalement aux lignes de force, la liqueur remplissant une cuve placée entre les pièces polaires d'un électro-aimant. Les travaux de Meslin, ceux de Chaudier et ceux que nous avons faits nous-mêmes, Mouton et moi, sur ce sujet, s'accordent pour montrer que ce dichroïsme magnétique ne s'observe qu'avec des poussières anisotropes, qu'il est dû à l'orientation par le champ magnétique des fragments cristallins en suspension, c'est-à-dire à l'existence de ces couples directeurs que nous constations tout à l'heure sur de gros cristaux. L'affaiblissement inégal des deux sortes de vibrations principales est dû à la réflexion de la lumière sur les facettes des cristaux. L'étude de ce phénomène n'est pas dans mon programme : le dichroïsme magnétique ne se prête pas d'ailleurs à des mesures précises dans le cas des liqueurs à grosses particules dont il s'agit ici, parce que la densité du solide diffère presque toujours ici notablement de celle du liquide qui l'entoure et que les mesures doivent être faites très rapidement.

La biréfringence magnétique des liqueurs mixtes trouvée d'abord par Majorana, dans le cas de certains liquides renfermant des hydroxydes ferriques fortement ferro-magnétiques, est également un phénomène très général. Le premier liquide ne renfermant pas de fer sur lequel il ait été constaté est celui dont nous avons signalé, Mouton et moi, les propriétés et qui contient un fin précipité de carbonate de calcium obtenu par voie chimique. Chaudier a généralisé beaucoup cette observation et a entrepris l'étude méthodique du phénomène [1]. Je me bornerai à dire que la biréfringence magnétique des liqueurs mixtes s'observe lorsqu'on emploie des fragments cristallins relativement petits et qu'elle est plus nette lorsque le liquide a un indice de réfraction voisin des indices (généralement peu différents les uns des autres) de la matière biréfringente en suspension.

Les mêmes liqueurs mixtes deviennent aussi, comme l'a montré Chaudier, biréfringentes dans le champ électrique. Dans l'un et l'autre cas, la biréfringence croît avec l'intensité du champ en s'écartant nettement de la loi parabolique et en se « saturant » plus ou moins rapidement. Il est naturel de l'expliquer, quelle que soit la nature du champ directeur, par le passage de la lumière à travers les fragments cristallins qui ne sont plus orientés au hasard lorsqu'ils sont soumis à l'action du champ, mais qui tendent à se placer toujours, comme dans le cas des expériences de tout à l'heure, de façon que dans chaque fragment cristallin la direction la plus perméable aux lignes de force se place parallèlement à ces lignes.

Superposition de deux champs directeurs. — Les biréfringences magnétique et électrique présentées par les liqueurs mixtes sont plus grandes que celle qu'on obtient dans les mêmes conditions avec les liquides purs, et dans les conditions où l'on fait les expériences, le diluant lui-même n'intervient pas d'une façon sensible dans les propriétés observées. Puisque sur ces poussières, beaucoup plus grosses que les molécules, les actions directrices des deux champs se manifestent avec intensité (ce qui tient à ce que les mouvements browniens sont beaucoup moins rapides que les mouvements moléculaires), il était naturel d'étudier d'abord sur ces liquides l'effet de la superposition des deux champs combinés. Les instruments actuels permettent en effet cette étude, mais seulement dans des cas particulièrement simples. C'est ce que nous avons fait : nous avons étudié, pour des directions particulières des deux champs, l'effet de cette superposition dans le cas d'une liqueur mixte.

Nous avons choisi comme liqueur mixte celle qu'on obtient en mettant en suspension dans l'aniline de fines poussières de benzoate de calcium cristallisé. Ce liquide, déjà étudié par Chaudier, présente l'avantage que la biréfringence très nette acquise dans l'un ou l'autre

[1] Chaudier, *Annales de Chimie et de Physique*, t. XV, 1908, p. 67.

des champs n'est pas accompagnée de dichroïsme notable. De plus, l'aniline étant un liquide visqueux, la chute des particules, toujours gênante dans des recherches de cette nature, ne modifie pas rapidement les propriétés de la liqueur.

Nous avons préparé nos liqueurs en agitant avec l'aniline la poudre cristalline (par exemple $0^g,2$ dans 50^{cm^3}) et en abandonnant le tout au repos. Bientôt le plus grand nombre des particules et surtout les plus grosses tombent au fond du flacon et y forment un dépôt le plus souvent adhérent. C'est le liquide limpide qui surnage qu'on prélève par décantation, après un repos plus ou moins long, pour en remplir la cuve servant aux expériences.

On obtient ainsi des liqueurs qui apparaissent tout à fait limpides au simple examen à l'œil nu, mais qui renferment en réalité des particules ultramicroscopiques ou bien à la limite de visibilité. En faisant varier

Fig. 1.

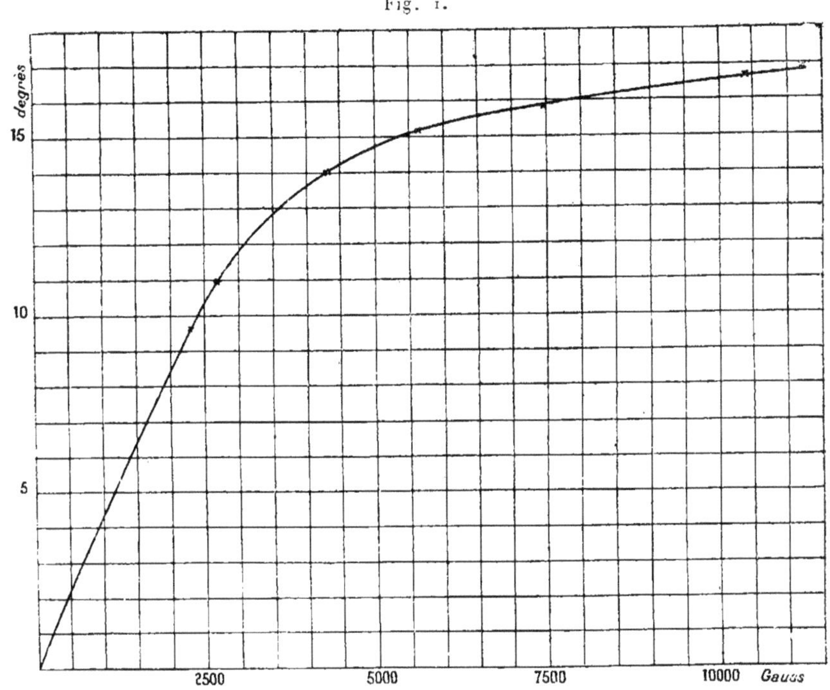

la durée du repos, on obtient des liqueurs non seulement plus ou moins riches, mais renfermant des grains qui en moyenne sont plus ou moins gros. Nous aurions voulu nous servir de la centrifugation pour séparer plus complètement les granules d'après leurs dimensions Nous avons rencontré la difficulté que Perrin n'avait pu surmonter que par un choix convenable du liquide : les particules ont *floculé* en formant des amas visibles par transparence au microscope.

Ces liqueurs sont beaucoup plus pauvres et renferment des grains beaucoup plus petits que ceux qui avaient servi auparavant à Meslin et à Chaudier dans des recherches analogues. Mais la méthode optique d'analyse, la même qui avait servi pour les liquides purs, est en revanche beaucoup plus sensible, et, comme les grains sont plus petits,

Fig. 2.

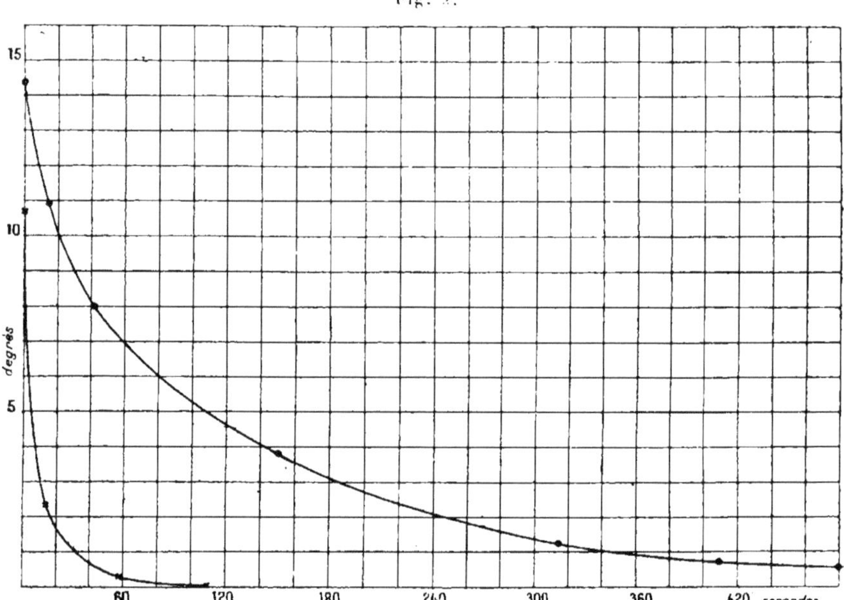

ils tombent plus lentement, de sorte que l'on peut faire des mesures plus précises. Par exemple, si l'on se borne au phénomène magnétique seul, la figure 1 représente les variations de la biréfringence avec l'intensité du champ magnétique pour une cuve de 10^{cm} de longueur placée dans des champs qui n'ont guère dépassé 12000 gauss. Cette biréfringence est positive. On voit que les points se placent sur une courbe très régulière, tout à fait différente de la parabole qu'on trouvait pour les liquides purs, et qui indique nettement la tendance à une saturation.

La forme de la courbe obtenue avec divers liquides dépend de la grosseur des particules. Conformément à ce qu'on pouvait prévoir, la saturation est beaucoup plus vite atteinte avec les liqueurs à grosses particules pour lesquelles les mouvements browniens ont une importance relative moindre. Avec certaines de nos liqueurs, la biréfringence ne change pas sensiblement quand le champ magnétique passe de 4000 à 12 000 gauss : la saturation est déjà atteinte.

Plus les particules sont grosses, plus la biréfringence disparaît lentement après suppression du champ magnétisant. Dans les conditions de nos expériences, ce « retour au zéro » du liquide devenu anisotrope peut être facilement suivi : en notant la biréfringence résiduelle à divers instants, on obtient des valeurs représentées par des courbes très régulières dont la figure 2 donne deux exemples se rapportant à des granules dont la grosseur varie beaucoup de l'une à l'autre.

Pour étudier la biréfringence électrique seule, biréfringence qui pour cette liqueur est *négative*, la même cuve, représentée par la figure 3,

Fig. 3.

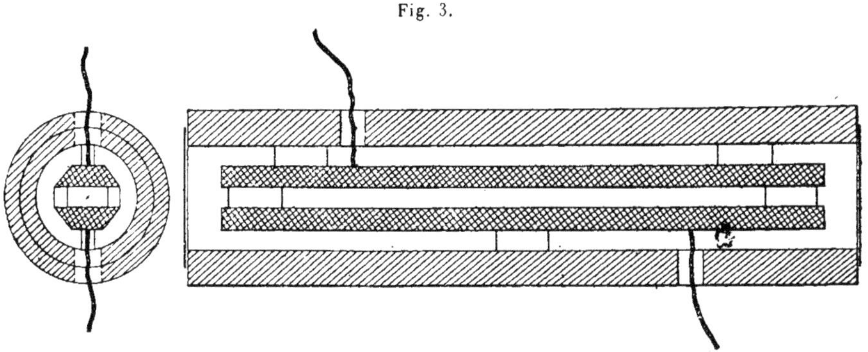

a été employée, mais on a placé à l'intérieur un condensateur formé de deux lames métalliques parallèles de laiton doré longues de 9^{cm}, larges de 1^{cm}, que des cales de verre maintiennent à une distance de $0^{cm},3$. On a employé de très faibles champs électrostatiques. Même lorsqu'on emploie des liqueurs pauvres en particules, comme c'est le cas de celle qui a donné la courbe de la figure 4, on obtient des biréfringences qu'on peut mesurer avec une précision suffisante. La courbe de la figure 4 a été obtenue avec des voltages qui n'ont pas dépassé 113 volts, c'est-à-dire le voltage alternatif à 42 périodes qui donnait directement le secteur de la rive gauche. Les points intermédiaires ont été obtenus en abaissant cette tension au moyen d'un transformateur (1).

L'appareil qui vient d'être décrit est ensuite placé entre les pièces polaires en coin de l'électro-aimant de Weiss, pièces polaires qui donnent sur la longueur (10^{cm}) occupée par le tube un champ uni-

Fig. 4.

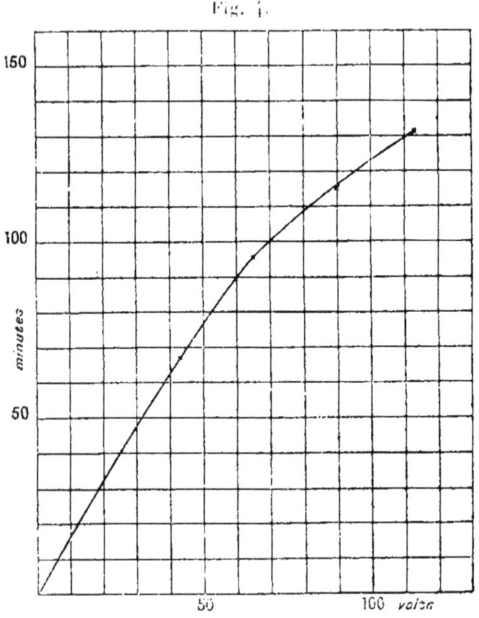

forme. Avec cette disposition, nous pouvions étudier les effets d'un champ électrique et d'un champ magnétique tous deux normaux au faisceau lumineux. On commençait par mesurer la biréfringence magnétique seule, puis la biréfringence électrique seule, puis la biréfringence donnée par la superposition des deux champs. Enfin,

(1) L'emploi de faibles champs électrostatiques est particulièrement précieux. On évite des effets parasites gênants : d'abord un échauffement notable du liquide qui n'est pas tout à fait isolant, puis les effets de l'agitation tourbillonnaire du liquide qui entraîne avec lui les particules dans des mouvements rapides, si bien que lorsqu'on regarde entre nicols croisés, en mettant au point sur la cuve, on voit un grand nombre de stries qui montrent le défaut d'homogénéité et qui empêchent toute mesure précise. Au début de nos essais sur cette liqueur mixte, nous avions rencontré cette difficulté, mais nous avions vu qu'on s'en garantissait en diminuant le champ.

on reprenait les deux biréfringences magnétique et électrique pour s'assurer que le liquide ne s'était pas modifié dans l'intervalle.

Nous avons examiné deux cas : celui où les lames du condensateur étaient placées horizontalement et celui où elles étaient placées verticalement, de sorte que les lignes de force des deux champs étaient soit perpendiculaires, soit parallèles. La simplicité de l'étude de ces cas particuliers résulte de ce que les lignes neutres des deux biréfringences coïncident. Si au contraire la cuve était orientée d'une façon quelconque, on aurait deux biréfringences accidentelles dont les lignes neutres sont différentes; c'est un cas plus compliqué sur lequel nous reviendrons plus loin. Dans les cas choisis, au contraire, on voit immédiatement à quoi on doit s'attendre si les effets optiques dus aux deux champs se superposaient simplement.

1° *Champ électrique normal à la fois au champ magnétique et au faisceau lumineux.* — Les deux biréfringences sont de signe opposé, mais les champs sont à angle droit. Si les retards optiques dus aux deux champs se superposaient simplement, l'angle β_{em} mesurant la biréfringence obtenue avec l'ensemble devrait donc être la *somme* des valeurs absolues β_m et β_e des angles qui mesurent respectivement les biréfringences magnétique et électrique.

Or on trouve, le champ magnétique étant de 4000 gauss et le champ électrique étant obtenu avec 114 volts : $\beta_m = 555'$, $\beta_e = 325'$, $\beta_{em} = 679'$. On voit que β_{em} est, pour la liqueur étudiée, plus grand que β_m, mais diffère de $\beta_e + \beta_m$ (880′).

Il est donc clair que les deux effets ne s'ajoutent pas :

$$\frac{\beta_{em}}{\beta_e - \beta_m} = 0,77.$$

Il est intéressant de remarquer que ni la biréfringence magnétique, ni la biréfringence électrique de ce liquide n'avaient atteint la saturation pour les champs employés; par exemple, la biréfringence électrique passait pour ce liquide de 199′ pour 61 volts à 325′ pour 114 volts.

2° *Champ électrique parallèle au champ magnétique.* — La cuve cylindrique employée précédemment est simplement tournée d'un angle droit autour de son axe. Les champs gardant sensiblement les mêmes valeurs, on trouve $\beta_m = 551'$, $\beta_e = 322'$, $\beta_{em} = 272'$. Cette fois β_{em} est plus petit que β_m, mais il n'est pas égal à la différence $\beta_m - \beta_e$ qui n'est que 229′. On trouve : $\dfrac{\beta_{em}}{\beta_m - \beta_e} = 1,19$.

3° *Champ électrique parallèle au faisceau lumineux.* — Ce cas présente ceci d'intéressant que le champ électrique employé seul ne donne évidemment aucune biréfringence électrique; sa présence doit cependant, d'après la théorie de l'orientation, agir sur les orientations des molécules et modifier la biréfringence magnétique primitive.

Pour faire l'expérience, il faut s'arranger de façon à avoir un condensateur chargé dans lequel le rayon lumineux traverse normalement les armatures. Après quelques essais où nous avions employé comme plaques conductrices des pellicules de gélatine humide qui ne nous avaient pas donné de bons résultats, nous nous sommes décidés à supprimer le contact entre l'armature conductrice et la liqueur à étudier, et nous avons employé comme armature de l'eau salée placée dans des cellules à paroi mince transparente fermées par des couvre-objets de $\frac{2}{10}$ de millimètre d'épaisseur environ. On peut, en effet, *dans le cas des liqueurs mixtes*, observer la biréfringence électrique sans qu'il y ait contact entre les armatures du condensateur et le liquide (1).

---

(1) Quelques remarques à ce sujet ne seront pas inutiles : Quand on veut mettre en évidence le phénomène de Kerr avec un liquide qui est pourtant un isolant assez bon comme le nitrobenzène, on n'obtient aucun résultat si l'on ne fait pas plonger les armatures dans le liquide : c'est ce qu'ont constaté tous les physiciens qui ont fait des mesures sur le phénomène de Kerr, soit avec des champs constants, soit avec des champs alternatifs à longue période. Ce fait doit être sans doute expliqué par la conductibilité du liquide. Si l'on met des plaques de verre, par exemple, entre des électrodes et le liquide, l'électrolyse doit faire apparaître, sur les faces des lames de verre en contact avec le liquide, des charges inverses qui neutralisent le champ à l'intérieur de celui-ci. Au contraire, dans le cas des liqueurs mixtes, Chaudier emploie des cuves de verre qu'il place entre les plateaux d'un condensateur. La mesure peut alors se faire avec un champ alternatif de longue période. Pourquoi cette différence? C'est que le transport des ions qui neutralisent le champ extérieur ne se fait pas instantanément et que les éléments orientables présents dans la liqueur ne sont pas immédiatement dérangés de leur orientation acquise dans le champ lorsque celui-ci est supprimé. Nous avons vu que précisément les liqueurs dont il s'agit restent biréfringentes pendant des temps très facilement mesurables après la suppression du champ. Il y a, en d'autres termes, un temps de relaxation parfaitement mesurable. Au contraire, dans le cas d'un liquide pur, les molécules soumises à une agitation thermique incomparablement plus intense reviennent à l'état d'orientation désordonnée en un temps extrêmement court, de l'ordre de 10^{-8} seconde, comme le montre la disparition du phénomène de Kerr. Les impulsions que reçoivent les molécules et qui tendent à les orienter pendant que le champ croît ont des effets qui disparaissent complètement pendant que celui-ci décroît, tandis que, dans le cas de la liqueur mixte, ces impulsions s'ajoutent et finissent par produire un effet mesurable. Cet effet est néanmoins plus petit que lorsque les électrodes plongent directement dans le liquide, auquel cas les charges empruntées à la source électrique neutralisent celles

L'appareil qui nous a servi pour étudier l'effet d'un champ électrique longitudinal sur la biréfringence magnétique est représenté par la figure 5. Il est formé de trois cuves C_1, C_2, C_3 de liqueur active formées de segments de tube d'ébonite de 15^{mm} de longueur, de 25^{mm} de diamètre extérieur et de 10^{mm} de diamètre intérieur. Chacune d'elles est comprise entre deux cellules collées sur les précédentes,

Fig. 5.

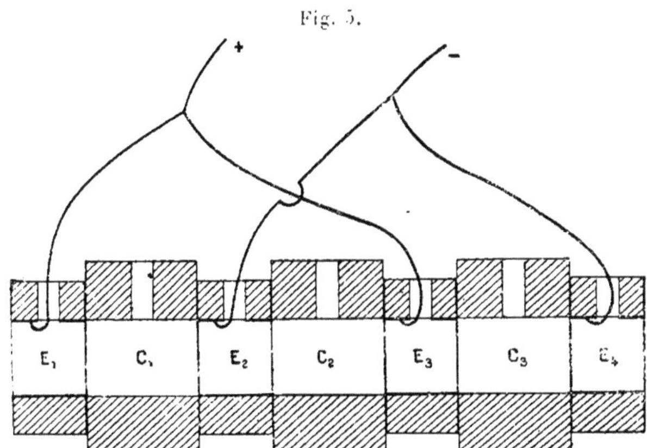

séparées d'elles par un simple couvre-objet, munies intérieurement d'un revêtement métallique et remplies d'eau salée. Les quatre cellules conductrices sont reliées alternativement aux deux pôles de la source : celle-ci était un transformateur excité par le même secteur alternatif. Tout le système est placé comme précédemment dans l'entrefer de l'électro-aimant. Le voltage employé étant alors 2920 volts, on s'assure d'abord que le champ électrique longitudinal employé seul ne modifie en aucune manière la vibration incidente, ce qui montre que le champ employé est bien de révolution. Supprimant le champ électrostatique, on mesure la biréfringence magnétique seule. La liqueur étant plus riche en particules que dans les expériences précédentes et les par-

---

qu'apportent les ions. Nous avons pu nous en assurer en comparant le phénomène de Kerr avec des armatures formées respectivement de lames métalliques et de cuves d'eau salée : avec la liqueur employée, la première biréfringence mesurée était quatre fois plus grande que l'autre.

Des remarques qui précèdent on peut déduire que, avec des liquides purs, on pourrait sans doute aussi observer le phénomène de Kerr sans établir le contact des électrodes et du liquide, mais en employant des champs alternatifs de fréquence très élevée, de longueur d'onde de quelques millimètres.

ticules étant plus grosses, on trouve une biréfringence positive $\beta_m = 860'$. Si l'on introduit alors le champ électrique, la biréfringence baisse considérablement, et l'on trouve $\beta_{em} = 619'$.

Rien n'indiquait *a priori* si le rapport $\frac{\beta_{em}}{\beta_m}$ serait plus petit ou plus grand que l'unité : on voit donc que l'emploi de deux champs associés fournit des renseignements que l'étude des actions des deux champs séparés ne donne en aucune manière et permet de pousser plus avant la classification des liqueurs mixtes. On voit facilement que si l'on se borne à examiner les trois cas particuliers simples dont il vient d'être question, en notant les signes des deux biréfringences et le sens dans lequel varie la biréfringence lorsqu'on introduit le champ électrostatique, les liqueurs mixtes se divisent en huit catégories, et l'on pourrait sans ambiguïté, dans le cas où les particules seraient uniaxes, définir auquel des huit groupes d'uniaxes, dont j'ai parlé plus haut à propos des cristaux, appartiennent les particules étudiées.

Ces résultats, tout à fait d'accord avec nos prévisions, ont un autre intérêt : ils montrent que la méthode d'étude des symétries indiquée plus haut est *applicable à des liqueurs mixtes renfermant des grains ultramicroscopiques*. L'application de cette méthode suppose, il est vrai, qu'on ne se borne pas aux cas simples examinés ici. Il faudrait, en effet, faire varier l'angle des champs de façon à donner à tous les fragments cristallins minuscules la même orientation moyenne, puis observer, dans des directions diversement inclinées sur les lignes de force des deux champs, les propriétés optiques de la liqueur. On aurait alors des données précises sur la symétrie de ces grains très petits dont l'étude directe est impossible. Pour cette étude plus complète, il faudrait un électro-aimant plus gros.

Mais les autres difficultés qui se présenteraient dans une semblable étude pourraient être levées. Pour déterminer l'angle Θ_0 des deux champs, qui diffère en général d'un angle droit, pour lequel les particules sont aussi complètement orientées que possible, il faut avoir d'abord un appareil d'analyse sensible permettant d'étudier une vibration elliptique dans le cas général où l'on ne connaît pas la direction des axes et de trouver dans chaque cas la direction des lignes neutres. Cet appareil existe. M. Chaumont (1) a réalisé en particulier dans ce but un appareil à pénombres très sensible et très commode. De même, il faudrait pouvoir observer dans une direction quelconque

(1) CHAUMONT. *Thèse de doctorat*, Paris, 1914.

inclinée sur la direction des deux champs. Or, si l'on dispose de place dans l'entrefer, on peut avec des miroirs envoyer les rayons lumineux dans la direction voulue. Un miroir argenté modifie, comme on sait, la polarisation de la lumière en la réfléchissant, mais un artifice très simple permet de s'affranchir de cette complication. Je l'indiquerai parce qu'il peut être utile dans d'autres recherches (par exemple lorsqu'on veut étudier la polarisation rotatoire magnétique avec un électro-aimant dont les pièces polaires ne sont pas percées). Au lieu d'employer un miroir, on en emploie deux identiques recevant successivement les rayons sous le même angle d'incidence, mais dont les plans de réflexion sont à angle droit.

Cette méthode devrait être naturellement essayée d'abord en opérant sur des poudres obtenues en pulvérisant des cristaux dont les propriétés aient été étudiées d'abord en opérant sur de gros échantillons. Il est bon de préciser la nature des renseignements qu'elle pourra donner lorsqu'on l'appliquera ensuite à des particules ultramicroscopiques sur lesquelles on ne sait rien d'avance. En indiquant cette méthode, nous avons supposé que l'orientation dans le champ électrique était régie seulement par les propriétés diélectriques de la matière cristallisée. Or, j'ai rappelé tout à l'heure que l'orientation des cristaux entre les plateaux d'un condensateur pouvait être troublée par les phénomènes de conductibilité et dépendre en outre de la forme même des cristaux étudiés. Il est important de remarquer que, si l'on se borne à la recherche des éléments de symétrie et si l'on a affaire à une liqueur renfermant des grains dont la forme et les propriétés ne varient pas beaucoup de l'un à l'autre, on aurait des renseignements exacts sur leur symétrie en appliquant la méthode indiquée, même si c'était la conductibilité, par exemple, qui intervenait dans l'orientation par le champ électrique. Le principe de la méthode consiste, en effet, à associer deux champs directeurs inclinés l'un par rapport à l'autre d'un angle convenable, mais la nature de ces champs directeurs n'importe pas. On pourrait en employer d'autres que ceux qui ont été indiqués; par exemple, les liqueurs mixtes présentent parfois une biréfringence « spontanée » dont Meslin et Chaudier ont signalé des exemples. Elle tient à ce qu'en tombant les particules ne restent plus orientées au hasard, de même que les particules de glace qui, en tombant et s'orientant pendant leur chute, provoquent les phénomènes qui accompagnent les halos et qui sont distincts d'un cercle centré sur l'astre éclairant.

Dans ce dernier cas il s'agit de particules en suspension dans un gaz :

les mêmes remarques et les mêmes procédés d'étude de la symétrie sont applicables encore ici. Des fumées, formées de particules cristallines, donnent dans des champs électrique ou magnétique les phénomènes que présentent les liqueurs mixtes. Le cas des fumées de chlorhydrate d'ammoniaque (dans le champ électrique) a été signalé d'abord par E. Bloch et étudié depuis par Zeeman et Hoogenboom [1]. J'ai observé autrefois que les fumées qui se produisent au-dessus d'un morceau d'indigo chauffé, fumées constituées par de petits cristaux d'indigotine, rétablissent très vivement la lumière entre nicols croisés quand on les place dans un champ magnétique.

L'emploi de deux champs directeurs convenablement associés, qui permet ainsi d'imposer une orientation commune à des fragments cristallins et d'étudier leur symétrie, pourrait être également utilisé pour résoudre le problème de la formation de gros cristaux entièrement homogènes. Quand on abandonne à elle-même une cristallisation, on obtient le plus souvent des magmas cristallins dont les individus sont orientés au hasard. On a cherché parfois à agir sur la cristallisation en faisant intervenir le champ magnétique. La première observation de ce genre paraît due à Plücker qui faisait cristalliser du bismuth entre les pièces polaires d'un électro-aimant : le bismuth refroidi s'orientait alors lorsqu'on le suspendait dans le champ de la même façon qu'au moment où les cristaux se formaient. Les conditions de cette expérience, qui imposaient à chaque élément cristallin une seule condition, ne permettaient pas d'espérer obtenir un cristal entièrement homogène. Pour y parvenir, dans le cas d'un cristal isolant, il faudrait encore ici superposer *deux* champs convenablement orientés.

Cas des liquides purs. — La détermination de la symétrie des molécules d'un liquide pur peut se faire théoriquement par la méthode

---

(1) E. Bloch, *C. R. Acad. Sc.*, t. [illegible], 1908. — P. Zeeman et G. M. Hoogenboom, *Ac. des Sc. d'Amsterdam*, 30 décembre 1911, 27 janvier et 22 juin 1912. Le chlorhydrate d'ammoniaque sous sa forme habituelle est cubique, mais il est sans doute polymorphe. Les savants hollandais expliquent, par l'existence de deux variétés dimorphes, le changement de signe de la biréfringence avec le mode de préparation qu'ils ont observé. Nous indiquerons à cette occasion que le signe de la biréfringence magnétique des liqueurs renfermant un précipité naissant de carbonate de calcium n'est, lui aussi, défini que si l'on précise les conditions de formation de la liqueur : dans ce cas de biréfringence magnétique, la forme des cristaux ne peut intervenir dans l'orientation.

de la superposition des deux champs, les appareils qui ont servi pour l'étude des liqueurs mixtes donnent une idée des dispositifs à employer. Mais il faut tenir compte de la petitesse des effets d'orientation que nous pouvons produire avec nos moyens expérimentaux actuels. Dans le dernier travail qu'il ait publié [1], le regretté physicien Pockels a précisément cherché à voir si la méthode proposée pouvait effectivement, dans le cas des liquides purs, conduire aux résultats qu'elle promet.

Pockels considère des molécules placées dans les deux champs et admet que leurs propriétés magnétiques, électriques et optiques sont représentées par des ellipsoïdes. Pour trouver la distribution en orientation des molécules dans les deux champs, l'auteur généralise le calcul fait par Langevin pour le cas d'un seul champ directeur. Langevin écrivait que le nombre des molécules correspondant à une certaine orientation est proportionnel à $e^{\frac{-W}{rT}}$, W étant l'énergie potentielle d'une molécule ainsi orientée dans le champ : Pockels écrit de même que le nombre de molécules répondant à une même orientation à deux paramètres est proportionnel à $e^{\frac{-W_e+W_m}{rT}}$, où $W_e + W_m$ est la somme des énergies potentielles prises par une molécule ainsi orientée par rapport à chacun des champs. Il tient compte alors de la petitesse des effets d'orientation : admettant que l'exposant de l'exponentielle est petit, il remplace cette exponentielle par

$$1 - \frac{W_e - W_m}{rT}.$$

Dès lors, dans tout le reste du calcul, les termes contenant le champ magnétique H et le champ électrique E sont séparés. Il est alors naturel que la biréfringence calculée pour le milieu étudié ne dépende que de l'indice du liquide, de l'angle des deux champs et des biréfringences qu'ils produisent séparément; c'est le résultat auquel Pockels arrive en effet : l'ellipsoïde représentant les propriétés optiques du liquide à la fois électrisé et aimanté a un axe normal au plan des deux champs et les deux autres compris dans ce plan; la grandeur de la biréfringence peut être calculée *a priori* et sa connaissance n'apprend rien de nouveau sur les propriétés spécifiques des molécules.

---

[1] POCKELS, *Le Radium*, t. X, 1913, p. 156.

Si l'on admet ces conclusions de Pockels, on voit qu'il faudrait des champs *beaucoup* plus intenses que ceux dont nous disposons pour arriver à des données sur la symétrie des molécules; ou bien il faudrait diminuer l'agitation thermique en abaissant la température et en choisissant des molécules très grosses. S'il était nécessaire d'atteindre la *saturation* pour les phénomènes électrique et magnétique considérés séparément, il faudrait des champs d'un ordre de grandeur différent de ceux que nous pouvons utiliser.

Les expériences sur les liqueurs mixtes apportent à cet égard un renseignement utile. Nous avons trouvé, Mouton, Drapier et moi, que les écarts avec la loi d'additivité, signalés plus haut, deviennent moins marqués lorsqu'on emploie des champs faibles ou des particules plus petites. Mais on a observé encore des écarts *dans des conditions où la saturation n'est atteinte ni pour l'un ni pour l'autre des deux champs employés*. Or si pour l'*un* des deux phénomènes on s'approchait de la saturation, si la biréfringence correspondante n'était plus proportionnelle au carré du champ, l'approximation faite par Pockels au début ne serait plus valable et les conclusions seraient alors différentes.

Cette approximation n'est d'ailleurs pas la seule : c'est ainsi que Pockels a dû laisser de côté, comme Langevin l'avait fait, les actions mutuelles entre molécules. Un contrôle expérimental des calculs de Pockels est donc nécessaire; or ce contrôle est possible : il consiste à faire sur la nitrobenzine, par exemple, des expériences analogues à celles que nous avons faites sur des liqueurs mixtes. Cela exigerait seulement un électro-aimant plus gros pour que les biréfringences à mesurer deviennent suffisamment grandes, et pour que le champ électrostatique nécessaire puisse être établi dans le tube placé dans l'entrefer.

Il serait très intéressant de faire l'expérience en donnant à l'angle des deux champs une valeur variable : en effet Pockels, dans son travail, donne le résultat auquel on doit s'attendre dans le cas général où les deux sortes de lignes de force font un angle quelconque Θ. Ce résultat s'exprime géométriquement de la façon simple que voici : Soient H, E les deux champs; β_m, β_e les deux biréfringences correspondantes; construisons (*fig.* 6) la résultante géométrique OR de deux vecteurs, l'un dirigé suivant H égal à β_m, l'autre OE' égal à β_e et faisant avec H un angle égal à 2Θ. Le liquide, d'après Pockels, doit prendre les propriétés d'une lame cristalline dont la biréfringence β_{em} est mesurée par la longueur OR de la résultante, et les deux lignes neutres, à angle droit, de cette lame équivalente, sont les deux bissectrices de l'angle formé par OH et OR. On vérifie immédiatement que, lorsque l'angle Θ est nul ou droit, les deux biréfringences s'ajouteraient simplement (algébriquement).

Cette règle simple doit être valable dans tous les cas où un milieu primitivement isotrope est soumis aux actions simultanées de deux

Fig. 6.

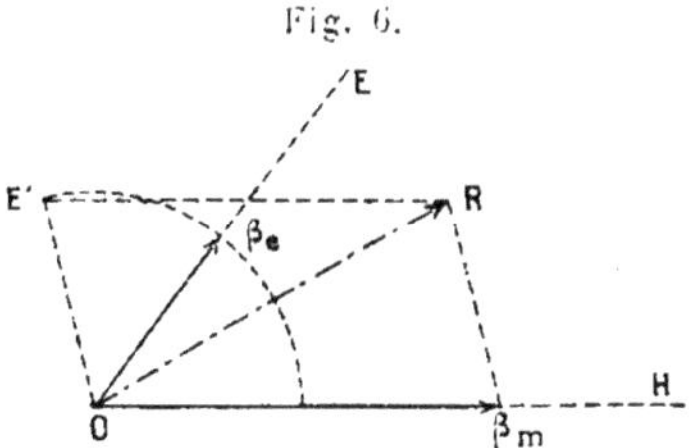

biréfringences accidentelles indépendantes l'une de l'autre. La question, dans le cas qui nous occupe, est précisément de savoir si les effets des deux champs seront réellement indépendants.

Quel que soit le résultat de ce contrôle expérimental, la méthode d'étude des symétries reposant sur l'association des deux champs sera certainement beaucoup plus difficile à mettre en œuvre dans le cas des molécules des liquides purs que dans le cas des particules cristallines des liqueurs mixtes. Mais il ne me semble pas possible de résoudre d'une autre manière le problème difficile consistant à étudier la symétrie moléculaire par des expériences faites sur l'état liquide, où les molécules sont sans cesse en mouvement et orientées au hasard : il faut toujours les orienter autant que possible, autant que le permet l'agitation thermique, de la même manière. Si les champs électrique et magnétique sont insuffisants, il faudra chercher d'autres actions directrices; or on n'en voit guère. Il y en a peut-être une que je voudrais indiquer en terminant.

M. Mauguin, dans sa Conférence, a parlé de cette action orientante qu'exercent sur des lames liquides anisotropes les surfaces solides limitant la préparation, action très nette lorsque les surfaces sont très propres. Il est possible qu'une action orientante de ce genre s'exerce encore dans le cas des liquides ordinaires, ne possédant pas les propriétés remarquables que Lehmann a découvertes. Plusieurs physiciens ont été conduits à admettre une orientation des molécules à la surface d'un liquide : Gouy notamment y a fait appel lors de ses recherches d'électro-capillarité. Je pense qu'on est aussi amené à cette hypothèse en considérant les faits expérimentaux relatifs à la réflexion de la lumière. Les lois de la réflexion vitreuse sont souvent en défaut, comme on sait : Lord Rayleigh a montré que dans le cas de l'eau, par exemple, elles ne se vérifient que si la surface est très propre, et une très mince pellicule d'huile, incapable d'arrêter les mouvements du camphre, suffit pour qu'on ne puisse plus éteindre complètement, avec un analyseur rectiligne, le faisceau réfléchi. Il est très important de mettre en évidence que c'est une matière étrangère qui intervient ici, mais il reste à expliquer son rôle. Or une interprétation possible consisterait précisément à admettre que la pellicule de matière étrangère qui se trouve à la surface de l'eau est réellement biréfringente, parce que ses molécules, anisotropes, sont soumises, par suite de la position qu'elles occupent à la surface de séparation, à une action orientante. Une couche de quelques millimicrons d'épaisseur ($5^{\mu\mu}$ par exemple) d'une substance ayant la biréfringence du spath suffirait pour produire une biréfringence de près de $\frac{2}{1000}$ de longueur d'onde, qu'on peut non seulement constater, mais mesurer. C'est peut-être de cette façon que s'expliquent les résultats que Jamin a obtenus, il y a plus de 60 ans, lorsqu'il a étudié la réflexion de la lumière sur des liquides variés, distinguant des liquides « positifs » (liquides organiques), des liquides « négatifs » (solutions salines concentrées). On ne s'est guère occupé, depuis cette époque, de ces propriétés remarquables, bien que les nouvelles méthodes d'analyse de la lumière polarisée permettent de les étudier maintenant d'une façon bien plus précise. Ce phénomène ne paraît pas provenir, dans tous les cas, des impuretés superficielles ; il semble souvent dépendre du liquide lui-même et des conditions spéciales où se trouvent placées les molécules situées au voisinage immédiat de la surface libre.

LES MOUVEMENTS

DES

PARTICULES LUMINEUSES DANS LES GAZ,

PAR M. CH. FABRY.

INTRODUCTION.

1. Un gaz peut, de bien des façons, être rendu lumineux. Les diverses formes de décharge électrique, les flammes, les gaz fluorescents ou en résonance, le bleu du ciel offrent des exemples bien connus d'un tel phénomène. Quelle que soit la cause de la production de lumière, le gaz apparaît comme un volume lumineux continu, sans aucun point particulier d'émission.

Cependant, nos idées actuelles nous conduisent à admettre que toute masse gazeuse est formée d'un nombre immense, mais fini, de particules distinctes. La nature de la particule constitue, en quelque sorte, l'individualité du gaz; un gaz est *pur* si toutes les molécules sont identiques, et tout ce qui rompt cette uniformité constitue un mélange ou une impureté. D'autre part, l'émission étant toujours liée à la présence de la matière, on ne conçoit pas une portion vide de l'espace qui serait un centre d'émission.

Ces idées étant admises, il devient presque évident que, dans un gaz lumineux, l'émission doit être produite, à chaque instant, par un nombre fini de particules; un gaz lumineux doit être une Voie lactée dans laquelle, seule, l'imperfection de nos moyens d'observation nous fait voir un ensemble continu. D'ailleurs, rien ne prouve *a priori* que toutes les molécules soient lumineuses, ni même que les particules lumineuses soient identiques aux molécules; nous verrons plus loin qu'au contraire les particules lumineuses sont des particules exceptionnelles, différentes des molécules ordinaires, et existant momentanément dans le gaz comme une impureté, en nombre probablement infime par rapport au nombre total des molécules. Y a-t-il quelque espoir de *voir* un jour séparément ces points, de résoudre la Voie lactée en étoiles ? Il est bien difficile de le dire. Quoi qu'il en soit, le problème ainsi posé n'est pas résolu et n'est probablement pas près de l'être.

Pour observer les mouvements des particules lumineuses, nous sommes donc complètement privés des moyens géométriques qui consistent dans l'observation d'un point mobile que l'on voit occuper successivement diverses places par rapport à des points considérés comme fixes. Le seul moyen d'étude qui se présente est celui qu'utilisent les astronomes pour la mesure des vitesses radiales, en employant le phénomène de Doppler-Fizeau, qui permet d'étudier la vitesse relative de l'observateur et de la source de lumière, dans le sens de la ligne qui les joint, sans employer aucun point de repère.

Dans ce qui va suivre, j'aurai constamment à utiliser ce phénomène; je crois utile de rappeler d'abord en quoi il consiste et comment son existence a pu être mise en évidence.

2. **Effet Doppler-Fizeau.** — Soit A un point lumineux, qui émet une radiation monochromatique de fréquence ν. Si la distance AB est invariable, l'observateur B reçoit la même espèce de radiation. A étant fixe, si l'observateur B s'en éloigne avec la vitesse v, il fuit devant les ondes qui lui arrivent, et reçoit, dans le même temps, moins de pulsations que s'il était fixe; la fréquence de la vibration est diminuée, et la variation $d\nu$ de la fréquence est donnée par l'équation

$$-\frac{d\nu}{\nu} = \frac{v}{V},$$

dans laquelle V est la vitesse de la lumière.

Tout se passe comme si la radiation était déplacée dans le spectre. Si, selon l'usage, nous définissons la radiation par sa longueur d'onde λ, la variation de cette quantité due au mouvement de l'observateur est donnée par

$$\frac{d\lambda}{\lambda} = \frac{v}{V}. \tag{1}$$

Le phénomène est le même si, l'observateur étant fixe, la source s'éloigne de lui avec la vitesse v, ou plus généralement si v est la composante suivant AB de la vitesse relative, considérée comme positive lorsque la distance croît avec le temps.

On peut avoir des phénomènes analogues lorsque, la source et l'observateur étant fixes, la lumière parvient à l'observateur par réflexion sur un miroir mobile ou par diffusion sur un corps solide en mouvement. Soient (*fig.* 1) A le point lumineux, B l'observateur, auquel la lumière parvient par diffusion sur un point mobile C, dont la vitesse est v. Le point C reçoit une radiation déjà modifiée par son mouvement, et celle qu'il envoie à l'observateur est de nouveau

Fig. 1.

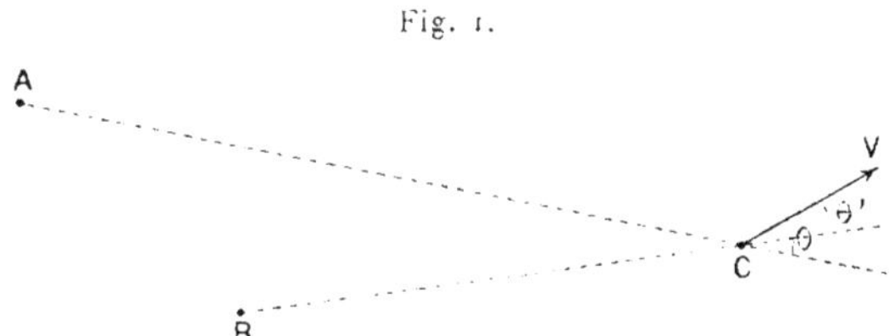

modifiée par la même cause. En appelant θ et θ' les angles que fait la vitesse avec les directions AC et BC, l'observateur reçoit une radiation de longueur d'onde $\lambda + d\lambda$. La valeur de $d\lambda$ est donnée par

$$(2) \qquad \frac{d\lambda}{\lambda} = \frac{v(\cos\theta + \cos\theta')}{V}.$$

Pour une vitesse donnée, les valeurs extrêmes de $\frac{d\lambda}{\lambda}$ sont $+\frac{2v}{V}$ et $-\frac{2v}{V}$; ces valeurs extrêmes sont obtenues lorsque les trois points A, B, C sont en ligne droite sans que C soit entre A et B, et que la vitesse est dirigée suivant AC ou suivant CA.

La forme simple des équations (1) et (2), linéaires par rapport à v, n'est acceptable que si le rapport $\frac{v}{V}$ est très petit. Dans le cas général, on retrouverait toutes les difficultés des questions où s'introduisent, en Optique, les mouvements relatifs de la source et de l'observateur, comprises dans ce que l'on appelle les *questions de relativité*. Il n'y a pas lieu d'aborder ici le problème général, la condition de validité des expressions simples devant toujours être satisfaite dans ce qui va suivre.

3. **Vérifications expérimentales.** — L'effet Doppler-Fizeau ne produit que de très petits déplacements dans le spectre, du moins avec les valeurs des vitesses que l'on est habitué à considérer. Si une source de lumière est animée, par rapport à l'observateur, d'une vitesse de 1000 m : sec, cela produit un changement de longueur d'onde donné

par $\frac{d\lambda}{\lambda} = \frac{1}{300000}$; une des raies du sodium sera déplacée de $\frac{1}{300}$ de l'intervalle qui sépare ces deux raies.

En Astronomie, des vitesses de l'ordre de plusieurs dizaines de kilomètres par seconde sont fréquentes. La vitesse de la terre dans son orbite, qui est de 30 km : sec produit un changement $\frac{d\lambda}{\lambda} = \frac{1}{10000}$, ce qui donne pour une des raies D un déplacement égal à $\frac{1}{10}$ de l'intervalle des deux raies.

Ce sont les observations astronomiques qui ont d'abord permis de constater l'existence du phénomène de Doppler-Fizeau et d'en vérifier la grandeur. La mesure du déplacement $d\lambda$ permet de calculer la vitesse relative de l'astre et de l'observateur; chaque fois que cette vitesse est connue par les théories astronomiques, la mesure optique et le calcul astronomique donnent des résultats concordants.

Au laboratoire, la vérification est rendue plus difficile par la petitesse des vitesses utilisables par rapport à la vitesse de la lumière. Elle a pu cependant être faite, d'abord par Belopolsky [1], qui augmentait l'effet en faisant réfléchir plusieurs fois la lumière sur des miroirs mobiles. Deux miroirs, à peu près parallèles, se déplacent l'un vers l'autre, chacun avec une vitesse v; la lumière va de la source à l'observateur après avoir subi trois réflexions sur chacun des miroirs. Si les réflexions sont à peu près normales, l'effet du mouvement des miroirs équivaut à une vitesse relative de la source et de l'observateur égale à 12 v. Si maintenant le sens des vitesses des miroirs est changé, le même effet se produit en sens inverse, et l'effet total quand on passe d'un des cas à l'autre équivaut à une vitesse radiale de 24 v. La vitesse v étant de l'ordre de 30 m : sec, l'effet obtenu par changement de sens équivalait à celui que produirait une vitesse radiale de la source égale à 700 m : sec. Le mouvement était obtenu en faisant tourner en sens inverse et avec la même vitesse deux disques portant des miroirs disposés comme les palettes d'une roue; lorsqu'un couple de miroirs a cessé d'être en action, un second groupe prend sa place, et ainsi de suite. Pour observer les déplacements dans le spectre, on se servait d'un spectroscope astronomique à prismes, et de la lumière solaire; on mesurait, sur des clichés photographiques, le déplacement des raies noires du spectre solaire lorsqu'on changeait le sens de rotation des miroirs. Les déplacements n'étaient que

---

(1) *Astrophysical Journal*, t. XIII, 1901, p. 15.

très peu supérieurs à ceux que le spectroscope employé permettait de constater; cependant les déplacements observés ont été le plus souvent dans le sens et de l'ordre de grandeur prévus.

Avec le même appareil tournant, Galitzine et Wilip (¹) ont fait une série d'expériences, en employant comme source de lumière une lampe à vapeur de mercure, et comme appareil dispersif un spectroscope à échelon de Michelson. Les mesures étaient faites sur des clichés photographiques, qui exigeaient 1 heure de pose. La vérification de la formule se faisait à 5 pour 100 près.

Ces expériences paraissent fort délicates. On peut cependant, avec les moyens dont on dispose déjà depuis longtemps, étudier au laboratoire l'effet Doppler-Fizeau d'une manière assez simple pour faire de cette mesure une manipulation d'élève. Voici comment, M. Buisson et moi, nous avons récemment réalisé l'expérience (²).

L'objet mobile est un simple disque de papier blanc, de 16^{cm} de diamètre, mis en rotation rapide autour de son axe; il est, pour cela, monté sur l'axe vertical d'une écrémeuse à force centrifuge, petit appareil dont on fait tourner la manivelle à la main et qui donne au disque une vitesse de rotation d'environ 200 tours par seconde. Un point du bord du disque se déplace ainsi avec une vitesse de 100 m : sec. Le disque de papier est éclairé par une lampe Hewitt placé horizontalement, un peu au-dessus d'un de ses diamètres. Les extrémités du diamètre AB, qui est la projection de la lampe sur le disque, se comportent comme des sources de lumière émettant les mêmes radiations que la lampe car les vitesses de ces points sont perpendiculaires à tous les rayons qui leur arrivent. L'observateur, qui regarde le disque obliquement en se plaçant assez loin dans une direction perpendiculaire à AB, doit recevoir, des deux extrémités de ce diamètre, des radiations présentant entre elles une petite différence de longueur d'onde égale, en valeur relative, à 7×10^{-7}. Cette différence est facile à mettre en évidence au moyen d'un étalon interférentiel à lames argentées : en utilisant successivement la lumière venant des points A et B, on voit les anneaux se contracter lorsqu'on passe du bord qui se rapproche au bord qui s'éloigne. Un dispositif simple permet de passer rapidement d'un des bords à l'autre; si le disque est en repos, cela ne produit aucune modification des anneaux, tandis que sans faire aucune mesure le changement saute aux yeux lorsque

(¹) *Astrophysical Journal*, t. XXVI, 1906, p. 49.

(²) *C. R. Acad. Sc.*, 18 mai 1914.

le disque tourne. Avec un étalon de 65^{mm} d'épaisseur, la radiation verte du mercure donne des anneaux d'ordre 240000; en passant d'un bord à l'autre du disque, le changement est d'environ $\frac{1}{6}$ d'anneau. Si l'on veut faire des mesures, il vaut mieux opérer par photographie, avec la raie violette du mercure. Des poses de 5 secondes suffisent. On photographie successivement les anneaux produits par les deux bords du disque, et sur les clichés on mesure la variation d'ordre d'interférence, qui est d'environ $\frac{1}{3}$ d'anneau. Une seule expérience, faite avec peu de précautions, a donné un résultat concordant à 2 pour 100 près avec le résultat calculé.

4. L'effet Doppler-Fizeau nous permettra de suivre, dans un gaz, les mouvements des particules lumineuses. Naturellement, nous ne pourrons pas étudier le mouvement d'une particule prise séparément. Nous observerons un effet d'ensemble et, selon les cas, nous aurons deux catégories d'effet :

I. Il peut y avoir un mouvement d'agitation, dans lequel, à un instant donné, les vitesses des particules sont dirigées dans tous les sens. Ces *mouvements incoordonnés* donneront, à un instant donné, des lignes spectrales occupant un grand nombre de positions de part et d'autre de la position normale correspondant à la particule au repos; il en résultera un *élargissement* de la raie; l'étude de cet élargissement permettra d'obtenir des indications sur le mouvement d'agitation qui en est la cause.

II. Il peut y avoir des mouvements d'ensemble, ou *coordonnés* des particules lumineuses, produisant un *déplacement* des lignes spectrales; la mesure de ce déplacement permet de déterminer la vitesse d'ensemble des particules.

MOUVEMENTS INCOORDONNÉS.

5. La théorie cinétique conduit à admettre que, dans un gaz, toutes les particules sont en état de continuelle agitation. Si le gaz est pur, toutes les molécules sont identiques; leurs vitesses à un instant donné ont toutes les orientations possibles, et leurs grandeurs se groupent autour d'une valeur la plus probable. Lorsque le gaz est un mélange, les vitesses des diverses sortes de particules ne se groupent pas de la même manière, les plus grosses ayant des vitesses

plus faibles que les plus petites. Pour une certaine catégorie de particules, soient m la masse de chaque particule, v la vitesse quadratique moyenne et par suite mv^2 la force vive moyenne. Pour des particules d'une autre espèce, m et v sont différents, mais la force vive est la même, et cette quantité croît comme la racine carrée de la température absolue. On peut donc écrire

$$v = A\sqrt{\frac{T}{m}},$$

T étant la température et A une constante qui ne dépend que des unités choisies.

Les valeurs de v assignées par la théorie aux molécules ne sont pas très grandes aux températures ordinaires. Rappelons qu'à la température de la glace fondante, la vitesse v est de 480 m : sec pour l'azote, et de 1830 m : sec pour l'hydrogène. Les *vitesses moyennes* sont légèrement plus faibles.

Dans un gaz lumineux les particules lumineuses doivent participer à ce mouvement d'agitation, avec des valeurs de la vitesse conformes à la formule précédente. Supposons que la lumière émise par une particule immobile soit une radiation rigoureusement monochromatique de longueur d'onde λ, et qu'il n'y ait aucune autre cause de perturbation que celle qui peut résulter du mouvement. A un instant donné, le gaz contient des particules animées de vitesses ayant toutes les directions possibles par rapport à l'observateur; pour celles qui s'éloignent, le mouvement produit un accroissement apparent de longueur d'onde, pour celles qui se rapprochent une diminution, tandis que, pour les particules qui se déplacent perpendiculairement au rayon visuel, la vitesse ne produit aucun effet. Il y aura donc un nombre immense (pratiquement infini) de radiations monochromatiques situées dans le spectre de part et d'autre de la ligne correspondant aux particules immobiles; l'aspect sera celui d'un petit morceau de spectre continu ou, ce qui revient au même, d'une ligne de largeur finie.

On peut faire un calcul simple en raisonnant comme si toutes les particules avaient la même vitesse égale à la vitesse moyenne, mais avec des orientations quelconques. Soit u cette valeur commune des vitesses. Le maximum de déplacement dans le spectre ayant lieu, dans un sens ou dans l'autre, quand la vitesse est dirigée suivant le rayon visuel, la ligne spectrale sera limitée à une largeur finie, et la différence de longueur d'onde des deux bords, ou largeur de la raie, sera

$$\Delta = \lambda \frac{2u}{V}.$$

Les largeurs ainsi calculées sont fort petites si l'on admet que les masses des particules lumineuses sont de l'ordre des masses des particules matérielles. Prenons un gaz monoatomique, tel que le néon, pour n'avoir pas à distinguer entre atomes et molécules. La vitesse u est de l'ordre de 500 m : sec à la température ordinaire. Cela donne, pour la largeur de la raie,

$$\Delta = \frac{\lambda}{300\,000}.$$

Pour $\lambda = 0^{\mu},5 = 5000$ angströms, cela donne $\Delta = 0,017$ angström. Si l'on se borne à des moyens d'observation qui ne soient pas très puissants, la raie ne cessera pas de paraître *monochromatique;* plus exactement, l'aspect qu'elle aura dans le spectroscope dépendra du spectroscope lui-même, et non de la largeur de la raie. Cette largeur doit cependant devenir perceptible si l'on emploie des moyens appropriés.

Le calcul précédent est purement schématique : les vitesses des particules diffèrent non seulement par leurs directions, mais encore par leurs grandeurs. Le calcul complet, en partant de la loi de répartition des vitesses, a été fait par Lord Rayleigh, puis par Michelson, et repris avec tous les soins voulus par Schönrock (1). On obtient comme résultat la loi de répartition de l'énergie dans le spectre en fonction de la longueur d'onde. Si λ est la longueur d'onde de la radiation émise par les particules immobiles, $\lambda + x$ une radiation monochromatique voisine, la courbe qui donne l'intensité en fonction de x a pour équation

$$I = Ce^{-Kx^2}.$$

La forme de la courbe est indiquée dans la figure 2. Indépendamment de l'échelle des ordonnées, qui est arbitraire, la courbe est complètement définie par la quantité K. On peut remplacer cette constante par une quantité définie de la manière suivante : menons la droite ABC à une hauteur égale à la moitié de l'ordonnée maximum $\left(MB = \frac{MN}{2}\right)$. L'intervalle $AB = \varepsilon$ définit complètement la courbe. La théorie donne,

(1) *Annalen der Physik*, 4e série, t. XX, 1907, p. 995.

pour cette quantité, la valeur

$$\varepsilon = 3,58 \times 10^{-7} \lambda \sqrt{\frac{T}{m}}, \tag{3}$$

formule dans laquelle ε est exprimé avec la même unité que λ; T est la température absolue, et m est la masse des particules lumineuses rapportée au système ordinaire des masses atomiques ($m = 32$ pour des particules ayant la masse de la molécule d'oxygène).

L'intensité lumineuse dans le spectre décroît très vite au delà de AC;

Fig. 2.

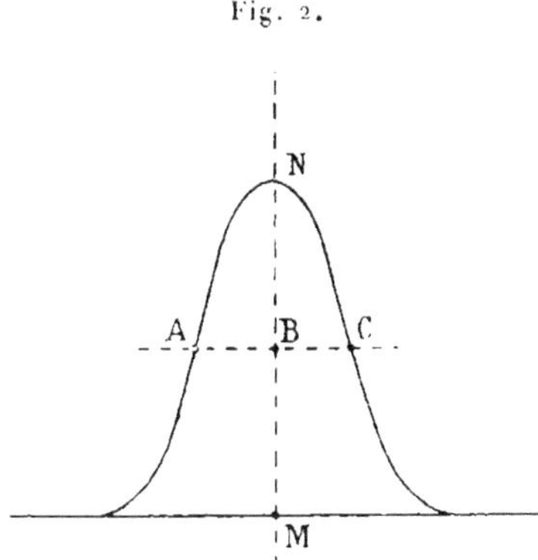

à une distance du milieu M égale à 1,5 ε, l'intensité est réduite à $\frac{1}{5}$ du maximum. Une largeur totale peu supérieure à 2ε renferme presque toute la lumière.

La comparaison de ces résultats avec l'expérience reste impossible tant que l'on ne dispose pas d'appareils spectroscopiques assez puissants et assez sûrs. Tant que le pouvoir de définition n'atteint pas la largeur totale de la raie, aucune observation utile n'est possible. Même lorsque le pouvoir de définition dépasse cette limite, tous les appareils ne conviennent pas; il ne faut pas confondre les particularités des images dues à l'appareil spectroscopique avec les phénomènes dus à la largeur des raies [1]. En dehors du cas des raies de

[1] Des confusions de ce genre expliquent, au moins en partie, certains résultats inexacts trouvés sur la largeur des raies. C'est ainsi que MM. Lummer et Gehrcke avaient, en 1903, attribué une finesse beaucoup trop grande aux raies du mercure; bien que ces physiciens aient implicitement reconnu leur erreur, le résultat qu'ils

l'hydrogène, où les mesures spectroscopiques ordinaires avaient déjà donné des résultats raisonnables, seules, les observations par interférences ont conduit à des résultats certains.

Utilisons la radiation considérée pour produire un phénomène d'interférences, par exemple d'interférences ordinaires à deux ondes, et faisons croître progressivement la différence de marche. Si la raie spectrale a une largeur finie, avec une répartition d'intensité analogue à celle de la figure 2, la netteté des franges, parfaite lorsque la différence de marche est faible, doit décroître d'abord lentement, puis extrêmement vite, si bien que l'on pourra noter assez exactement la valeur de la différence de marche pour laquelle les franges cessent d'être visibles. Soit N l'ordre d'interférence pour lequel les franges disparaissent. Plus la raie est large, c'est-à-dire plus grande est la quantité précédemment désignée par ε, plus tôt les franges disparaîtront, si bien que l'on peut prendre N comme mesure de la *finesse* de la ligne. Par exemple, avec la raie verte d'un tube à mercure, les interférences sont visibles jusqu'à la 800000e frange; on dira que la finesse de cette raie est égale à 800 000. D'autre part, si λ est la longueur d'onde de la radiation, et Δ sa largeur exprimée avec la même unité que λ (par exemple en angströms), le rapport $\frac{\Delta}{\lambda}$ peut s'appeler la *largeur en valeur relative*. On peut définir Δ par la condition que la largeur en valeur relative soit égale à $\frac{1}{N}$, c'est-à-dire par l'équation $\frac{\Delta}{\lambda} = \frac{1}{N}$. D'après cette définition de la largeur, les franges disparaissent quand il y a désaccord entre les franges produites par la radiation qui occupe le milieu de la raie (longueur d'onde λ) et par celle qui occupe un bord $\left(\lambda \pm \frac{\Delta}{2}\right)$.

Admettant que la répartition de la lumière soit celle de la figure 2, on peut calculer le numéro d'ordre limite, et l'on trouve

$$N = 0,441 \frac{\lambda}{\varepsilon} = \frac{\lambda}{2,3\,\varepsilon}.$$

---

ont trouvé est encore souvent cité, sans remarquer qu'il conduirait à rejeter toutes les données de la théorie cinétique des gaz.

Des résultats encore plus singuliers ont été annoncés par Nutting (*Astrophysical Journal*, t. XXIV, 1906, p. 125) qui trouve que les raies émises par l'arc entre tiges métalliques (fer, cuivre, etc.) dans une atmosphère à faible pression n'ont que 0,005 angström de large. Si ce résultat était exact, ces raies d'arc permettraient d'obtenir des interférences avec plus d'un million de longueurs d'onde de différence de marche. La largeur indiquée par Nutting est plus de 5 fois plus faible que la largeur réelle.

La largeur Δ est donc liée à ε par l'équation

$$\Delta = 2,3 \times \varepsilon.$$

D'autre part l'équation (3), déduite de la théorie cinétique des gaz, fait connaître la valeur de la quantité ε en fonction de la température et de la masse moléculaire des particules lumineuses. Remplaçant ε par sa valeur dans les expressions de N et de Δ, on trouve

$$(4) \qquad \Delta = 0,82 \times 10^{-6}\lambda\sqrt{\frac{T}{m}},$$

$$(5) \qquad N = 1,22 \times 10^{6} \sqrt{\frac{m}{T}}.$$

Dans le cas des interférences à plusieurs ondes (lames argentées), les calculs sont un peu plus difficiles, mais le résultat est, pratiquement, le même; les ondes $2p$ fois réfléchies, qui jouent un rôle important pour les faibles différences de marche, n'interviennent presque plus quand on approche de la limite de visibilité des franges.

6. **Vérifications expérimentales.** — On ne peut espérer vérifier ces conséquences de la théorie cinétique que s'il n'existe pas de cause prépondérante d'élargissement des raies autre que celle qui résulte du mouvement des particules. Cela conduit à étudier les gaz lumineux sous faible pression, et par suite à utiliser la décharge électrique comme moyen d'illumination. Si la pression est forte, les effets de chocs doivent apporter une forte perturbation. Il est facile de voir que cette cause d'élargissement est négligeable devant celle qui résulte de l'effet des vitesses toutes les fois que le libre parcours des particules est grand par rapport à la longueur d'onde, ce qui est toujours le cas aux pressions de l'ordre du millimètre de mercure utilisées dans les tubes de Geissler.

Les expériences faites dans ces conditions ont montré que les conséquences de la théorie cinétique se vérifient bien, à la condition de prendre, dans l'équation (5), pour T la température du milieu ambiant, et pour m la masse atomique du gaz lumineux.

Cela résulte, d'abord, des expériences faites par Michelson en 1891. Par exemple, pour le mercure, en faisant $m = 200$ et $T = 400$ (température absolue de l'étuve), la formule (5) donne $N = 860\,000$; Michelson trouve comme limite d'interférence le numéro d'ordre 770 000. Pour le cadmium, avec $m = 112$, $T = 600$, on trouve $N = 520\,000$; l'observation donne 450 000.

Depuis les recherches de Michelson, de nouveaux moyens ont été mis entre les mains des physiciens. La découverte des gaz rares de l'atmosphère donne des corps gazeux à la température ordinaire et même à des températures beaucoup plus basses, ayant des poids atomiques variés, et possédant des spectres intenses et pas trop compliqués. M. Buisson et moi nous avons entrepris l'étude de la largeur des raies émises par les gaz hélium, néon, krypton. Le tube à gaz était plongé dans un bain d'eau à la température ambiante ($T = 290^\circ$ environ); il était illuminé par la décharge d'une bobine d'induction, ou mieux par du courant alternatif. Les interférences étaient observées au moyen de l'interféromètre à lames argentées de Fabry et Perot, et l'on déterminait dans chaque cas la limite d'interférence. Les quatrième et cinquième colonnes du Tableau suivant montrent qu'il y a une excellente concordance entre les résultats ainsi trouvés et les nombres calculés :

Gaz.	Masse atomique m.	Longueur d'onde λ.	Température ordinaire N observé.	N calculé.	Air liquide N' observé.	$\frac{N'}{N}$.
Hélium	4	5876	144000	144000	241000	1,66
Néon	20	5852	324000	321000	515000	1,60
Krypton.....	83	5570	600000	597000	950000	1,58

7. Température des gaz lumineux. — Ce qui précède conduit à attribuer au gaz lumineux dans un tube de Geissler une température sensiblement identique à celle du milieu ambiant. S'il en est ainsi, toute modification de la température ambiante doit se traduire par un changement de la largeur des raies, l'élévation de la température devant produire un élargissement. Michelson a vérifié cette conséquence de la théorie en élevant la température ambiante. Comme il peut y avoir d'autres causes d'élargissement que le mouvement d'agitation (*voir* plus loin), il est plus instructif, et en même temps plus utile pour les progrès de la technique en Optique, de constater que les raies deviennent plus fines quand on abaisse la température. C'est ce que nous avons fait, M. Buisson et moi, en plongeant dans un bain d'air liquide les tubes à hélium, à néon et à krypton. L'effet du refroidissement sur la largeur des raies est tout à fait frappant : lorsque, le tube étant à la température ordinaire, on est arrivé à la limite d'interférence, on fait reparaître brillamment les franges en plongeant le tube dans l'air liquide; il faut augmenter beaucoup la différence de marche pour retrouver la nouvelle limite. Les limites N' ainsi trouvées sont données dans la sixième colonne du Tableau précédent.

Les valeurs de N' (limite à la température de l'air liquide) et de N (limite à la température ordinaire) devraient, d'après la théorie cinétique, être entre elles dans le rapport inverse des racines carrées des températures; pour nos deux séries d'expériences, on devrait avoir $\frac{N'}{N} = 1,73$. Les rapports trouvés pour les trois gaz sont respectivement : 1,66, 1,60 et 1,58. Un très léger excès de la température du gaz sur celle du bain expliquerait la petite différence entre le nombre théorique et le résultat des mesures.

La question de la température des gaz lumineux est, comme on sait, l'une des plus difficiles et des plus controversées. Les opinions les plus diverses ont été défendues. L'un des partis extrêmes est celui de Pringsheim, d'après qui la température seule ne peut jamais rendre un gaz lumineux. En chauffant un gaz pur, en l'absence de tout phénomène électrique ou chimique, à température aussi élevée que l'on voudra, le gaz ne deviendrait jamais lumineux. Pringsheim ne nie pas que, dans une flamme salée, il n'y ait de la vapeur de sodium à haute température, mais il soutient qu'à la même température, de la vapeur de sodium ne serait pas lumineuse en l'absence de tout phénomène chimique. Cette opinion paraît bien difficile à défendre lorsqu'on voit de la vapeur de sodium, ou de fer, dans un vase clos, émettre le spectre de ces gaz. D'autres raisons très fortes ont été récemment données contre l'opinion de Pringsheim.

Le parti opposé raisonne comme si la température seule expliquait tous les cas de rayonnement des gaz; dans un tube de Geissler, en particulier, le courant électrique ne serait qu'un moyen de chauffage, et ces vases de verre à paroi non chauffée renfermeraient un gaz porté à des milliers de degrés.

Les expériences sur la largeur des raies émises dans ces conditions condamnent absolument l'hypothèse d'une température élevée, Si la température était bien au-dessus de la température ambiante, la largeur des raies devrait être beaucoup plus grande que la largeur observée; or s'il peut exister bien des causes d'élargissement, on n'en voit pas qui puisse empêcher l'élargissement de se produire. Admettre que les particules lumineuses ne participent pas au mouvement d'agitation thermique revient à abandonner complètement la théorie cinétique des gaz. Admettre que les particules lumineuses sont beaucoup plus lourdes que les atomes, dans le cas de gaz monoatomiques, serait une hypothèse bizarre, qui obligerait en outre à admettre que les nombreuses concordances entre les largeurs de raies observées et les largeurs calculées sont l'effet d'un hasard singulier. Enfin, la diminution de largeur des raies par abaissement de la température ambiante serait inexplicable si la température du gaz était, dans tous les cas, très élevée.

On peut ajouter que la présence d'un gaz excessivement chaud dans l'intérieur d'un tube de Geissler est inconciliable avec les conditions thermiques de l'expérience. La puissance électrique fournie au tube est de l'ordre de 1 watt; une portion seulement est transformée en chaleur; connaissant les dimensions et la conductibilité thermique des parois de verre, on peut montrer qu'entre la face externe et la face interne ne peut exister qu'une différence de température négligeable. La conductibilité thermique du gaz (qui n'est pas dans l'état ultrararéfié) suffit, comme il est facile de le montrer, à assurer l'équilibre thermique à l'intérieur du tube.

Tout concourt donc à exclure l'hypothèse d'après laquelle la lumière émise par un tube de Geissler est un effet de température, et à montrer qu'au contraire la température du gaz lumineux est, dans ce cas, sensiblement identique à la température ambiante. Naturellement, cela n'empêche pas que, dans d'autres cas, la luminosité du gaz ne puisse être un effet de température.

8. **Masse des particules lumineuses.** — La théorie étant admise et la température connue, la mesure de la largeur des raies fournit une valeur de la masse atomique de la particule lumineuse, rapportée au système ordinaire des masses atomiques. On a vu que dans le cas des gaz à molécules monoatomiques (mercure, cadmium, hélium, néon, krypton) on trouve la masse de la particule lumineuse sensiblement égale à celle de l'atome. Les particules qui émettent la lumière sont donc peu différentes de l'atome, au moins sous le rapport de la masse; ce ne sont pas des associations d'atomes, ou des atomes coupés en plusieurs parties. Rien ne permet, dans les exemples que l'on vient de citer, de supposer que certaines séries de raies soient émises par des atomes dissociés ou par des gaz étrangers.

On sait, par exemple, que l'hélium donne six séries de raies, formant deux groupes de trois séries. On avait émis l'hypothèse de l'existence de deux gaz distincts dans l'hélium, et chacun des groupes de trois séries était attribué à l'un des gaz, auxquels on avait donné les noms d'*hélium* et de *parhélium*. Or les raies 5876 attribuée à l'hélium et 5016 attribuée au parhélium donnent exactement la même limite d'interférence; elles sont donc émises par des particules de même masse, et l'hypothèse de la dualité de l'hélium est ainsi rendue inadmissible. L'insuccès des tentatives faites pour séparer les deux gaz hypothétiques avait d'ailleurs conduit au même résultat.

Dans le cas des gaz à molécule diatomique on trouve aussi, et cela est très remarquable, que la particule lumineuse a la masse de l'atome, et non de la molécule. Michelson a trouvé ce résultat pour l'oxygène et pour l'hydrogène. M. Buisson et moi, nous avons étudié spécialement le cas de l'hydrogène. On sait que ce gaz donne deux spectres très différents, qui sont le plus souvent mélangés : l'un (premier spectre) est composé de raies dont la répartition obéit à la loi de Balmer, l'autre (second spectre) est formé de raies très nombreuses et irrégulièrement distribuées. On a longtemps discuté sur l'origine de ce second spectre, que certains auteurs attribuaient à des impuretés. L'étude de la largeur des raies nous a conduits à cette conclusion que les deux spectres sont émis par des particules ayant la masse de l'atome d'hydrogène.

Un résultat très important a été obtenu par M. Hamy (1) en étudiant la largeur des raies du spectre d'un autre gaz à molécules doubles, l'azote. Le spectre étudié est ici un spectre de bandes; c'est une opinion assez répandue que tous les spectres de bandes sont émis par des *molécules* formées de plusieurs atomes. Or la largeur de raies trouvée par M. Hamy conduit, encore dans ce cas, à une masse de la particule lumineuse égale à celle de l'atome d'azote. Il y a donc des spectres de bandes qui ne sont pas des spectres de molécules. D'ailleurs, certains faits connus depuis longtemps conduisent à la même conclusion : on connaît des spectres de bandes émis par des vapeurs métalliques monoatomiques, dans des conditions qui rendent difficilement acceptable la présence d'impuretés (par exemple, vapeur de mercure dans un tube de Geissler); si le spectre de bandes était émis par des molécules, on imagine difficilement ce que pourraient être ces molécules.

En résumé, dans tous les cas où l'on a pu faire la détermination de la masse des particules lumineuses, on a trouvé une masse égale à celle de l'atome. Il serait abusif d'en conclure que toutes les particules lumineuses d'un gaz sont *identiques*, et en particulier que toutes les raies sont émises par les mêmes particules, comme les divers sons

(1) *C. R. Acad. Sc.*, t. 157, 1913, p. 255.

que peut émettre une même corde. Les diverses raies peuvent être émises par des particules différentes bien qu'ayant la même masse; en outre, la détermination de la masse par la largeur des raies n'est pas assez précise pour permettre d'exclure des modifications telles que la perte d'un ou de deux électrons. Ce que l'on peut affirmer, c'est que les diverses séries ne sont pas dues à des atomes brisés en morceaux notablement plus petits.

J'insisterai encore sur le fait que, dans les gaz à molécule double étudiés jusqu'ici, la particule lumineuse a la masse de l'atome. La présence de pareilles particules monoatomiques, à température peu élevée, semble au premier abord très paradoxale. Avant de devenir lumineuse, la molécule a dû subir d'importantes modifications, dont le premier effet a dû être de séparer les deux atomes qui la constituent; ce ne sont donc pas les molécules ordinaires qui émettent la lumière. On connaît cependant des spectres généralement attribués à des corps composés (vapeur d'eau, cyanogène, carbures d'hydrogène, oxydes de carbone); tous ces spectres sont des spectres de bandes. Il serait d'un très grand intérêt de déterminer, par la méthode de largeur des raies, la masse de la particule lumineuse. Les difficultés techniques provenant de la faible intensité de quelques-uns de ces spectres et du très grand nombre de lignes qui les constituent ne sont sans doute pas insurmontables.

9. **Application à l'étude des nébuleuses.** — L'étude de la largeur des raies émises par un gaz à faible pression fait connaître une relation entre la température de ce gaz et la masse des particules lumineuses; lorsque l'une de ces quantités est connue, l'expérience fait connaître l'autre. Si le gaz contient plusieurs corps, dont un de masse atomique connue, on peut éliminer la température, et la mesure de la largeur des raies donne une véritable méthode de mesure des masses atomiques qui, si elle laisse quelque incertitude, présente cet intérêt qu'elle s'applique à des cas où les autres procédés connus nous laissent complètement désarmés.

Ce procédé d'étude a été appliqué par MM. Bourget, Fabry et Buisson à l'étude d'une nébuleuse gazeuse, la nébuleuse d'Orion. Sans entrer ici dans aucun détail sur les appareils d'observation, j'essaierai de donner une idée de la méthode et des résultats obtenus.

L'appareil, installé sur un télescope de 80^{cm} de diamètre, est disposé de telle manière que l'on ait à la fois, sur la plaque photographique, l'image des anneaux d'interférence et celle de la nébuleuse; chaque point du champ est ainsi éclairé par un seul point de l'astre. Des écrans absorbants permettent d'isoler une radiation, ou un groupe très simple de radiations. La recherche de la limite d'interférence consiste en essais faits avec des différences de marche de plus en plus grandes dans l'appareil interférentiel, jusqu'à ce que les interférences cessent de se produire.

Avec la raie de l'hydrogène H_γ on a encore des interférences observables pour une différence de marche de 4^{mm} (ordre d'interférence 9200). La limite d'interférence est un peu supérieure à ce nombre, probablement voisine de 10 000.

Parmi les lignes d'origine inconnue, nous avons surtout étudié la forte raie ultraviolette double (3726-3729). On a encore des interférences observables pour le numéro d'ordre 15 000, et nous estimons la limite à 16 500. Ce nombre étant plus élevé que celui qui correspond à l'hydrogène, la masse atomique du gaz inconnu qui émet la radiation ultraviolette est plus grande que celle de l'hydrogène; le rapport des deux masses atomiques est, d'après l'équation (5),

$$\left(\frac{16500}{10000}\right)^2 = 2,7.$$

La masse atomique du gaz inconnu est donc voisine de 3.

Une forte raie verte ($\lambda = 5006$) est due aussi à un gaz inconnu. Nous n'avons fait jusqu'ici, sur cette radiation, que des observations visuelles, moins sûres que les observations photographiques. On peut, dès à présent, dire que cette raie est émise par un gaz de poids atomique plus grand que celui de l'hydrogène, mais peut-être inférieur à celui du gaz qui émet la raie ultraviolette.

Il est curieux de constater que la classification des éléments donnée récemment par Rydberg ([1]), conduit à admettre, entre l'hydrogène et l'hélium, deux gaz ayant respectivement les poids atomiques 2 et 3.

Enfin, la limite d'interférence correspondant à l'hydrogène permet de calculer la température du gaz lumineux. On trouve ainsi une température de 15 000°. Ce nombre est un maximum : toute cause accessoire, telle que des différences de vitesses radiales de masses gazeuses se projetant au même point, fera trouver une température trop élevée.

([1]) *Lunds Universitets Arsskrift*, t. IX, n° 18.

10. Forme de la courbe d'énergie en fonction de la longueur d'onde. — La mesure de la largeur des raies vérifie une conséquence de la théorie cinétique des gaz. On pourrait souhaiter une vérification encore plus complète. La loi de répartition des vitesses (loi de Maxwell) conduit à la forme de la courbe d'énergie (*fig.* 2) dans le petit morceau de spectre continu qui constitue la raie. S'il était possible de tracer expérimentalement cette courbe d'énergie et de la comparer avec la courbe théorique, on aurait une vérification complète de la loi des vitesses. Comme il s'agit d'une portion extrêmement étroite dans le spectre, il n'est pas nécessaire de faire des mesures bolométriques; les mesures photométriques ou photographiques d'intensité sont équivalentes aux mesures d'énergie en valeurs relatives. La difficulté des mesures provient de ce que tout le phénomène se passe dans un intervalle de longueurs d'onde excessivement petit, dans lequel il faut soigneusement éliminer tout ce qui provient seulement des imperfections de l'appareil spectroscopique.

Des tentatives très intéressantes ont été faites par M. Koch [1], qui se sert d'une méthode photographique, en mesurant point par point l'opacité de la plaque. Après avoir fait ces mesures séparément pour chaque point, M. Koch a construit un appareil fort ingénieux (microphotomètre enregistreur) qui trace lui-même la courbe de noircissement suivant une ligne du cliché; de cette courbe on peut remonter à la courbe d'intensité qui a agi sur la plaque photographique, puis enfin à la courbe d'énergie dans le spectre en éliminant ce qui est relatif à l'appareil interférentiel. M. Koch a pu tracer la courbe d'énergie de la raie rouge du cadmium, dans un cas, il est vrai, assez différent du cas théorique où la formule (5) est applicable, car la raie était émise par un gaz sous pression notable, de sorte que la confirmation directe de la loi de Maxwell n'est pas encore possible. J'ai cru cependant devoir dire un mot de la méthode de Koch, parce que ses expériences me paraissent pouvoir être le point de départ d'une ère nouvelle dans les moyens d'observation en Spectroscopie. Pour l'étude des spectres, on s'est en général borné à enregistrer la position des lignes, brillantes ou sombres, c'est-à-dire la position de maxima ou de minima d'intensité, en cherchant à repérer directement leur position. L'étude de la largeur des lignes donne déjà un renseignement de plus, mais il serait encore plus instructif de tracer, dans tous les cas, la courbe complète d'énergie.

---

[1] *Annalen der Physik*, 4ᵉ série, t. XLII, 1913, p. 1.

Même si l'on a seulement en vue la détermination de la place d'un maximum ou d'un minimum, le tracé complet de la courbe permet d'obtenir une bien plus grande précision. Des essais faits dans ce sens au mont Wilson [1] au moyen du microphotomètre enregistreur de Koch ont donné, pour la mesure des spectres d'étoiles ou l'étude de particularités délicates du spectre solaire, des résultats très encourageants.

11. Autres causes d'élargissement des raies. — J'ai montré que dans un grand nombre de cas les largeurs de raies sont bien celles que l'on calcule en supposant que l'agitation conforme à la théorie cinétique des gaz est la seule cause d'élargissement. Cependant, cette théorie n'explique pas tous les phénomènes observés; dans beaucoup de cas les largeurs sont plus grandes que celles qui résultent de la formule (1), soit parce que les conditions supposées au début de la théorie ne sont pas remplies, soit parce qu'il existe d'autres causes d'élargissement des raies. On va passer en revue les causes possibles d'élargissement des raies.

Chocs des particules lumineuses. — Chaque choc d'une particule lumineuse contre une molécule doit amener une perturbation momentanée du mouvement vibratoire; entre la vibration avant le choc et celle qui a lieu après, doit exister une différence de phase variable d'un cas à un autre suivant une loi de hasard; les deux mouvements ont bien la même période, mais sont *indépendants* l'un de l'autre, comme si la vibration avait cessé avec le choc pour recommencer après. De cette durée finie du mouvement vibratoire résultera, indépendamment de l'effet Doppler-Fizeau, un élargissement de la raie. Sans faire la théorie on peut voir, en gros, la condition pour que cet effet soit négligeable devant l'effet de vitesse.

Soit une particule qui émet un mouvement vibratoire de période T, soit λ la longueur d'onde correspondante et V la vitesse de la lumière. Désignons par u la valeur moyenne de la vitesse d'agitation, et par l la longueur moyenne du libre parcours entre deux chocs. Raisonnons comme si toutes les vitesses étaient égales à u et tous les libres parcours égaux à l. Alors, le nombre de vibrations effectuées sans perturbation est $P = \frac{l}{u T}$. Si cette cause d'élargissement existait seule, on pourrait avoir encore interférence après P vibrations; l'effet des chocs sera négligeable si ce nombre P est grand devant la limite N

(1) *Annual report of the Director of the Mount Wilson Observatory*, 1913.

imposée par l'effet Doppler-Fizeau supposé seul. Or pour des particules ayant toutes la vitesse u on aurait $N = \frac{V}{2u}$. L'effet des chocs est donc négligeable si $\frac{l}{uT}$ est grand par rapport à $\frac{V}{2u}$, ou si l est grand par rapport à $\frac{VT}{2}$ ou $\frac{\lambda}{2}$. On peut donc certainement négliger l'effet des chocs si le libre parcours des particules lumineuses est grand par rapport à la longueur d'onde.

Cette condition est largement remplie pour le gaz d'un tube de Geissler, mais elle ne l'est pas du tout dans des gaz à la pression atmosphérique, où le chemin moyen est de l'ordre du dixième de micron. C'est alors l'effet de choc qui est prépondérant.

La théorie complète a été étudiée par Schönrock. Pour la comparer avec l'expérience, il faut faire intervenir le libre parcours moyen des particules lumineuses, qui n'est pas parfaitement connu. Cependant, en introduisant des valeurs vraisemblables, on trouve des largeurs de raies conformes à celles que donne l'expérience pour les flammes et pour les arcs, du moins lorsque l'épaisseur ou la quantité de matière sont faibles. Pour les raies d'arc, la concordance est bonne pour les raies faibles, pour les flammes lorsqu'il y a peu de matière ou peu d'épaisseur. Dans aucun cas on n'a à faire intervenir des températures qui soient invraisemblables *a priori*.

Absorption par les gaz lumineux. — Cette cause d'élargissement a été mise en évidence et étudiée par M. Gouy dans un travail devenu classique, qui remonte à 1879 (1); c'est à propos de cette étude que M. Gouy a introduit la notion de largeur de raie, et cette idée que toute raie spectrale est en réalité un petit morceau de spectre continu avec une courbe définie de répartition de l'énergie en fonction de la longueur d'onde.

Voici comment l'absorption par le gaz lumineux peut produire l'élargissement des raies lorsque l'épaisseur du gaz augmente. Supposons que l'on double l'épaisseur. Si aucune absorption n'existait, la courbe d'énergie aurait toutes ses ordonnées multipliées par 2; un simple changement d'échelle des ordonnées la maintiendrait identique à elle-même; la largeur de la raie n'augmenterait pas. S'il y a absorption, les intensités ne s'ajoutent pas, et comme les radiations les plus fortement émises sont aussi les plus absorbées, l'accroisse-

(1) *Thèse de Doctorat*, 1879, et *Annales de Chimie et de Physique*, 5e série, t. XVIII, 1879.

ment d'épaisseur modifie la forme de la courbe : les ordonnées voisines du maximum croissent moins vite que les ordonnées faibles, la courbe s'aplatit et la largeur de la raie augmente.

Ce phénomène joue un rôle important dans la largeur des raies de flammes ou des raies d'arc intenses. Il n'intervient pas d'une manière sensible dans les phénomènes offerts par les tubes de Geissler, où la quantité de matière est faible. Il est probable qu'il intervient aussi très peu dans le cas des nébuleuses où, malgré l'énorme épaisseur, l'éclat intrinsèque est excessivement faible.

Effet possible du champ électrique. — Il y a des cas, assez nombreux, où les phénomènes que je viens d'indiquer ne suffisent pas à expliquer les largeurs de raies observées; certaines raies sont toujours larges, ou peuvent s'élargir bien au delà de ce que voudrait la théorie cinétique, sans que l'on puisse invoquer ni une température très élevée (car d'autres raies émises par le même gaz dans les mêmes conditions restent fines) ni les chocs des particules, ni l'effet d'absorption. On a depuis longtemps donné le nom de *raies diffuses* à certaines raies qui ont cette tendance à s'élargir, et l'on doit à Rydberg cette remarque importante que le fait de pouvoir devenir diffuses constitue un caractère distinctif de certaines séries. L'élargissement se produit en particulier lorsque la densité de courant augmente, ce qui a fait penser à une cause électrique, en particulier à des chocs d'électrons contre les particules. Une récente découverte due à M. Stark ouvre une voie nouvelle pour l'explication de ces phénomènes ([1]).

Le phénomène découvert par M. Stark consiste en une séparation des lignes en plusieurs composantes lorsque l'émission a lieu dans un champ électrique; c'est l'analogue électrique du phénomène de Zeeman. L'effet du champ électrique est, dans certains cas, considérable : Stark a obtenu des composantes séparées de 20 angströms. La difficulté, pour découvrir le phénomène, était d'obliger les particules lumineuses à vibrer dans un champ électrique, ce qui ne peut pas se faire par les moyens les plus simples à cause de la conductibilité électrique du gaz. Stark y arrive en faisant pénétrer dans le champ électrique des rayons canaux formés en dehors de lui. L'un des dispositifs employés est représenté schématiquement (*fig.* 3). Les rayons canaux sont engendrés dans le gaz, à très faible pression, au moyen de la grande différence de potentiel fournie par une bobine d'induc-

---

([1]) *Annalen der Physik*, 4e série. t. XLIII, 1914, p. 965-1047.

tion dont les pôles sont reliés à l'anode A et à la cathode perforée K. Ces rayons traversant la cathode pénètrent dans l'espace KH où une différence de potentiel continue de quelques milliers de volts établie entre la cathode K et le plateau H produit le champ électrique destiné à agir sur les particules lumineuses. La distance KH n'est que de 1^{mm} à 2^{mm}, de sorte que le champ électrique ainsi pro-

Fig. 3.

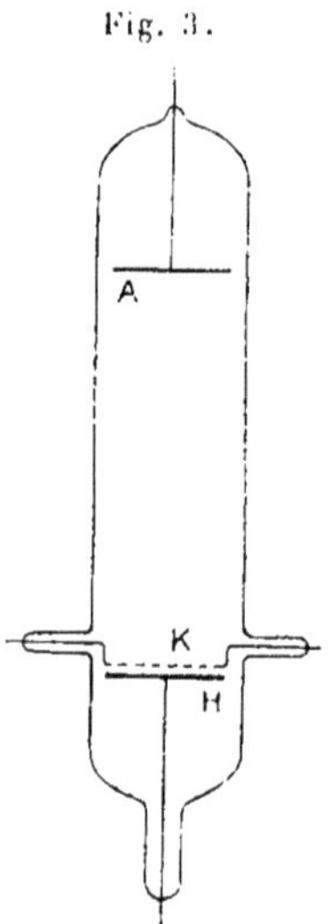

duit est fort intense; la décharge ne s'établit cependant pas entre K et H parce que la pression du gaz est très faible et que la distance KH est *trop petite*. On arrive ainsi à maintenir des champs atteignant jusqu'à 50 000 volts par centimètre. On étudie la lumière émise par la couche lumineuse KH, en visant dans une direction perpendiculaire à la direction du champ; comme le mouvement des particules est perpendiculaire à la direction de visée, ce mouvement ne produit aucun effet Doppler.

L'étude détaillée du phénomène découvert par M. Stark est en dehors de mon sujet, et je ne puis décrire les dispositifs permettant d'étudier la lumière émise dans la direction du champ, ni ceux au moyen desquels on a pu examiner non seulement les spectres des gaz (hydrogène, hélium), mais encore ceux de certains métaux (sodium, lithium, calcium). Il me suffira de dire que dans la direction perpendiculaire au champ on obtient des composantes polarisées, et dans la direction des lignes de force des composantes non polarisées. Il y a souvent des dissymétries, soit d'intensité, soit de position, de part et d'autre de la position de la raie habituelle.

Le phénomène de Stark paraît conduire à l'explication de certains cas d'élargissement des raies. L'expérience montre, en effet, que les diverses lignes subissent très inégalement l'effet du champ électrique, et celles pour lesquelles la séparation est grande sont justement les raies qui sont connues comme ayant une tendance à s'élargir, en particulier celles que Rydberg range dans les *séries diffuses*. Les diverses raies d'une même série diffuse, comme la série de Balmer pour l'hydrogène, s'élargissent d'autant plus que l'on avance davantage dans la série vers les petites longueurs d'onde; l'action du champ électrique varie exactement de la même manière.

Ces faits suggèrent l'idée que l'élargissement anormal de certaines raies sous l'action de fortes densités de courant (action favorisée aussi par une forte densité de matière) est en relation avec le phénomène découvert par M. Stark et a pour cause une séparation en composantes non résolues sous l'action d'un champ électrique irrégulièrement variable d'un point à un autre. Le caractère diffus de certaines raies dénote une forte action du champ électrique.

Amortissement du mouvement lumineux. — Les effets d'élargissement des raies que je viens de passer en revue sont dus à des causes extérieures à la particule lumineuse. Il doit y avoir une cause d'élargissement, intérieure à la particule; son existence est certaine quoiqu'elle n'ait pas été encore observée. Je veux parler de l'amortissement du phénomène vibratoire qui est la cause de l'émission.

Soit une particule lumineuse, réduite à l'immobilité et soustraite à tout choc. Il est certain que l'émission due à ses mouvements internes ne durera pas indéfiniment: le seul fait que la particule rayonne de l'énergie sans en recevoir prouve que le phénomène aura une fin. Cela seul empêche la lumière émise d'être rigoureusement monochromatique, ou la raie spectrale d'être infiniment fine. D'après Lorentz [1], le phénomène vibratoire doit être spontanément *amorti*, c'est-à-dire qu'après un temps t l'amplitude serait multipliée par un facteur tel que $e^{-\frac{t}{\theta}}$, θ étant une constante de temps. Pour des radiations prises dans le milieu du spectre visible, θ serait de l'ordre de

[1] *The theory of electrons* (Leipzig, 1909), p. 259.

20 millions de périodes; il faudrait une quinzaine de millions de périodes pour que l'amplitude soit réduite à la moitié de sa valeur. Si cette cause d'élargissement existait seule, la largeur des raies serait de l'ordre du dix-millième d'angström. L'effet est complètement masqué par celui qui résulte de l'agitation moléculaire. Tout ce que l'on peut dire, c'est que le résultat de Lorentz n'est pas en contradiction avec l'expérience. Prenons le cas des raies du krypton émises à la température de l'air liquide. Il y a encore interférence avec des différences de marche d'environ 1 million de longueurs d'onde; si les particules étaient immobiles, on en conclurait que l'arrêt du mouvement vibratoire a lieu après un temps de l'ordre du million de périodes; mais comme le mouvement des particules explique, à lui seul, à peu près le résultat observé, il faut en conclure que le nombre de vibrations effectuées avec une amplitude appréciable est notablement supérieur à 1 million; cela donne une limite inférieure du nombre cherché, et ce nombre n'est pas en contradiction avec le résultat de Lorentz, mais l'expérience ne donne aucune limite supérieure. Il serait très intéressant d'avoir des données expérimentales directes sur l'amortissement du phénomène vibratoire qui constitue l'émission. Nous allons voir que l'étude de la fluorescence des gaz donne un espoir d'y arriver.

12. Fluorescence et résonance des gaz. — La fluorescence (émission sous l'influence de radiations lumineuses) existe chez un certain nombre de gaz et a donné lieu à d'importants travaux, en particulier de la part de M. Wood. Là encore, les mouvements des particules pourraient se manifester par la largeur des raies et, comme la température est connue sans aucune incertitude, on en déduirait la masse de la particule lumineuse, ce qui serait fort important. Aucune recherche n'a encore été faite dans ce sens.

Un cas particulier, celui de la résonance ou réémission, est une sorte de fluorescence provoquée par une radiation identique à celle qui est émise. Deux cas ont été étudiés : celui de la vapeur de mercure, découvert par M. Wood, où la radiation égissante et émise est la raie ultraviolette 2536, et celui de la vapeur de sodium où le phénomène, étudié par M. Dunoyer, porte sur les raies D. Là encore, on ne sait rien sur les particules lumineuses, mais des essais ou des projets ont été faits pour l'étude de l'amortissement de leurs vibrations. Voici le principe de la méthode employée :

Le faisceau excitateur étant limité par une ombre nette, si les particules sont immobiles et ne reçoivent aucune autre excitation que celle due à la radiation incidente, l'émission n'aura lieu qu'à l'intérieur de ce faisceau et sera limitée aussi nettement que lui. Si les particules sont animées d'un mouvement rapide et restent lumineuses un temps fini après qu'a cessé l'action excitatrice, quelques-unes d'entre elles pourront rester lumineuses après leur sortie du faisceau, et la fluorescence s'étendra en dehors de la région éclairée par la lumière incidente.

Wood a cru observer, dans la vapeur de mercure, un phénomène de ce genre dû au mouvement d'agitation des particules. Un faisceau étroit lancé dans un ballon contenant de la vapeur à pression très basse rend lumineuse toute la masse de gaz. Une cause évidente de ce phénomène peut être une sorte d'émission secondaire : le rayonnement provenant du gaz illuminé traverse le reste du ballon, et rend lumineux le gaz ainsi excité. Pour voir si ce mécanisme explique toute l'émission secondaire ou seulement une partie, Wood interpose, entre le faisceau excitateur et le reste du gaz, une mince lame de quartz qui laisse passer complètement la raie 2536, mais arrête les molécules en mouvement; il croit avoir observé que cette lame diminue derrière elle le rayonnement secondaire, et il se demande si cette diminution ne serait pas due à ce que la lame de quartz arrête les particules qui, sorties par le mouvement d'agitation thermique du faisceau excitateur, resteraient lumineuses pendant un certain temps.

Comme la vitesse d'agitation des atomes de mercure est faible (de l'ordre de 200 m : sec), il faudrait admettre, si cette explication était exacte, que la vibration se continue, après la fin de l'excitation, pendant des dizaines de milliards de périodes, ce qui serait un résultat très important. Malheureusement, on peut donner une tout autre interprétation du fait que M. Wood croit avoir observé : la raie 2536 est le premier terme d'une série de raies simples très intenses, dont les termes suivants sont dans la région des rayons de Schuman (longueurs d'onde 1849 et 1402); il est bien possible que ces raies soient émises en même temps que la raie 2536, et que chacune des raies de la série provoque l'émission des autres. S'il en est ainsi, l'effet de la lame de quartz s'expliquerait immédiatement en remarquant que cette lame, transparente pour le premier terme de la série, est plus ou moins absorbante pour les autres.

On ne peut donc pas dire que l'expérience de Wood donne aucune indication sur l'amortissement du mouvement lumineux. Dans ses expériences sur la *résonance superficielle* de la vapeur de sodium,

M. Dunoyer arrive aussi à un résultat négatif : la luminosité ne s'étend pas en dehors du faisceau excitateur.

Pour appliquer avec succès la méthode indiquée, il faudrait probablement que les particules fussent animées de vitesses bien plus grandes que celles du mouvement d'agitation thermique. Vingt millions de vibrations pour une radiation ayant la période des raies D ne durent que 4×10^{-8} seconde. Pour que, pendant ce temps, la particule se déplace de 1^{mm}, il faut qu'elle ait une vitesse de 25 km : sec, bien supérieure à celles que prévoit la théorie cinétique des gaz. M. Dunoyer a indiqué une expérience qui, jusqu'ici, n'a donné qu'un résultat négatif, mais qui pourra conduire à des conclusions intéressantes (1). Le faisceau de gaz à une dimension, constitué par des atomes de sodium animés de mouvements rapides dans une seule direction, peut être rendu lumineux en l'éclairant par la lumière jaune d'une flamme sodée. Si le faisceau excitateur est limité par une ombre nette, on peut espérer voir les particules emporter, en quelque sorte, leur luminosité dans la région non éclairée. L'effet ne s'est pas produit d'une manière appréciable. Lorsqu'on aura la vitesse des particules (et l'effet Doppler-Fizeau doit permettre de la mesurer), on pourra en déduire une limite supérieure de la durée de la vibration lumineuse.

13. **Diffusion de la lumière par les gaz.** — Les gaz, comme tous les corps, diffusent en partie les radiations qui les traversent. On sait, depuis les beaux travaux de Lord Rayleigh, que c'est la diffusion de la lumière du soleil par les molécules d'air qui est la cause de la lumière bleue du ciel.

Dans ce cas, chaque molécule de gaz constitue un centre d'émission; les mouvements incoordonnés des molécules doivent produire des phénomènes d'élargissement analogues à ceux que l'on a étudiés plus haut sur les gaz lumineux par eux-mêmes. L'effet dépendra de la direction d'observation par rapport au faisceau incident. Raisonnons comme si le soleil émettait une radiation monochromatique, et examinons ce qui se passe pour un observateur qui regarde successivement les divers points du ciel. Dans les directions voisines du soleil, le mouvement des points diffusants ne produit aucun effet Doppler-Fizeau; à l'opposé, l'effet est maximum, et double de celui que donneraient des particules lumineuses de même masse : la formule (4) s'applique, à la condition de représenter par m la masse

(1) *C. R. Acad. Sc.*, t. 157, 1913, p. 1068.

moléculaire du gaz diffusant et de doubler les largeurs trouvées. Dans les directions intermédiaires, on aura des effets de plus en plus faibles à mesure qu'on se rapproche de la direction du soleil.

On pourrait essayer de voir cet effet d'élargissement en utilisant les raies noires du spectre solaire : dans la lumière du ciel, les raies les plus fines doivent paraître moins nettes que dans la lumière solaire directe. L'effet est malheureusement très faible, peut-être trop faible pour être constaté. En supposant la diffusion produite sur des molécules d'azote à la température absolue de 250° et en observant à l'opposé du soleil, on trouve qu'une radiation rigoureusement monochromatique de longueur d'onde $0^{\mu},5$ prendrait, après diffusion, une largeur de 0,025 angström; or les raies solaires les plus fines ont environ 0,060 angström de largeur, indépendamment de l'effet de la rotation solaire. L'élargissement est donc inférieur à la moitié de la largeur déjà existante.

S'il est vrai que la très haute atmosphère (bien au delà des régions explorées) est composée d'hydrogène, les dernières lueurs du crépuscule donneraient, à l'opposé du soleil, des raies ayant une largeur égale à 0,090 angström, que l'on pourrait observer si la faiblesse de la lumière ne s'y opposait pas. L'élargissement serait encore plus grand si, comme le supposent certains auteurs sans preuves bien convaincantes, l'atmosphère d'hydrogène est surmontée d'un gaz encore plus léger. Les raies les plus fines du spectre solaire, observées dans la lumière diffusée par le ciel, devraient s'éteindre peu à peu après le coucher du soleil, et cette observation pourrait, au moins théoriquement, servir à l'analyse de la très haute atmosphère.

Le phénomène de diffusion par les molécules gazeuses peut jouer un rôle assez important en Astrophysique. Toutes les fois qu'on observe des objets lumineux par diffusion de la lumière solaire, on est tenté de supposer une diffusion par des particules solides (spectres continus des comètes, de la couronne solaire, lumière zodiacale). On peut aussi bien penser à une diffusion (et non pas réflexion, comme on l'a parfois dit) par une masse gazeuse très raréfiée. Il suffit, en effet, de quantités de gaz excessivement faibles pour produire une intensité lumineuse notable. Considérons une masse d'air, à 0^{0} et 76^{cm}, occupant un volume de 15^{m^3} (une sphère de 3^{m} de diamètre); supposons-la éclairée par la lumière du soleil au zénith; elle diffuse dans toutes les directions et se comporte comme une source de lumière. A 90° de la lumière incidente, c'est-à-dire dans la direction où la diffusion est la plus faible, elle donne une intensité d'environ 1 bougie; si l'obscurité se faisait sans que ce volume d'air perde sa luminosité, on la verrait à l'œil nu comme une étoile de 6e grandeur à 10^{km} de distance. Si cette salle était pleine de cet air ayant conservé ses propriétés lumineuses, elle serait assez bien éclairée. On peut calculer que, dans les phénomènes astronomiques, il suffit de densités de gaz extraordinairement faibles pour produire par diffusion les effets observés. Imaginons dans l'espace une mince tranche d'air à 0° et 76^{cm} de pression, limitée par deux plans parallèles; supposons-la éclairée par le soleil, situé à une distance à peu près égale à celle de la terre au soleil. Un observateur placé sur la terre regarde cette couche de gaz, qui est supposée assez large pour avoir un diamètre apparent sensible, mais dont l'épaisseur, dans le sens du rayon visuel, est de seulement 1^{mm}. Cet astre gazeux apparaîtra dans le ciel comme une tache lumineuse ayant à peu près l'éclat intrinsèque de la Voie lactée. Si maintenant l'épaisseur du gaz augmente avec diminution de la densité de telle manière que la masse reste la même, l'éclat ne changera pas; si l'épaisseur arrive à être le centième de la distance de la terre au soleil, la densité sera de l'ordre de la milliardième partie de celle de l'air dans les conditions normales; c'est, pour employer l'expression habituelle, *un vide* beaucoup plus parfait que ceux obtenus avec les appareils les plus perfectionnés. On voit combien peu de matière à l'état gazeux suffit pour produire par diffusion un brillant phénomène céleste.

Dans certains cas, le mouvement d'agitation des molécules diffusantes peut intervenir pour modifier le spectre de la lumière émise. On sait que la couronne solaire donne, entre autres, un spectre continu dans lequel les raies de Fraunhofer sont peu visibles. Pour expliquer ce spectre continu, on a supposé l'existence de particules solides qui diffuseraient la lumière solaire et qui, en même temps, seraient portées à température élevée et donneraient un spectre continu sans raies noires. Cette explication se heurte à bien des difficultés, dont la plus évidente est l'invraisemblance de la présence de particules *solides* à une aussi faible distance du soleil. Si la diffusion est due à un gaz léger (et une densité de gaz extraordinairement faible suffit à expliquer l'intensité observée), le voisinage du soleil doit porter ce gaz à haute température; le mouvement d'agitation des molécules diffusantes doit transformer chaque radiation monochromatique en un petit morceau de spectre continu et presque faire disparaître les raies de Fraunhofer, à l'exception des plus larges.

On n'a pas encore réussi à observer au laboratoire la diffusion par les gaz exempts de particules étrangères, à reproduire le bleu du ciel *in vitro* [1]. L'étude expérimentale de la diffusion par les gaz ne serait probablement pas impossible. Si l'on pouvait la faire en partant d'une radiation monochromatique, la mesure de la largeur de la raie diffusée pourrait donner une preuve directe du mouvement d'agitation des molécules d'un gaz dans l'état ordinaire, et fournirait une méthode inattendue pour la mesure des masses moléculaires.

MOUVEMENTS COORDONNÉS.

14. Un gaz lumineux peut, comme tout autre gaz, être animé d'un mouvement d'ensemble qui emporte les particules lumineuses en même temps que les autres; l'effet Doppler-Fizeau permettra alors de mesurer la vitesse. Il n'y a rien de particulier à dire sur ce cas, qui est fréquemment observé en Astronomie, mais que l'on rencontre rarement dans les phénomènes terrestres, du moins avec des vitesses observables. On ne peut guère citer que les mouvements de vapeurs métalliques dans l'étincelle étudiés par MM. Schuster et Hemsalech, les mouvements de rotation dans l'arc au mercure découverts par M. Dufour et les expériences de M. Dunoyer sur les gaz ultra-raréfiés à mouvements dirigés, qui peuvent être rendus lumineux par résonance. On a déjà dit quelques mots de ce dernier cas, dans lequel la mesure de la vitesse serait très intéressante.

C'est dans les diverses formes de décharge électrique à travers les gaz que l'on trouvera des mouvements dirigés particuliers aux corpuscules lumineux. Dans un gaz traversé par un courant, il y a forcément des mouvements de particules, soit purement électriques (électrons) soit matérielles et chargées (ions); sans ces mouvements, le courant électrique n'existerait pas. Les choses peuvent être prises à plusieurs points de vue.

On peut prendre la décharge électrique telle qu'elle se présente d'elle-même, ce qui conduit à des dispositifs simples, mais à des phénomènes électriques très complexes et difficiles à analyser; l'étude des mouvements des particules lumineuses peut fournir d'utiles indications sur ce qui se passe dans le gaz. Malheureusement, la compli-

---

(1) Cette expérience a été réalisée récemment par M. Cabannes (*C. R. Acad. Sc.*, t. 160, 11 janvier 1915, p. [illegible]).

cation du phénomène pris, en quelque sorte, sous sa forme naturelle, ainsi que l'ignorance où nous sommes *a priori* de la nature des particules lumineuses, rend difficile l'interprétation des faits observés.

On peut, au contraire, partir de formes définies et connues de la décharge, chercher en quelque sorte à purifier le phénomène avant de l'observer. C'est ce qu'on peut faire en étudiant séparément les diverses espèces de *rayons* qui peuvent se produire par le passage du courant électrique dans un gaz. Au point de vue qui nous occupe, il faut distinguer deux cas. Les rayons canaux, ainsi que les rayons anodiques, sont constitués par des particules matérielles dont une partie au moins sont électriquement chargées, et dont quelques-unes (sinon toutes) sont lumineuses; on a donc, dans un faisceau de pareils rayons, des particules lumineuses qui se déplacent rapidement à travers l'ampoule. Au contraire, les rayons cathodiques sont purement électriques (électrons en mouvement); ils n'émettent par eux-mêmes aucune lumière, mais ils peuvent rendre lumineuses les particules matérielles qu'ils viennent à choquer, ce qui peut rendre visible leur trajectoire. En gros, on peut comparer les rayons canaux et les rayons anodiques aux fusées d'un feu d'artifice, tandis que les rayons cathodiques sont faits de très petits projectiles obscurs qui peuvent rendre lumineux les corps qu'ils rencontrent.

Dans le premier cas, l'observation spectroscopique donne un moyen direct de mesurer les vitesses. Cette mesure peut aussi être faite par des méthodes dynamiques, en combinant convenablement des observations de déviation électrique, de déviation magnétique ou de différence de potentiel employée à produire le mouvement. La mesure spectroscopique garde l'avantage d'être tout à fait directe et de donner une confirmation importante des résultats obtenus autrement.

Dans le second cas, le mouvement des particules lumineuses ne donne pas la vitesse des rayons cathodiques; on peut seulement s'attendre à observer une vitesse due aux chocs qui ont rendu lumineuses les particules.

15. **Rayons canaux**. — La figure 4 permet de rappeler comment se forment ces rayons. Dans le tube contenant le gaz raréfié, la décharge électrique se produit entre l'anode A et la cathode percée de trous C. Les ions positifs engendrés entre A et C par choc des électrons sur les molécules, principalement aux confins de l'espace obscur de Crookes), sont entraînés, aussitôt produits, dans le sens

du champ électrique, c'est-à-dire vers la cathode, qu'ils atteignent avec une certaine vitesse et dépassent lorsqu'ils arrivent sur une partie perforée. Ils pénètrent ainsi dans l'espace CD où ils continuent leur chemin en ligne droite et constituent les rayons canaux. Ces rayons sont visibles par eux-mêmes; ils peuvent, en outre, rendre lumineux les corps solides qu'ils rencontrent, en particulier la paroi du tube qu'ils viennent frapper. Ils peuvent impressionner directement les plaques photographiques placées sur leur trajet.

L'étude électrique des rayons canaux a montré qu'ils transportent des charges électriques positives; ce fait, déjà rendu très probable par leur mode de production, a été confirmé par l'étude de la déviation électrique et de la déviation magnétique, ainsi que par une expérience directe analogue à celle de Perrin sur les rayons cathodiques. Mais en même temps, l'étude détaillée a montré qu'un faisceau de rayons canaux est un mélange très complexe, contenant des particules neutres, des ions avec une ou plusieurs charges positives élémentaires, et divers degrés d'association des atomes des divers corps présents dans l'ampoule. L'analyse de cet ensemble a été poussée très loin dans les belles recherches de J.-J. Thomson; leur description est en dehors de mon sujet, et je ne les ai citées que pour rappeler qu'un faisceau de rayons canaux n'a pas la simplicité, la pureté du faisceau cathodique formé d'une seule espèce de corpuscules qui ne peuvent différer entre eux que par leurs vitesses.

Revenons aux particules lumineuses qui existent dans le faisceau de rayons canaux. Stark a réussi à mettre en évidence leur mouvement en analysant au spectroscope la lumière émise [1]. Les premières recherches ont été faites sur l'hydrogène; les rayons canaux donnent alors le spectre complet de ce gaz. Si le collimateur du spectroscope occupe la position 1 (*fig.* 4) perpendiculaire à la direction du faisceau, l'effet Doppler-Fizeau ne se manifeste pas; les raies occupent dans le spectre leurs positions habituelles. Lorsque le collimateur occupe la position 2, les particules viennent vers lui, et les raies doivent être déplacées vers les petites longueurs d'onde; on doit avoir l'effet inverse pour la position 3. Ces deux effets se produisent bien dans le sens

---

(1) Les premières recherches de Stark sur l'effet Doppler-Fizeau dans les rayons canaux ont été publiés dans les *Annalen der Physik* (4e série, t. XXI, 1906). Ce phénomène a donné lieu depuis à un très grand nombre de publications de Stark et de ses élèves, et à plusieurs discussions avec d'autres physiciens. Les idées de Stark ont été résumées dans la brochure suivante : *Die Atomionen chemischer Elemente und ihre Kanalstrahlen-Spektra*. Berlin, 1913.

prévu, pour les raies qui forment la série de Balmer, mais avec une complication inattendue : chaque ligne apparaît double, l'une des composantes, fine, occupant la place qui correspond à des centres d'émission immobiles, l'autre, plus large, déplacée du côté prévu. Stark admet que la première de ces lignes est émise par des particules immobiles ne faisant pas partie du faisceau de rayons canaux, mais

Fig. 4.

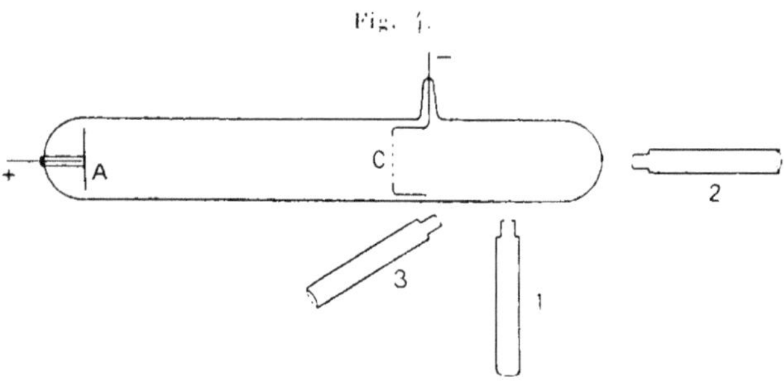

rendues lumineuses par des chocs. L'autre composante étant large, il faut admettre que les vitesses des particules qui l'émettent ont des vitesses variables entre un certain maximum et un minimum. L'écart entre la raie non déplacée et l'extrême bord de l'autre raie a atteint jusqu'à 7,6 angströms pour la raie H_3, correspondant à une vitesse de 467 km : sec. Le faisceau de rayons canaux serait composé de particules ayant toutes les vitesses possibles entre cette limite supérieure et une limite inférieure égale à une centaine de kilomètres par seconde. L'existence, dans le faisceau, de particules animées de vitesses différentes peut avoir plusieurs causes : les ions engendrés en divers points de l'espace AC ont été soumis, avant de dépasser la cathode, à des différences de potentiel inégales, ce qui leur a donné des vitesses plus ou moins grandes; d'autre part, les chocs ont pu diminuer les vitesses de certaines particules. Quant à l'absence de vitesses inférieures à une certaine limite, Stark l'explique par une hypothèse particulière sur la cause de l'émission. D'après lui, le seul fait de déplacer rapidement des ions positifs les rendrait lumineux [1] (par

[1] Il est, en tous cas, certain que le mouvement des particules n'est pas sans influence sur l'émission, car le rayonnement émis dans la direction perpendiculaire à la vitesse est en partie polarisé, avec prépondérance de la vibration électrique parallèle à la vitesse (Stark, *Annalen der Physik*, 4e série, t. XLIII, p. [illegible]). Ce fait a été constaté seulement sur les rayons canaux de l'hydrogène; il serait très important de savoir s'il se produit aussi dans d'autres cas (en particulier pour les rayons anodiques), car il montre nettement une influence de la vitesse sur l'émission.

un mécanisme qui n'est pas précisé); seules les particules animées d'une vitesse supérieure à une certaine limite émettraient de la lumière; les autres, à vitesse plus faible, existeraient dans le faisceau, mais resteraient invisibles.

Des vitesses observées on peut essayer de déduire le rapport de la charge à la masse pour les particules lumineuses. Soient E la différence de potentiel parcourue par la particule depuis l'instant où elle a été ionisée jusqu'à celui où, traversant la cathode, elle a échappé à l'action du champ électrique, et v la vitesse produite. Le théorème des forces vives donne, en appelant e et m la charge et la masse de la particule,

$$\frac{1}{2} mv^2 = \text{E}e,$$

d'où

$$\frac{e}{m} = \frac{v^2}{2\text{E}}.$$

Stark remplace v par la plus grande des vitesses observées, qui doit être celle des particules qui n'ont subi aucun choc, et E par une limite supérieure, qui est la valeur totale de la différence de potentiel entre les électrodes. On doit ainsi obtenir une limite inférieure de $\frac{e}{m}$. On trouve ainsi, pour l'hydrogène $\frac{e}{m} = 66\,000$ coulombs par gramme. Pour l'atome d'hydrogène portant une charge élémentaire, on aurait $\frac{e}{m} = 96\,000$ coulombs par gramme. Comme la valeur trouvée doit être erronée par défaut, Stark admet l'identité des deux nombres et il en conclut que la particule lumineuse d'hydrogène est un atome privé d'un électron.

Les raies qui n'appartiennent pas à la série de Balmer ne manifestent aucun effet Doppler; elles sont émises par des centres qui n'appartiennent pas au faisceau canal, quoique se trouvant sur sa route. Stark admet que ces raies sont émises par des atomes neutres, tandis que les producteurs des raies de série seraient des ions positifs. D'observations faites sur d'autres corps, Stark croit pouvoir déduire que ce dernier fait est général, et, d'après la répartition de la lumière dans la raie déplacée par effet Doppler, il croit pouvoir indiquer le nombre d'électrons qu'a perdu l'atome avant d'émettre chaque série.

Malheureusement, ces conclusions ne peuvent être admises sans réserves. L'effet découvert par Stark est en réalité fort complexe, et l'interprétation des faits n'est pas toujours facile. Bornons-nous au cas de l'hydrogène. Ce qui résulte clairement de l'expérience, c'est que certaines particules lumineuses des rayons canaux ont de grandes vitesses, et qu'elles ont été mises en mouvement, sous forme d'ions monovalents, dans le champ électrique entre l'anode et la cathode. Mais dans quel état sont ces particules au moment où nous analysons la lumière qu'elles émettent? Elles ont très bien pu reprendre en route l'électron qu'elles avaient perdu, continuer ainsi leur chemin, et être lumineuses sous forme d'atomes neutres; l'étude électrique du faisceau de rayons canaux a montré que de telles recombinaisons s'y produisent. D'autre part, les travaux de Paschen et ceux de Gehrcke et Reichenheim ont montré que, parfois, le phénomène est plus compliqué que ne l'avait indiqué Stark. Au lieu d'une seule raie déplacée, on peut avoir deux maxima correspondant à une prédominance de deux vitesses différentes; la netteté avec laquelle se produit ce dédoublement dépend de la pression et de la différence de potentiel qui produit la décharge. Une des manières d'expliquer l'existence de plusieurs vitesses est de supposer que certains ions ont pu, pendant leur passage à travers le champ électrique, traîner avec eux un ou plusieurs atomes neutres, ce qui a diminué leur vitesse. La méthode d'analyse de J.-J. Thomson a mis hors de doute l'existence de pareilles associations.

En résumé, le phénomène découvert par Stark confirme d'une manière très heureuse la théorie des rayons canaux, mais il en montre en même temps toute la complexité, et l'on ne peut pas dire qu'il tranche la question de savoir quelles sont les particules qui émettent la lumière. Certains faits sont en désaccord avec l'idée de Stark, d'après laquelle les émetteurs des raies de série seraient forcément des atomes-ions. Si cette idée était exacte, l'émission de ces lignes serait liée à une ionisation du gaz; or les expériences de M. Dunoyer sur la conductibilité de la vapeur de sodium fluorescente l'ont conduit à la conclusion suivante [1] : « Il n'y a aucune raison expérimentale de penser actuellement que la fluorescence de la vapeur de sodium soit connexe d'une augmentation de conductibilité produite par la lumière. »

---

[1] *Recherches sur la conductibilité de la vapeur de sodium et la décharge disruptive à travers cette vapeur* (*Annales de Chimie et de Physique*, 8e série, t. XXVII, [illegible], p. 5[illegible]).

16. Rayons anodiques. — Ces rayons, découverts par Gehrke et Reichenheim, transportent, comme les rayons canaux, des charges positives; mais tandis que ces derniers, engendrés dans le gaz entre l'anode et la cathode, sont observés hors du champ électrique qui les a mis en mouvement, les rayons anodiques prennent naissance à l'anode, en partant d'atomes métalliques, et se propagent en ligne droite à travers l'ampoule. Pour les produire, il faut employer une anode de faible surface recouverte d'un sel subissant un commencement de fusion. Dans leurs premiers essais, Gehrcke et Reichenheim prenaient comme anode une petite gouttière de platine, chauffée par un courant auxiliaire, et contenant le sel; ils ont ensuite trouvé plus commode de se servir comme anode d'un petit cylindre obtenu en fondant le sel mélangé de graphite; ce cylindre est protégé par un tube de verre qui ne laisse libre que son extrémité, de telle manière que le courant ne puisse passer que par une petite surface. Il n'est pas nécessaire de chauffer l'anode; la décharge elle-même, après quelques instants de fonctionnement, produit un échauffement suffisant. On obtient de bons résultats avec des sels alcalins facilement fusibles, tels que les bromures ou iodures de sodium ou de lithium.

Le faisceau de rayons anodiques se présente comme un pinceau lumineux qui donne le spectre du métal dont un sel forme l'anode; il se propage en ligne droite dans l'ampoule à partir de l'anode, et rend le verre fluorescent au point où il vient rencontrer la paroi. Les déviations électrique et magnétique, ainsi qu'une expérience analogue à celle de Perrin, montrent que ces rayons transportent des charges positives.

On est ainsi conduit à admettre que les rayons anodiques sont constitués par des atomes ionisés (ions positifs) du métal dont un sel constitue l'anode. On va voir que l'étude des vitesses confirme cette hypothèse.

L'étude spectroscopique du faisceau anodique, analogue à celle des rayons canaux, montre que les particules lumineuses du faisceau anodique sont animées d'un rapide mouvement d'ensemble; elles s'éloignent de l'anode avec une vitesse de l'ordre d'une centaine de kilomètres par seconde. En même temps que la ligne spectrale déplacée, qui accuse ce mouvement, il y a une raie qui occupe la position habituelle, correspondant à des particules immobiles, mais cette raie est émise uniquement, ou presque, par la surface même de l'anode.

La différence de potentiel entre l'anode et une sonde placée à une faible distance donne la *chute de potentiel anodique*, qui est de l'ordre de 2000 à 4000 volts. Connaissant cette chute de potentiel, qui engendre la vitesse des particules, et ayant mesuré cette vitesse par l'observation spectroscopique, on peut calculer le rapport $\frac{e}{m}$ de la charge à la masse des particules. Pour les métaux alcalins, on trouve le même rapport que pour l'atome avec une charge élémentaire; pour le strontium, on trouve que l'atome a deux charges élémentaires (atome privé de deux électrons).

Les mesures purement électriques (déviation électrique et magnétique, chute de potentiel anodique) permettent aussi de calculer le rapport $\frac{e}{m}$ et la vitesse, sans faire intervenir l'observation spectroscopique; les résultats sont très concordants avec ceux que je viens d'indiquer.

Tout confirme donc l'hypothèse d'après laquelle le faisceau anodique est formé d'atomes métalliques ionisés, engendrés au voisinage de l'anode et chassés avec une grande vitesse par la chute de potentiel anodique. Sur les particules lumineuses, l'hypothèse la plus simple est d'admettre qu'elles sont constituées par les ions eux-mêmes, bien que l'on puisse faire les mêmes réserves que dans le cas des rayons canaux. Quoi qu'il en soit, un autre problème très important reste sans solution : pourquoi le faisceau anodique est-il lumineux, et à quoi est empruntée l'énergie de ce rayonnement? Il est difficile d'admettre qu'une particule donnée, mise en état vibratoire à sa naissance près de l'anode, continue à vibrer pendant tout son trajet à travers l'ampoule, c'est-à-dire pendant au moins 1 milliard de vibrations. La luminosité est-elle engendrée par des chocs contre des électrons ou des molécules rencontrées par hasard? Ou bien faut-il admettre avec Stark que le rapide déplacement suffit à produire l'émission? On ne peut que poser ces points d'interrogation.

MM. Gehrcke et Reichenheim pensent que les rayons anodiques peuvent jouer un rôle important dans les phénomènes solaires; d'après eux, les protubérances seraient des rayons anodiques, tandis que les jets coronaux, selon une hypothèse déjà ancienne, seraient les trajectoires de rayons cathodiques. Il est certain que les énormes vitesses constatées dans les protubérances, soit par effet Doppler-Fizeau, soit par l'observation directe de leur développement, font penser à des particules lancées par des forces électriques plutôt qu'à des projections dues à des pressions de gaz.

17. Émission sous l'action des rayons cathodiques. — Les rayons cathodiques, formés d'électrons en mouvement, ne sont pas visibles par eux-mêmes : ils peuvent seulement rendre lumineuses les particules qu'ils rencontrent. L'étude des vitesses des rayons cathodiques ne fait donc pas partie de mon sujet ; je ne crois pas cependant pouvoir passer sous silence une très belle expérience de MM. Gehrcke et Seeliger, qui met en évidence l'influence de la vitesse du projectile cathodique sur l'émission de la particule qu'il rencontre ([1]).

On produit un pinceau bien délimité de rayons cathodiques, et on lui fait traverser un champ électrique qui courbe et ralentit le rayon à mesure qu'il chemine. On examine la lumière émise par les divers points du faisceau, c'est-à-dire par les particules choquées avec diverses vitesses. La figure 5 représente le dispositif le plus simple employé pour réaliser cette idée.

Dans l'ampoule (non représentée sur la figure) contenant le gaz raréfié, se trouve une *cathode de Wenhelt* K, formée d'une couche d'un oxyde déposée sur un fil métallique chauffé par un courant auxiliaire. Les électrons qu'elle émet sont immédiatement poussés dans le

Fig. 5.

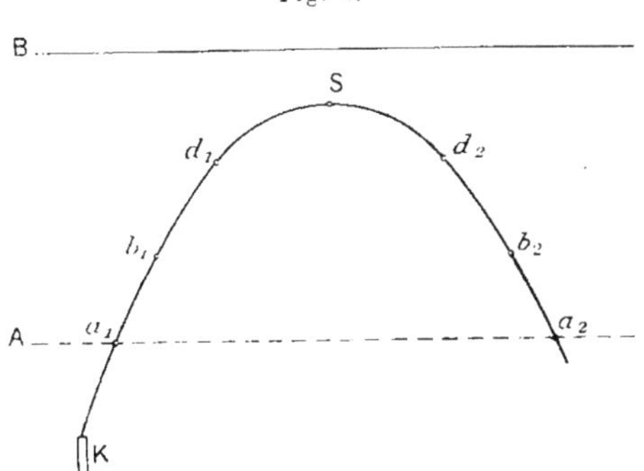

champ électrique vers l'anode A sous forme de rayons cathodiques ; la différence de potentiel entre la cathode et l'anode peut être variée à volonté entre 70 et 240 volts, de manière à obtenir des rayons cathodiques plus ou moins rapides. L'anode étant percée de trous, des pinceaux de rayons cathodiques la dépassent et pénètrent dans l'espace AB où est établi un second champ électrique en sens inverse du premier. Chaque électron étant, dans ce champ, soumis à une force constante en grandeur et en direction, décrira une parabole ;

([1]) *Verhandlungen der deutschen physikalischen Gesellschaft.* XIV. Jahrgang, p. 335 et 1023.

si la différence de potentiel AB est un peu plus grande que AK, les rayons ne parviendront pas jusqu'en B et auront une trajectoire telle que $a_1 S a_2$. La vitesse des électrons est maximum en a_1, décroît progressivement, atteint son minimum au sommet S de la parabole, puis croît de nouveau pour repasser par les mêmes valeurs jusqu'en a_2.

Les choses étant ainsi disposées, voici ce que l'on observe. L'illumination du gaz résiduel par les chocs rend visible la trajectoire parabolique, à l'exception d'une partie $d_1 d_2$ voisine du sommet, qui reste invisible. Cela indique que les électrons ne peuvent rendre le gaz lumineux que si leur vitesse est supérieure à une certaine limite. D'autres trous de l'anode donnent d'autres pinceaux paraboliques; toutes les paraboles qui, dans le champ, parviennent à la hauteur $d_1 d_2$ sont coupées à cette même hauteur, c'est-à-dire à la même valeur limite de la vitesse; les paraboles qui ne parviennent pas à cette hauteur ne sont pas coupées. L'illumination cesse donc pour une valeur définie de la vitesse. Par exemple, dans le cas de l'hydrogène, le point de disparition est placé de telle manière que la différence de potentiel entre la cathode et ce point soit de 29 volts; la vitesse limite capable de produire la luminosité est donc celle qui est engendrée, sur un électron, par une chute de tension de 29 volts, ce qui correspond à 3200 km : sec.

La partie lumineuse de la trajectoire n'est pas uniforme; il s'y produit en des points définis, pour des valeurs déterminées de la vitesse, des changements de teinte. Par exemple, dans le cas de l'hydrogène, les parties $a_1 b_1$ et $a_2 b_2$ sont bleues, $b_1 d_1$ et $b_2 d_2$ sont roses; le changement a lieu pour la vitesse engendrée par 54 volts, soit 4400 km : sec. Naturellement, ces changements de teinte correspondent à des modifications du spectre, dont l'observation n'est pas très facile à cause du peu d'intensité de la lumière; on a pu cependant constater que, dans le cas de l'hydrogène, la partie à grande vitesse correspond à la série de Balmer, et la partie à faible vitesse au second spectre.

Ainsi, l'influence de la violence des chocs sur l'émission est nettement mise en évidence. L'expérience de Gehrcke et Seeliger montre avec une grande pureté des phénomènes qui doivent se présenter d'une manière plus confuse dans toutes les décharges lumineuses à travers les gaz; il est probable qu'on y trouvera l'explication d'un grand nombre de faits connus, tels que l'émission différente par les diverses parties du tube, le changement de spectre avec la nature de la décharge et la pression, etc.

Quant aux particules rendues lumineuses par choc, elles ont dû prendre une vitesse non négligeable. Si l'on suppose un choc élastique et central entre un électron et un atome d'hydrogène au repos, celui-ci doit prendre, après le choc, une vitesse égale à peu près à la millième partie de celle qu'avait l'électron. Si celui-ci a la vitesse limite nécessaire pour produire la luminosité par un seul choc, soit 3200 km : sec, l'atome prendra une vitesse d'environ 3 km : sec, facile à mettre en évidence par effet Doppler, n'était la difficulté provenant de la faiblesse de la lumière; la mesure de cette vitesse pourrait donner d'utiles indications sur la manière dont se produit le choc.

18. Mouvements des particules lumineuses dans les conditions ordinaires de la décharge électrique. — Les expériences que j'ai décrites jusqu'ici ont été faites en employant des formes définies, autant que possible, de la décharge électrique. Les conditions ordinaires, en quelque sorte naturelles, du passage de l'électricité à travers les gaz, plus simples comme technique, offrent en réalité des phénomènes bien plus complexes, parce que tous les phénomènes possibles s'y trouvent mélangés. Il faut cependant bien en venir à étudier et expliquer ce qui s'y passe, et la mesure des vitesses des particules peut fournir à ce sujet d'utiles indications. Les seules études faites jusqu'ici sont celles de M. Perot [1], qui ont porté sur les tubes de Geissler, sur le passage de l'électricité à travers l'air chargé de vapeurs métalliques, enfin sur l'arc au mercure dans le vide. Les vitesses à mesurer étant faibles, M. Perot s'est servi de la méthode interférentielle.

Dans les tubes à hydrogène traversés par un courant continu (intensité comprise entre 11 et 150 milliampères), M. Perot trouve que les particules qui émettent les raies de la série de Balmer ont des vitesses dirigées de la cathode vers l'anode, c'est-à-dire dans le sens où se propagent les électrons. Les vitesses croissent avec la densité du courant, avec la finesse du tube, avec la raréfaction du gaz. Les vitesses observées vont de 150^m à 1740^m par seconde. L'hypothèse la plus simple est d'admettre que la luminosité est due au choc des électrons contre les molécules, engendrant des particules lumineuses animées d'une vitesse de même sens que celle du projectile. Les diverses raies

[1] *C. R. Acad. Sc.*, t. 156, 1913, p. 132, 310 et 1679; et *Journal de Physique*, 5e série, t. I, 1911, p. 615.

de la série de Balmer n'accusent pas la même vitesse : la raie H_β donne des vitesses plus grandes que H_α, ce qui peut tenir à une inégale répartition de l'intensité des diverses raies en fonction de la vitesse de la particule qui choque.

Les autres gaz donnent des vitesses d'autant plus faibles qu'ils sont plus lourds. L'hélium donne des vitesses plus faibles que l'hydrogène. Dans la vapeur de cadmium, on n'observe pas de vitesses supérieures à 7^m par seconde ; l'effet de ces vitesses sur les longueurs d'onde n'atteint pas le dix-millionième en valeur relative.

On trouve des vitesses dans le même sens en produisant la décharge à haute tension dans l'air chargé de vapeurs métalliques.

Enfin, M. Perot a étudié l'arc au mercure sous faible pression, et a trouvé que les particules lumineuses qui émettent la raie verte se déplacent *dans le sens du courant*, c'est-à-dire comme des ions positifs. Les vitesses sont d'autant plus grandes que la pression est plus faible et vont de 30^m à 340^m par seconde. Le sens du mouvement est d'accord avec l'hypothèse de Stark, d'après laquelle les particules qui émettent les raies de série seraient des ions positifs. M. Perot admet, au contraire, que les émetteurs sont des particules neutres, et explique le mouvement observé par le choc des ions positifs obscurs présents dans le gaz.

On voit combien les phénomènes sont complexes dans les cas les plus faciles à réaliser de décharge électrique.

CONCLUSION.

19. Tels sont les divers cas où l'on a pu observer des mouvements des particules lumineuses dans les gaz. J'ai cru bien faire en ne me bornant pas strictement aux faits connus, mais en indiquant aussi les hypothèses par lesquelles on a essayé de les relier, et les recherches qui paraissent possibles avec quelques perfectionnements techniques.

La première impression qui se dégage des faits est une confiance complète dans l'existence de particules lumineuses en nombre fini, dans tout gaz qui émet de la lumière. Dans tous les cas étudiés jusqu'ici, ces grains se présentent comme ayant sensiblement la masse de l'atome. Cela n'est pas une raison suffisante pour les considérer comme identiques à l'atome, ni pour admettre que toutes les lignes du spectre d'un corps sont émises par les mêmes particules. La détermination de leur masse n'est pas assez précise pour que l'on puisse affirmer qu'elles ne diffèrent pas de l'atome par quelques électrons en moins; l'identité absolue de masse fût-elle démontrée, l'identité des particules lumineuses entre elles et avec l'atome n'en résulterait nullement. A vrai dire, en dehors d'une valeur approchée de leur masse, déduite de la vitesse d'agitation, l'expérience ne nous apprend presque rien sur la nature des particules lumineuses. Nous ne pouvons même pas dire avec certitude si elles sont neutres ou possèdent une charge électrique, et les indications que certains faits paraissent donner à ce sujet se concilient mal avec d'autres résultats expérimentaux. Il n'est même pas impossible que la même émission puisse avoir lieu indifféremment par des particules neutres ou par des ions positifs; l'ionisation n'est pas une transformation très profonde de l'atome, qui ne perd qu'un *ion périphérique* (1); il se peut que l'émission soit un phénomène beaucoup plus profond dans l'atome, et ne soit pas modifiée par l'ionisation. Sur les particules qui émettent les spectres attribués à des corps composés nous ne savons absolument rien.

Une autre question très importante reste actuellement sans réponse satisfaisante : quelle est au juste l'excitation qui rend la particule lumineuse ? Diverses hypothèses se présentent, satisfaisantes tant que l'on se contente de les examiner au point de vue qualitatif, mais qui ne résistent pas très bien à l'épreuve décisive des comparaisons numériques. Il ne faut pas oublier qu'un gaz peut être lumineux sous des influences très diverses, telles que le passage d'un courant électrique et une élévation de température, et émettre dans les deux cas, au moins en partie, les mêmes radiations. L'idée qui consisterait à ramener ces diverses causes à une seule en admettant, par exemple, que le courant électrique n'agit que comme moyen de chauffage, ne tient pas devant les faits (*voir* § 7); il faut donc que la cause de la luminosité s'adapte aux divers cas.

Stark admet que (2) le seul fait de déplacer avec une grande vitesse un atome déjà ionisé suffit à le rendre lumineux, sans préciser le mécanisme de cette transformation d'énergie. Il ajoute que la luminosité par élévation de température s'expliquerait alors par le rapide mouvement d'agitation thermique. Or, l'étude des rayons canaux indique que la luminosité des ions d'hydrogène cesserait à des vitesses inférieures à une centaine de kilomètres par seconde; à 4000°, les atomes d'hydrogène n'ont qu'une vitesse moyenne de 10 km : sec,

(1) Mme Curie, *Société de Physique*. Conférences faites en 1912, p. 275.
(2) *Physikalische Zeitschrift*, t. VII, 1906, p. 258 et 353.

et le nombre de ceux qui atteignent une vitesse décuple doit être extraordinairement faible.

D'autre part, il n'est guère douteux que le choc des électrons en mouvement rapide puisse rendre lumineuses les particules choquées : l'expérience de Gehrcke et Seeliger indique dans chaque cas la vitesse limite au-dessous de laquelle l'émission cesserait de se produire. Il est naturel d'attribuer au choc des électrons les divers cas de luminosité électrique ; malheureusement, on observe parfois une émission très intense alors que les électrons ont des vitesses bien plus faibles que les limites trouvées par Gehrcke et Seeliger. Par exemple, dans la vapeur de mercure, cette limite est la vitesse engendrée par une chute de potentiel de 10 volts ; or dans une lampe Hewitt le champ électrique n'atteint pas 1 volt par centimètre, et un libre parcours de 10^{cm} serait nécessaire pour qu'un électron atteigne la vitesse limite : la pression du gaz est beaucoup trop grande pour qu'un parcours aussi long puisse s'y produire sans choc. Cela conduit à introduire l'hypothèse, déjà faite plusieurs fois pour d'autres raisons, en particulier par J.-J. Thomson ([1]), que l'effet de chocs se succédant très rapidement peut en quelque sorte se cumuler ; un seul choc d'électron à faible vitesse ne rendrait pas la particule lumineuse, mais si ces chocs se succèdent très nombreux en un temps court, ce qui aura lieu avec de fortes densités de courant, la luminosité pourra se produire. L'expérience de Gehrcke et Seeliger, dans laquelle la densité de courant est très faible, donnerait la limite de vitesse qui produit la luminosité par un seul choc.

On voit que, si l'étude des mouvements nous a appris quelque chose, en particulier si elle a donné une confirmation éclatante de la théorie cinétique des gaz, fourni une méthode de détermination des masses des particules et donné des renseignements sur la température des gaz lumineux, les problèmes à résoudre se présentent de plus en plus nombreux. Mais n'est-ce pas un fait général? Les frontières de la Science deviennent plus vastes à mesure que s'accroît l'étendue des régions explorées.

([1]) *Conduction of electricity through gases*, seconde édition, p. 481.

TABLE DES MATIÈRES.

FIN DE LA TABLE DES MATIÈRES.

PARIS. — IMPRIMERIE GAUTHIER-VILLARS ET Cie,
55169 Quai des Grands-Augustins, 55.

www.ingramcontent.com/pod-product-compliance
Ingram Content Group UK Ltd.
Pitfield, Milton Keynes, MK11 3LW, UK
UKHW020241180726
13839UKWH00001B/100